U0375164

“十四五”国家重点出版物出版规划重大工程

建筑火灾特性与疏散技术

朱曙光　孙协鹏　丁　超　马　鑫　曹淑超　何春华　著

中国科学技术大学出版社

内 容 简 介

本书包括建筑消防概述、建筑内部火灾理论、建筑外墙火灾理论、建筑外墙火灾实验研究、建筑开口火焰溢出临界、建筑火灾疏散技术和建筑火灾人群疏散模拟等内容，紧扣社会发展需求，内容全面，重点突出，结构体系完善，理论内容新颖，力争做到“全、准、精、新”，强调学用结合，以培养消防专业技术人员综合素质。

本书适合建筑消防及相关技术人员阅读参考。

图书在版编目(CIP)数据

建筑火灾特性与疏散技术 / 朱曙光等著. -- 合肥 : 中国科学技术大学出版社, 2025. 3. -- ISBN 978-7-312-06217-9

Ⅰ. TU998.1

中国国家版本馆CIP数据核字第20253HR383号

建筑火灾特性与疏散技术

JIANZHU HUOZAI TEXING YU SHUSAN JISHU

出版 中国科学技术大学出版社
安徽省合肥市金寨路96号，230026
http://press.ustc.edu.cn
https://zgkxjsdxcbs.tmall.com

印刷 合肥华苑印刷包装有限公司

发行 中国科学技术大学出版社

开本 787 mm × 1092 mm　1/16

印张 12.25

字数 303千

版次 2025年3月第1版

印次 2025年3月第1次印刷

定价 60.00元

前　　言

随着我国社会主义建设与城市化的蓬勃发展，高层建筑数量显著增加，随之而来也导致了城市高层建筑火灾事故频发。近半个世纪以来，国际、国内发生了多起（超）高层建筑重（特）大火灾事故，并形成建筑外立面立体火蔓延，造成了重大的人员伤亡、经济损失和社会影响。建筑火灾安全已成为国际重要挑战性问题，亟需建筑火灾特性与疏散技术的科学基础理论支撑。安徽建筑大学、中国科学技术大学、江苏大学面向国家对高层火灾防治与疏散技术研究的重大需求，近年来承担了包括“973计划”、国家自然科学基金面上项目等一批国家级重要科研项目，结合我国建筑火灾特点，对建筑内部火灾、建筑外墙火灾以及建筑消防火灾疏散技术进行了专项研究。本书作者团队承担和参加了这些项目的研究工作，取得了一批创新性科研成果。

本书内容主要基于作者团队近十年来的科研成果积累，并适当吸纳了国内外与建筑火灾相关的理论和实践知识成果。全书以科学认识建筑内部火灾、开口火焰溢出、外立面火蔓延以及消防疏散技术为主线，系统讨论了建筑火灾的发生、发展以及疏散技术的基础理论。在研究方法上注重理论分析和实验研究、数值计算相结合。首先系统地概述建筑火灾的情况，简单地介绍建筑火灾发生的原因和发展过程、建筑内部烟气的流动特征，介绍建筑内部火灾特性，涉及内部温度和热释放速率的演化规律，进一步揭示不同条件下火焰溢出临界行为；在此基础上，介绍建筑内部火灾发生溢出之后，建筑外墙火灾燃烧的特性；最后针对火灾发生后的人员疏散进行深入研究和探讨。

本书由朱曙光、丁超拟定大纲，何春华撰写第1章，孙协鹏撰写第2章和第5章，马鑫撰写第3章和第4章，曹淑超撰写第6章和第7章。另外，作者所在团队的陈晓韬、韩羽、胡瞳旭、马双阳、何凌峰、代雪松、张信、汪鼎、郑金龙、汪涵、张向向、张述龙、王志祥、张翔、葛祥和李飞扬等研究生，这些年来一直与作者共同研究，其中的一些科研成果被用作本书的重要素材，在此向他们表示感谢。

本书得到了安徽省高校学科(专业)资助项目(gxbjZD2022030)、安徽省教研项目(2021yljc028)、中央高校基本科研业务费专项资金(WK2320000074)和建筑学安徽省高峰学科经费的支持,在此一并表示感谢。

本书主要供建筑火灾科学、疏散技术、消防监督安全管理、防火设计等方面的人员阅读,也可作为高等院校安全科学与工程、消防工程等专业学生的参考书。

由于作者水平有限,书中难免存在不足之处,恳请读者批评指正。

目　　录

第1章　建筑火灾概述

建筑火灾是指在建筑物内部或建筑物周边发生的火灾事件。它涉及所有失控的火焰、烟雾或其他可燃物质的燃烧。建筑火灾可能由多种原因引发，如电气故障、明火、自然灾害和人为因素等。建筑物内部的火灾，指房屋、公寓、办公楼、工厂、酒店等建筑物内部的火灾事件；建筑物周边的火灾，可能由附近的植物、垃圾堆、车辆等引发；高层建筑火灾，指发生在高层建筑中的火灾，由于高层建筑的特殊性，这种火灾会给火灾扑救和人员疏散带来一定的困难；工地火灾，可能由于施工材料、电线等引发。建筑火灾是一种严重的灾害，它严重地影响了建筑物的内部和外部环境，给人们的生活、财产、环境造成了严重的危害。

1.1　建筑火灾发生情况

1.1.1　建筑火灾案例

2017年6月14日，英国伦敦格伦费尔塔遭遇大火。火灾发生在伦敦一座高层住宅，后被鉴定为由于建筑外墙装饰材料不符合安全标准引起。这次火灾造成至少72人丧生，数十人受伤。

2019年4月15日，法国巴黎圣母院遭遇火灾，这座历史悠久的教堂遭受了严重的破坏，其中最为严重的是尖塔的倒塌。

2019年，俄罗斯喀山圣诞市场发生火灾。一场圣诞市场上的火灾导致了至少23人死亡，火灾原因主要是亭子结构不合格，使火势蔓延迅速。

2020年1月9日，中国四川省汶川县发生火灾，导致一座宾馆倒塌，至少19人死亡。

建筑火灾在全球范围内每年都会发生，尽管如今建筑火灾发生的频次有所下降，但它们仍然是严重的安全威胁。建筑火灾的严重性和危险性，以及加强建筑安全和遵循相关法规和标准的重要性不容忽视。建筑火灾随时随地都可能发生，因此建筑的规划、材料选择、消防设备和紧急疏散计划都至关重要，以减少火灾的发生频次和最小化伤亡。

1.1.2　国内外建筑火灾发生频次现状分析

根据相关统计数据，国内外建筑火灾的发生频次呈现出以下特点：

(1) 国内建筑火灾发生频次较高。由于人口密集、建筑密度大等因素，中国的建筑火灾发生频次较高。根据公安部统计数据，2019年全国发生火灾事故约3.1万起，其中建筑火灾占比最高。

(2) 建筑火灾在全球范围内普遍存在。建筑火灾不仅在中国频繁发生,在世界范围内也是一个普遍存在的问题。根据国际消防联合会(IFC)的统计数据,全球每年有数十万起建筑火灾,导致数千人死亡和巨额财产损失。

(3) 建筑火灾在一些特定地区更为突出。一些地区由于自然环境、气候条件、建筑结构等因素,建筑火灾发生频次更为突出。例如,一些发展中国家的城市贫民窟和棚户区,由于建筑条件差、消防设施缺乏等原因,发生建筑火灾频次较高。

1.1.3 建筑火灾发生频次趋势分析

建筑火灾的发生频次受多种因素的影响,包括建筑质量、安全标准的执行、监管措施、技术进步以及社会和文化因素。目前建筑火灾发生频次的变化趋势是:

(1) 总体呈下降趋势。随着消防技术的进步和法规的完善,建筑火灾发生频次呈现总体下降的趋势。例如,中国的建筑火灾事故数量在过去十年中逐步下降。

(2) 部分特定类型建筑火灾发生频次上升。尽管总体上建筑火灾发生频次下降,但在一些特定类型的建筑中,如高层建筑、地下空间、老旧建筑等,火灾发生频次依旧呈上升趋势。这主要是由于这些建筑存在安全隐患、消防设施不完善等因素导致。

(3) 高风险地区火灾发生频次仍然较高。一些高风险地区,如城市贫民窟、棚户区等,由于消防设施缺乏、安全意识薄弱等因素的影响,建筑火灾发生频次仍然较高,并且呈上升趋势。

(4) 社会文化和行为对火灾风险也有影响。加强防火知识宣传、提高自身防护能力,可以降低火灾的发生频次。反之,忽视安全规范或不恰当的操作会加大火灾风险。

总的来说,建筑火灾的发生频次正在逐渐下降,这主要归因于技术进步、法规和标准的改进以及更广泛的消防安全意识提高。然而,这一趋势也会因国家和地区而异,具体情况会根据地理位置和社会文化背景而有所区别。

1.2 建筑火灾的危害

1. 危害生命安全

研究表明,建筑火灾中烟气是危害人类生命安全的最主要因素。

火灾烟气是指火灾发生时所产生的各种气体和悬浮微粒的混合物,其成分和性质取决于发生热解和燃烧的物质本身以及燃烧条件。火灾烟气的成分通常包括二氧化碳、一氧化碳、水蒸气等;悬浮微粒则包括游离碳(炭黑粒子)、焦油类粒子和高沸点物质的凝缩液滴等。它们会对人类的生命安全和身体健康产生严重危害,主要体现为毒性作用、高温热辐射、能见度降低。

(1) 毒性作用

毒性气体的产生有两种途径:一是高温条件下,建筑材料和燃烧物发生热分解而产生的产物,其中,一氧化碳和氰化氢是对人身安全危害比较大的气体。二是缺氧,缺氧是气体毒

性的一种特殊形式，根据中毒的机理不同，毒性作用又可以划分为单纯窒息、化学中毒和黏膜刺激三种。[1]

(2) 火焰燃烧和高温产生辐射

火源处的烟气温度可达到800 ℃以上，随着与火源距离的增加，烟气的温度会逐渐降低，但在许多区域内烟气仍具有较高的温度，会对人体造成灼伤。有关研究给出人能忍受的火场环境条件如下：① 在65 ℃下，能忍受一段时间；② 在120 ℃下，能忍受约15 min；③ 在175 ℃下，能忍受的时间小于1 min。[1]火焰是火灾中最明显的危害。火焰可以引燃易燃物品如家具、纸张和衣物等，释放出巨大的热量和明亮的光芒。高温会引起皮肤烧伤，严重时会对人体造成不可挽回的伤害。同时，火焰的蔓延速度非常快，快速烧毁建筑物和环境物，使人们难以逃脱。

(3) 能见度降低，困扰逃生和救援

尽管能见度降低不会对人员造成直接伤害，但是会增加人员疏散过程中的受伤概率。烟气层降到人眼高度以下时，低能见度会导致人员对路径判断困难，行走速度减慢，延迟了疏散时间，所以在计算有效安全疏散时间时必须考虑能见度的影响。《火灾安全工程原理应用指南》中建议大空间内能见度小于10 m为达到危险状态的判据。小空间范围内，如果人员熟悉逃生路径，逃生只需1.6 m的能见度，对应的光密度OD为0.5 m。[1]

2. 造成经济损失

(1) 财产损失

火灾破坏建筑物、仓库、工厂、商店和车辆等财产，导致财产损失巨大。被破坏的建筑物需要进行修复或重建，损失的设备和物资需要重新采购，这都需要耗费大量的资金。

(2) 商业中断

火灾导致商业活动中断，商家的经营无法正常进行，商店无法正常营业，从而导致企业业绩下滑，市场份额丢失，严重时甚至导致企业破产。此外，火灾还可能造成供应链中断，对其他企业的生产经营造成一定的影响。

(3) 就业机会减少

火灾造成的企业倒闭或停工，会导致大量员工失去工作机会。就业机会的减少会进一步引发社会不稳定因素，增加政府的社会救助负担。

(4) 影响旅游业

如果火灾破坏了旅游景点和度假设施，将会使得旅游业受到严重冲击。旅游业是许多地区的重要经济支柱，火灾的影响会导致旅游收入减少，观光地的声誉受损。

3. 影响社会稳定

(1) 破坏社会基础设施

火灾可能导致电力、供水、通信等基础设施被破坏甚至瘫痪，给人们的日常生活和社会运转带来负面影响，同时会加剧社会的不安和恐慌。

(2) 疏散和人员堵塞风险

火灾发生时，人们很容易被困，难以逃脱。若逃生通道被阻断、紧急出口不足或被堵塞时，人员无法及时撤离，就会造成人员伤亡，引发社会的不安定情绪和恐慌。

(3) 社会安全风险

可能导致贫困、失业等加剧，对社会稳定造成更大影响。

(4) 经济衰退和社会不公平

火灾所带来的损失将会使经济下滑,并进一步加剧社会矛盾。一些区域可能更加易受伤害,不能对发生火灾之后的重建与发展做出有效应对。贫穷和不公平等问题可能变得更加严重,造成社会矛盾加剧。

1.3 建筑火灾的种类及产生原因

1.3.1 建筑火灾的类型

1. 结构火灾

结构火灾是指在建筑物或其他结构内部发生的火灾。这种火灾常见于住宅、商业建筑、工厂和办公楼等各种类型的建筑物中。结构火灾对人类和建筑物都带来严重的威胁。火灾迅速蔓延,导致建筑物结构削弱、坍塌甚至倒塌。火灾产生的浓烟和有毒气体对人体健康造成危害,可能导致窒息、中毒和严重烧伤。结构火灾可能导致建筑物的受损、崩溃,危及人员安全。结构火灾的发生通常是由以下因素共同引起的:

(1) 点火源:包括电气设备故障、明火、热源、自然灾害等。

(2) 可燃物:常见的可燃物包括家具、装饰材料、纸张、布料、塑料、液体和固体化学品等。这些物质在火灾中燃烧往往还会释放出大量的烟雾和有毒气体。

(3) 氧气供应:火灾需要氧气维持燃烧,建筑物通常提供了足够的空气。(局部封闭的空间,如密闭房间或地下室,虽然氧气供应受限,但由于空间受限以及热压作用,烟气会在空间中不断积累,危害性更大。)

(4) 火灾传播路径:燃烧物质的位置和建筑物内的通风系统都会影响火灾传播路径。通风系统可能会将烟雾和火焰传播到其他区域,加剧火势。

2. 电气火灾

电气火灾是指由电气设备故障、线路短路、电线老化、电器过载等原因引发的火灾。电气火灾在家庭、商业建筑、工厂和其他场所中时有发生,属于一种常见的火灾类型。电气火灾通常由以下因素引起:

(1) 设备故障:电气设备损坏或缺乏维护可能导致故障,如电路板短路、电线接触不良、电气元件过热等,从而引发火灾。

(2) 电器过载:当电器设备的使用功率超过额定功率时,轻则引起线路过热,重则导致火灾发生。

(3) 线路老化:电线和电缆的老化、损耗、磨损和损坏可能会导致电气火灾。老化的电线绝缘材料可能会因为高温或电流过大而烧毁,从而引发火灾。

(4) 错误的安装方式:电气设备的错误安装、接线不当或规范不符也可能导致火灾发生。例如,电线的过度张力、积灰或短路可能造成火灾。

(5) 可燃物接触电源:可燃物与电源接触可能造成电气火灾。当可燃物接触到带电的电线或电气设备时,可能发生电弧放电并引燃可燃物。

3. 燃气火灾

燃气火灾是指由燃气泄漏或燃气设备故障引发的火灾。燃气作为一种常见的能源,在家庭、商业建筑和工业场所中广泛使用,但不正确的使用或维护可能会导致火灾风险。燃气火灾通常由以下因素引起:

(1) 燃气泄漏:燃气管道、阀门、管件或燃气设备损坏、老化、安装不当等因素可能导致燃气泄漏。燃气泄漏时,积攒的燃气可以在遇到火源或点火时迅速燃烧,引发火灾。

(2) 燃气设备故障:燃气设备如炉灶、热水器、热风炉等如果存在设计缺陷、老化或不当维护,可能引发火灾。例如,燃气热水器的火焰失去控制、燃烧不完全或烟道堵塞,都有可能引起火灾。

(3) 错误的使用和维护:不正确使用燃气设备、使用不合格的燃气瓶、忽视燃气安全等问题均可能导致火灾。例如,在室内使用燃气炉灶时,如果没有适当通风,燃烧产生的一氧化碳积聚,有可能会导致火灾。

4. 烟草火灾

烟草火灾是指由烟草或吸烟行为引发的火灾事件。这类火灾在住宅、商业建筑、公共场所和工业建筑中常有发生,带有一定的危险性。烟草火灾通常由以下因素引起:

(1) 吸烟行为:吸烟者可能在室内或建筑物附近吸烟,如在办公室、酒吧、餐厅或家庭内,烟草碎屑、可燃纸屑和火种可能会引发火灾。

(2) 不正确的烟蒂处理:将未完全熄灭的烟蒂丢弃在可燃物上,如垃圾桶、地毯、沙发等,可能引发火灾。烟蒂可能会继续燃烧并引燃附近的可燃物。

(3) 易燃物近距离接触:将烟草或已燃物品放置在接近易燃物的地方,如床上、桌子上、沙发上等,可能导致易燃物燃烧而引发火灾。

(4) 烟草制品自燃:烟草制品中含有可燃物质,如果不正确储存或处理,可能自行发生火灾。例如,在高温环境下长时间暴露或存放在易燃物附近。

1.3.2 建筑火灾的产生原因

1. 电力供应负荷设计与实际需求之间不适应

在设计高层建筑时,必须充分考虑强电的电力供应峰值,以确保安全可靠。然而由于经济发展和居民生活水平的提升,无论是公共空间还是私人住宅,大功率电器的使用量都在增加,导致建筑物的电力承载负荷超出了它们的能力,从而引发火灾事故。

2. 消防应急处置设计与防火需求不适应

目前,高层建筑的消防设计,大多是在楼层公共区域放置灭火器或者在楼梯间安装消防箱。这些消防应急设施虽然对于建筑内部公共区域的明火防控具有一定效用,但高层建筑火灾多发生在居民家中或者商户店内,因此公共区域的灭火配置时常显得“远水解不了近渴”。[2]

3. 公众对于消防处置的知识掌握不足

尽管许多大型建筑物的内部空间都符合消防标准,包括楼梯、电梯室以及其他公共场所,并且都安装有灭火器或消防水箱,但由于大多数人缺乏相关的消防常见问题的解决方案，导致他们在实际操作中缺乏必要的技能，如如何正确操作灭火器、怎样启动消防箱以及在紧急情况下如何有序疏散等等。由于火灾较小时未能及时有效处置，待消防人员赶到时，火灾势头往往已经无法通过应急设施设备完成处理。

4. 住户装饰装修材料阻燃性能不佳

在进行装饰装修时，受专业知识所限，使用者一般对装饰装修材料的阻燃性能及其烟气毒性等知之甚少。许多装饰装修材料看起来美观、大气、上档次，实则是易燃材料，一旦遇到明火，非常容易引起火灾。此外，许多装饰材料看似环保，但一旦遇火燃烧，会产生大量有毒有害气体。因此，高层建筑的使用者未能充分认识装饰装修材料的特性，也是导致火灾发生的重要原因之一。

5. 公众对于建筑防火的功能使用情况不够熟悉

高层建筑内部一般都设有防火分区，公共区域多安装有感烟、感温装置，很多高层建筑甚至还设计安装有防火卷帘。感烟、感温装置，防火分区以及防火卷帘对于监测火险、防控火灾具有重要作用。但是，大多数民众对感烟、感温装置的使用缺乏了解，对防火卷帘的使用方法也不熟悉，甚至有很多人还不认识感烟、感温装置和防火卷帘，这些都是导致火灾发生发展的潜在因素。

6. 消防系统设备维护更新不足

高层建筑消防系统设备维护更新不足主要体现在以下四个方面：一是部分公共区域感烟、感温设备损坏没有及时进行更换；二是没有定期对消防管网系统的供水压力进行复核；三是消防管网部分管道发生渗漏没有及时进行维修；四是消防水池、消防水泵、消防水箱等没有定期进行检查维护等。部分物业公司虽然对上述消防系统设施设备进行了定期检查，但是受成本和专业技能所限，大多也流于形式，因此在火灾发生后，消防救援对于消防部门的依赖性较大。[2]

7. 高层建筑人口密集

当前社会经济不断发展，各地城市化进程速度加快，大量人口涌入城市，导致城市人口数量越来越多。为了缓解住房的问题，各种高层建筑物应运而生。高层建筑人口密集，同时，人们对建筑技术的要求日益提高，对于家用电器的需求也日益增强，大量家用电器的不合理使用，导致整个建筑的供电电流增大，增加了整体用电负荷。此外，线路使用时间过久，线路老化，会导致供电系统短路故障，造成电气着火，从而引发大范围的火灾。高层建筑人口密集，用电负荷高，用电量大，这是导致高层建筑火灾发生的频次居高不下的重要原因。

1.4　建筑火灾的发展阶段及其特点

建筑物通常由多个空间组成，建筑物内的某个空间着火后极易蔓延至相邻空间，最终蔓延至整栋建筑。建筑火灾是一种受限空间火灾，在没有外界干预的情况下，室内火灾温升曲线一般如图1-1所示，包括初期阶段、充分发展阶段与减弱阶段三个阶段。

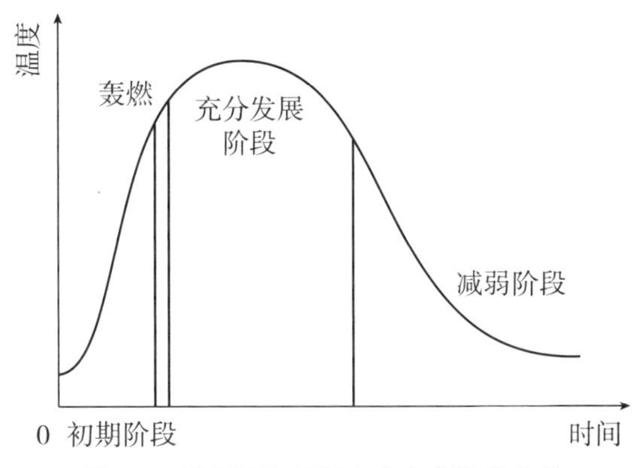

图1-1 无干预条件下室内火灾温升曲线

1.4.1 建筑火灾的发展阶段

1. 初期阶段

初期阶段，由于点火源的影响，可燃物会发生热解，并开始产生燃烧。起初，只有起火位置和周围的可燃物会着火，随后形成局部燃烧。此时根据起火位置、周围氧气浓度和可燃物数量的不同，可能会出现三种情况：

（1）起火部位可燃物燃烧殆尽，但并未引燃其他可燃物。这种情况通常是由可燃物不足或通风条件不好形成的，由于缺乏足够的可燃物或助燃物，初始燃烧并未最终发展为火灾，而是较早地自行熄灭。

（2）起火点周围可燃物充足但通风供氧条件受限，会发生阴燃，即没有火焰的缓慢燃烧。

（3）当有足够的可燃物，并且有较好的通风条件时，初期的局部火焰会逐步扩展，进而点燃室内其他可燃物，持续一段时间后，火势就会达到充分发展的阶段。

火灾初期阶段的特点是：燃烧范围小，仅限于起火点附近，燃烧蔓延速度较慢，室内温度平均值没有显著变化，但分布不均匀，在燃烧区域及其附近温度较高，而其他部位温度较低。火灾扩散受点火源位置、室内通风条件、可燃物的燃烧性能以及空间分布等因素的影响。

火灾初期阶段，火势小、温度低，容易扑灭，是灭火救援和人员疏散的最佳时间。

2. 充分发展阶段

在初期阶段之后，火焰通常遵循时间的平方关系，也就是热释放速率与时间成非线性关系。当火点附近的可燃物相继被点燃时，火势就会快速地蔓延开来，同时，房间里的温度也会快速升高，引起大量的固态可燃物的分解，随后是大量的固体可燃物被点燃，从而使室内的火焰达到一个非常高的程度。在建筑物内，可燃物突然完全燃烧的现象被称作“轰燃”，这是建筑物内火灾从局部燃烧发展到完全燃烧的一个重要特征。在此阶段，燃烧过程主要受室内开放程度以及可燃物种类、燃烧特性、热解温度和导热系数等多种因素的影响。

充分发展阶段是轰燃发生后建筑物室内进入全面燃烧的阶段。在这一阶段，参与燃烧的可燃物较多，据统计，充分发展阶段烧掉的可燃物质量约占整个火灾烧毁可燃物质量的80%以上。由于通风受限，室内火灾多属于通风控制型火灾，燃烧状态较为平稳，该阶段持续时间的长短与室内可燃物的类型、数量以及通风条件等相关。在这个阶段，热释放速率也将达到最大值，室内将维持较长时间的高温，最高温度甚至可达1 100 ℃，这不仅将给未疏散的人员带来致命的后果，也对建筑结构造成严重威胁，可能会导致建筑物局部或整体的坍塌破坏。[3]

3. 减弱阶段

火灾充分发展阶段后期，室内可燃物数量逐渐减少，燃烧开始减弱，热释放速率变小，室内温度也逐渐降低，火灾进入减弱阶段（一般认为室内平均温度下降到其峰值的80%左右时开始），直到最终火焰完全熄灭。但由于还有未完全燃烧形成的焦炭在继续燃烧，且燃烧速率缓慢，故室内温度仍然较高。

需要说明的是，上述过程是没有人为干预或自动灭火设备参与灭火的建筑物室内火灾自然燃烧的发展过程。当有外界灭火时，室内火灾的发展过程将会受到抑制。图1-2给出了自然发展情况下与采取灭火措施后火灾发展的对比。若能在火灾初期阶段及时发现并进行干预，可较为容易地将火灾扑灭。当室内发生轰燃，火灾进入充分发展阶段后，由于火场温度高、蔓延的范围广等原因，灭火难度将大幅增加，灭火的危险性也急剧增大，但有效的灭火措施还是可以在一定程度上抑制高温，控制火灾的蔓延，甚至扑灭火灾。在火灾减弱阶段，建筑构件由于受到高温的长时间作用，当受到灭火冷却时，会使构件温度存在较严重的不均匀分布，并产生很大的热应力，容易导致建筑结构出现裂缝、倾斜甚至坍塌。

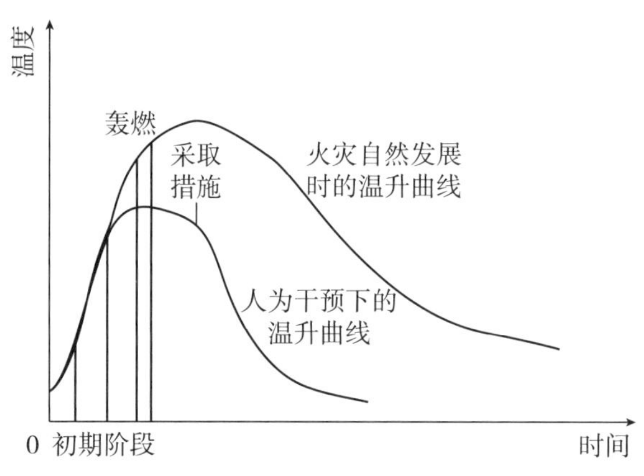

图1-2 干预条件下室内火灾温升曲线

1.4.2 建筑火灾发展的特殊现象

建筑火灾发展过程中会出现以下两种特殊现象。

1. 轰燃

轰燃是指火在建筑内部突发性引起全面燃烧的现象，即当室内大火燃烧形成的充满室内各个房间的可燃气体和未充分燃烧的气体达到一定浓度时，忽然爆燃，从而导致室内其他房间并未接触大火的可燃物也一起被点燃而燃烧，也就是“轰”的一声，室内所有可燃物都被点燃而开始燃烧的现象。[4]

轰燃的出现是燃烧释放的热量在室内逐渐累积与对外散热共同作用、燃烧速率急剧增大的结果。轰燃是一种瞬态过程，其中包含室内温度、燃烧范围、气体浓度等参数的剧烈变化。

大量火场实践表明，建筑火灾即将发生轰燃之前可能会出现以下征兆：一是室内顶棚的热烟气层开始出现火焰；二是热烟气从门窗口上部喷出，并出现滚燃现象；三是热烟气层突然下降且距离地面很近；四是室内温度突然上升。

轰燃的危害性主要体现在以下几个方面：一是易加速火势蔓延。轰燃发生后，喷出的火焰是造成建筑物层间及建筑与建筑之间火势蔓延的主要驱动力，不仅直接危害着火房间以上的楼层，而且严重威胁毗邻建筑的安全。二是能导致建筑坍塌。[1]轰燃发生后，建筑的承重结构会受到火势侵袭，使承重能力降低，导致建筑倾斜或倒塌破坏。三是对人员疏散逃生危害大。轰燃发生后，室内氧气的浓度只有3%左右，在缺氧的条件下人会失去活动能力，从而导致来不及逃离火场就中毒窒息致死。四是增加了火灾扑灭难度。轰燃的发生标志着建筑火灾的失控，室内可燃物全面燃烧，室温急剧上升，火焰和高温烟气在火风压的作用下从房间的门窗、孔洞等处大量涌出，沿走廊、吊顶迅速向水平方向蔓延扩散。同时由于烟囱效应的作用，火势会通过竖井、共享空间等向上蔓延，形成全面立体燃烧，给消防员扑灭火灾带来很大困难。[5]

2. 回燃

当室内通风条件不好、燃烧处于缺氧状态时，由于氧气的引入导致热烟气发生的爆炸性或快速的燃烧现象，称为回燃。

回燃通常发生在通风不良的室内火灾门窗被打开或者破坏时。在通风不良的室内环境中，长时间燃烧后聚集了大量具有可燃性的不完全燃烧产物和热解产物，它们组成了可燃气相混合物。由于室内通风不良、供氧不足，氧气的浓度低于可燃气相混合物爆炸的临界氧浓度，因此不会发生爆炸。然而，当房间的门窗被突然打开，或者因火场环境受到破坏，大量空气随之涌入，室内氧气浓度迅速升高，达到可燃气相混合物爆炸极限范围，就会发生爆炸性或快速的燃烧。

对于回燃，在室外可能观察到的征兆包括：一是着火房间开口较少，通风不良，蓄积大量烟气；二是着火房间的门或窗户上有油状沉积物；三是门、窗及其把手温度高；四是开口处流出脉动式热烟气；五是有烟气被倒吸入室内的现象。身处室内可能观察到的征兆包括：一是室内热烟气层中出现蓝色火焰；二是听到吸气声或呼啸声。[6]

回燃是建筑火灾过程中发生的具有爆炸性的特殊现象。发生回燃时，室内燃烧气体受热膨胀从开口逸出，在高压冲击波的作用下形成喷出火球。回燃产生的高温高压和喷出火球不仅会对人身安全产生极大威胁，而且会对建筑结构本身造成较强破坏。因此，在灭火救援的过程中，如果出现回燃征兆，在未做好充分的灭火和防护准备前，不要轻易打开门窗，以免新鲜空气流入导致回燃的发生。

1.5　建筑火灾蔓延

建筑火灾蔓延是指火焰或热烟气从一个地方传播到另一个地方的过程，建筑火灾蔓延的主要方式有热传导、热辐射和热对流。[7]

1.5.1　建筑火灾蔓延的方式

1. 热传导

热传导是指物体一端受热，通过物体的分子热运动，把热量从温度较高端传递到温度较低端的过程。热传导是固体物质被部分加热时内部的传热形式,是起火的一个重要因素,也是火灾蔓延的重要因素之一。火灾区域燃烧产生的热量,经导热性好的建筑构件或建筑设备传导,能够使火灾蔓延到相邻或上下层房间。例如,薄壁隔墙、楼板、金属管壁,都可以把火灾区域的燃烧热传导至另一侧的表面,使地板上或靠着隔墙堆积的可燃、易燃物质燃烧,导致火灾扩大。传热速率与温差以及材料的物理性质有关。温差越大,导热方向的距离越近,传导的热量就越多。火灾现场燃烧区温度越高,传导出的热量就越多。[8]

着火房间燃烧产生的热量,通过热传导的方式蔓延扩大的火灾,有两个比较明显的特点:一是热量必须经导热性能好的建筑构件或建筑设备,如金属构件、金属设备或薄壁隔墙等的传导,使火灾蔓延到相邻或上下层房间;二是蔓延的距离较近,一般只能是相邻的建筑空间。可见,通过热传导蔓延扩大的火灾,其规模是有限的。

2. 热辐射

热辐射是指物体在一定温度下以电磁波方式向外传送热能的过程。其有以下特点:一是热辐射不需要通过任何介质,不受气流、风速、风向的影响,通过真空也能进行热传播;二是固体、液体、气体都能把热能以电磁波的形式辐射出去,也能吸收别的物体辐射出来的热能;三是当两物体并存时,温度较高的物体将向温度较低的物体辐射热能,直至两物体温度渐趋平衡。

热辐射是起火房间内部燃烧蔓延的主要方式之一,同时也是相邻建筑之间火灾蔓延的主要方式。建筑物发生火灾时,火场的温度可高达上千度,通过外墙开口部位向外发射大量的辐射热,对邻近建筑构成威胁,同时也会加速火灾在室内的蔓延。这就是热辐射的作用。[8]因此,建筑物之间需要保持一定的防火间距,防止着火建筑热辐射在一定时间内引燃相邻建筑。

3. 热对流

热对流是指流体各部分之间发生相对位移,冷、热流体相互掺混引起热量传递的现象。热对流作用会促使火灾区域的高温燃烧产物与火灾区域外的冷空气发生强烈流动,将高温燃烧产物传播到远处,导致火势扩大。建筑房间起火时,在建筑内燃烧产物则往往经过房门流向走道,窜到其他房间,并通过楼梯间向上层扩散。在火场上,浓烟流窜的方向,往往就是火势蔓延的方向。[8]根据引起热对流的原因和流动介质的不同,热对流分为以下几种:

(1) 自然对流

自然对流中流体的运动是由自然力所引起的,也就是因流体各部分的密度不同而引起的。如高温设备附近空气受热膨胀向上流动及火灾中高温热烟的上升流动,而冷(新鲜)空气则向相反方向流动。

(2) 强制对流

强制对流中流体微团的空间移动是由机械力引起的。如通过风机、压缩机、泵等,使气体、液体产生强制对流。火灾发生时,若通风机械还在运行,就会成为火势蔓延的途径。使用防烟、排烟等强制对流设施,能抑制烟气扩散和自然对流。地下建筑发生火灾,用强制对流改变风流或烟气流的方向,可有效地控制火势的发展,为最终扑灭火灾创造有利条件。

(3) 气体对流

气体对流对火灾发展蔓延有极其重要的影响,燃烧引起了对流,对流助长了燃烧。燃烧越猛烈,它所引起的对流作用越强;对流作用越强,燃烧越猛烈。室内发生火灾时,气体对流的结果是在房间上部、顶棚下面形成一个热气层。由于热气体聚集在房间上部，如果顶棚或者屋顶是可燃结构，就有可能起火燃烧；如果屋顶是钢结构，就有可能在热烟气流的加热作用下强度逐渐减弱甚至垮塌。

热对流是导致建筑内火灾蔓延的一种主要方式，它会使高温的烟雾和周围的冷空气相互作用，从而形成恶性循环，进一步加剧火场的危险性，甚至导致更严重的后果。在初期，室内火灾会导致热气体朝着不同的地方流动，这时对流传热占据主导地位。当室内温度升高并导致轰燃时，这种热对流会持续下去，但热辐射会急剧增强，并成为主要的传热途径。建筑物发生轰燃后，由于火势猛烈，可以摧毁门窗，并创造一个有利的空气循环，这会导致燃烧变得更猛烈，并且温度也会进一步提高。此时，由于空隙的扩张，房屋内的压力也会变得较高，导致烟雾在走廊或者窗户周围的扩散变得更快，危害也更大。

为了阻止火势进一步扩散，在火场中应采取措施控制通风口，以减少热量的传播，并将其引导到无可燃物或者更不易引起火灾的方向。

1.5.2 建筑物内火灾蔓延的途径

当建筑物内某处发生火灾时，火势会迅速扩大，直至轰燃之后不受限制地向周围的空间蔓延。建筑火灾可以沿着水平方向和竖直方向扩散。[9]

1. 火灾在水平方向的蔓延途径

建筑火灾沿水平方向蔓延的途径主要包括：

(1) 通过内墙门蔓延

当一栋建筑物内发生火灾时，火势迅速扩散，从一个狭小的空间蔓延至另一个空间，开始时燃烧的房间往往只有一个，而火灾最后蔓延至整个建筑物，这主要是由于大多数的空间无法阻止烟雾和热量，导致大量的烟雾和热量从一个狭窄的空间流向另一个空间。若将相邻房间的门关得很严，走廊内没有可燃物，火势的传播将受到显著的抑制。但由于现在内墙门多数采用了木制、橡胶等材料，它们反而成为火势渗透至其他空间的主要通道。因此，内墙门免受火灾的威胁问题至关重要。

(2) 通过隔墙蔓延

当房间隔墙采用木板等可燃材料制作时，火就很容易烧穿木板，蔓延到隔壁；当隔墙为板条抹灰墙时，一旦受热，先由内而外地发生自燃，直到背火面的抹灰层破裂，火才能够蔓延过去；当隔墙为非燃烧体制作但耐火性能较差时，在火灾高温作用下易被烧坏，失去隔火作用，使火灾蔓延到相邻房间或区域。

(3) 通过吊顶蔓延

许多建筑物都安装了吊顶，但是这些吊顶仅仅是将室内外的区域划分开来，吊顶上方则为连通空间，发生火灾时，热烟气以及火焰很容易通过此连通空间传播，并且很难被人们察觉，导致灾情扩大。没有装设吊顶时，隔墙如不砌到结构底部，留有孔洞或连通空间，也会成为火灾蔓延和烟气扩散的途径。[9]

2. 火灾在竖直方向的蔓延途径

建筑火灾沿竖直方向蔓延的途径主要包括：

(1) 通过楼梯间蔓延

建筑的楼梯间，若未按防火要求进行分隔处理，则在火灾时犹如烟囱一般，烟火会很快由此向上蔓延。

(2) 通过电梯井蔓延

若电梯井未设防烟前室及防火门分隔，发生火灾时则会抽拔烟火，导致火灾沿电梯井迅速向上蔓延。

(3) 通过空调系统管道蔓延

建筑通风空调系统未按规定设防火阀，采用可燃材料风管或采用可燃材料作为保温层等，都容易造成火灾蔓延。通风空调管道蔓延火灾一般有两种方式：一是通风管道本身起火并向连通的空间（房间、吊顶、内部、机房等）蔓延；二是通风管道把起火房间的烟火送到其他空间，在远离火场的其他空间再喷吐出来。因此，在通风管道贯通防火分区处，一定要设置具有自动关闭功能的防火阀门。[10]

(4) 通过其他竖井和孔洞蔓延

由于建筑功能的需要，建筑物内除设置楼梯间、电梯井、通风竖井外，还设有管道井、电缆井、排烟井等各种竖井，这些竖井和开口部位常贯穿整个建筑，若未进行周密完善的防火分隔和封堵，会使井道形成一座座竖向“烟囱”，一旦发生火灾，烟火就会通过竖井和孔洞迅速蔓延到建筑的其他楼层，引起立体燃烧。

(5) 通过窗口向上层蔓延

在现代建筑中，当房间起火，室内温度升高达到250 ℃左右时，窗玻璃就会膨胀、变形，受窗框的限制，玻璃会自行破碎，火焰窜出窗口，向外蔓延。[11]从起火房间窗口喷出的烟气和火焰，往往会沿窗间墙及上层窗口向上窜越，烧毁上层窗户，引燃房间内的可燃物，使火灾蔓延到上部楼层。若建筑物采用带形窗，火灾房间喷出的火焰被吸附在建筑物表面，甚至会卷入上层窗户内部。这样逐层向上蔓延，会使整个建筑物起火。

由此可见，做好防火分隔，设置防火间距，对于阻止火势蔓延和保证人员安全，减少火灾损失，具有举足轻重的作用。

参考文献

[1] 彭双红.邯郸市某高层建筑火灾风险模糊综合评价[D].邯郸：河北工程大学，2013.
[2] 肖勇.特殊火灾现象：轰燃的实验研究[J].消防技术与产品信息，2017(10)：73.
[3] 陈长坤.消防工程导论[M].北京：机械工业出版社，2020.
[4] 张新.地下机械式汽车库火灾模型试验及蔓延机理研究[D].长沙：中南大学，2012.
[5] 翟晓非.高层建筑的火灾原因、特点与灭火救援策略[J].今日消防，2023，8(4)：47-49.
[6] 刘倩.风管内聚积物燃烧时温度场分布的实验研究[D].长沙：湖南大学，2007.
[7] 许镇，唐方勤，任爱珠.建筑火灾烟气危害评价模型及应用[J].消防科学与技术，2010，29(8)：651-655.
[8] 许涛，陈静怡，曹伊宁，等.单室窗开度对着火房间温度分布的影响[J].安全与环境学报，2020，20(2)：504-511.
[9] 原向勇.外界风作用下建筑竖向通道及相连空间内火灾发展特性研究[D].合肥：中国科学技术大学，2017.
[10] 李斌.重庆市人员密集公共建筑防火安全设计评价初探[D].重庆：重庆大学，2009.
[11] 范圣刚.钢结构抗火分析及其专家系统(ESSFF)编制[D].南京：东南大学，2003.

第2章　建筑内部火灾理论

随着城市化进程加速，建筑日益增多，结构越来越复杂，功能越来越全面，随之而来的建筑火灾问题也越来越严重，给火灾救援工作带来了极大的困难与挑战。建筑内部一旦发生火灾，火灾首先处于燃料控制阶段，火灾的严重程度取决于室内的燃料数量，但是随着室内氧气的不断消耗，造成了进入建筑室内的氧气供给不足，建筑内部火灾逐步进入通风控制阶段，大量未完全燃烧的气体从开口上部溢出，并与室外的氧气接触进一步燃烧，形成了在燃烧室开口外部燃烧的火溢流现象。火溢流现象正是导致建筑大型立体火蔓延的重要原因，备受全世界学者的关注。因此，科学了解建筑内部火灾特性，揭示室内燃烧热释放速率、温度、开口流动特性的演化规律，对于建筑外火灾防治具有重要意义。据应急管理部消防救援局统计，2012年至2021年，全国共发生居住场所火灾约132.4万起，造成11 634人遇难、6 738人受伤，直接财产损失约77.7亿元。其中较大火灾429起，造成1 579人遇难、329人受伤；重大火灾2起，造成26人遇难；未发生特别重大火灾。

近半个世纪，国际、国内发生了多起（超）高层建筑重（特）大火灾事故，造成了重大人员伤亡、经济损失和国际社会影响。建筑火灾安全已成为国际重要挑战性问题。下面简要介绍一些近年来国内外发生的建筑火灾事故。

巴西圣保罗焦玛(Joelma)办公大楼火灾　1974年的巴西圣保罗焦玛(Joelma)办公大楼火灾是影响较大的一起高层建筑火灾，该火灾的演变与建筑外立面开口火溢流十分相似，火灾起因是焦玛办公大楼12层的办公室空调着火，首先把办公室内部的可燃物（靠近窗户的窗帘）引燃，一方面室内的火焰在整个楼层中蔓延开来，将本楼层中的可燃物引燃，另一方面靠近窗户的房间发生轰燃，火焰从窗户开口向外溢出，使火灾向上部窗户开口蔓延，引燃了上部楼层的地板，并逐层向上传播，最后在消防队员的努力下，火势才得以减弱。事后总结该火灾主要是建筑设计和装修存在问题才引发了这起事故，该事故造成的人员伤亡也十分严重。

世界贸易中心1号楼火灾　世界贸易中心1号楼(North Tower)，是一座110层的钢结构防火摩天大楼。1975年2月13日，它的11层发生了一场不明原因的火灾。火灾发生在午夜前不久，地点是11楼的一间带家具的办公室，火势蔓延了约65%的楼（核心区域加上一半的办公区）。当消防队员到达时，火焰已通过楼板上的电话线开口垂直蔓延，引起了从9楼到19楼的附属火灾。这场大火持续了三个多小时，造成了大约200万美元的损失。清洁和服务人员全部撤离，没有人员死亡，然而在现场的150名消防员中，有28人因高温和浓烟受伤。现场报道火焰是从大楼东侧11层的窗户涌出的。

"第一洲际银行塔"(First Interstate Tower)火灾　1988年洛杉矶，加利福尼亚第一洲际银行办公大楼是一座62层的钢架摩天大楼，它遭受了该市历史上最严重的火灾。从一个春天的深夜到第二天清晨，64家消防公司与大火搏斗，这场大火持续了三个半小时，造成了大约2亿美元的财产损失。关于那场火灾，美国消防局写道："尽管四层半的楼层完全烧毁，但主要结构构件没有受到损害，只有一根副梁和少量地板受到轻微损害。"

中国香港嘉利大厦火灾 火灾事故发生于1996年11月20日16时47分，起因是电梯焊接工人操作不当，导致过热的金属切割片坠落至电梯内，在电梯内引发火灾，并沿电梯向上蔓延，高温气体遇到新鲜空气在走廊内发生轰燃，随后火灾蔓延至房间，通风控制燃烧阶段发生火焰从窗户开口溢出，并形成建筑外立面开口火溢流，最终酿成悲剧。该事故造成41人死亡、80人受伤，是香港近百年来最为严重的高层建筑火灾事故，对香港建筑消防防火设计敲响了警钟。

委内瑞拉双子塔火灾 东公园中心是委内瑞拉首都加拉加斯的一座56层、223米高的办公大楼，2004年10月16日星期六的午夜，它的第34层被大火吞噬，到周日下午，大火燃烧了17个多小时，已经蔓延到26层，到达了屋顶，最后两层楼和一些楼梯倒塌。

英国格伦费尔塔火灾 2017年6月14日0时54分，伦敦西部北肯辛顿市的公共住宅公寓大楼24层(距离地面约67 m)起火，由于外墙保温材料阻燃效果较差，大火燃烧至外墙，引燃外墙保温材料并向上燃烧，火势蔓延速度极快，熊熊大火仅仅15分钟便吞噬整栋建筑，整栋公寓最终被烧成空壳。当地消防部门出动约200人扑救和40辆消防车展开现场救援，但现场燃烧坠落的高温碎片使救援工作十分困难。最终事故造成71人死亡，80余人受伤，是第二次世界大战以来英国最为严重的高层建筑火灾事故。

韩国蔚山市高层建筑火灾 2020年10月8日晚11时左右，韩国东南部蔚山市一座商住两用建筑第22层突发火灾，当地消防部门出动直升飞机才将大火扑灭。楼内数百名居民顺利逃生，其中，七十余人逃至屋顶后被消防人员顺利救出，百余人吸入过量浓烟或轻微擦伤被送往医院治疗。起火建筑高达113 m(包括地上33层和地下2层)，火势在两小时内得到有效控制，从现场视频画面可以看出，当天风势非常强劲，"强风助长火势蔓延，33层高楼瞬间烧成火柱"，大火不仅蔓延了整栋大楼，还进一步引燃了相邻建筑，造成火灾规模进一步扩大。

凯旋国际大厦火灾 2021年8月27日16时许，辽宁省大连市凯旋国际大厦19层一住户家中着火，起火原因是电动平衡车充电器电源线插头与插座接触不良发热引燃周围木质衣柜等可燃物，随后房间内充满浓烟，火苗沿着楼体向上燃烧，高空不断掉落燃烧过的板材，消防部门开展紧急消防救援，疏散1 800余人，至23时，大厦明火扑灭，无人员伤亡。

2.1 建筑内部火灾特性研究基础

建筑外立面开口火溢流源于建筑内部火灾，如图2-1所示，其基本物理过程可以描述为：可燃物卷吸空气发生湍流燃烧，释放热功率，并形成温度场-浮力效应；在热浮力的作用下外部新鲜空气从开口(窗户、门)下方补入，高温热烟气从开口上方流出；当建筑内部火灾因补气供氧相对不足并转变为通风控制燃烧阶段时(室内燃烧功率达到溢出临界热释放速率)，发生开口火焰溢出临界现象——高温未燃气体从开口上方溢出，进一步卷吸新鲜空气发生外部湍流燃烧，形成建筑外立面开口火溢流。其中建筑内部火灾演化与湍流燃烧、火焰溢出临界态和中性面位置是建筑内部火灾的关键科学问题。

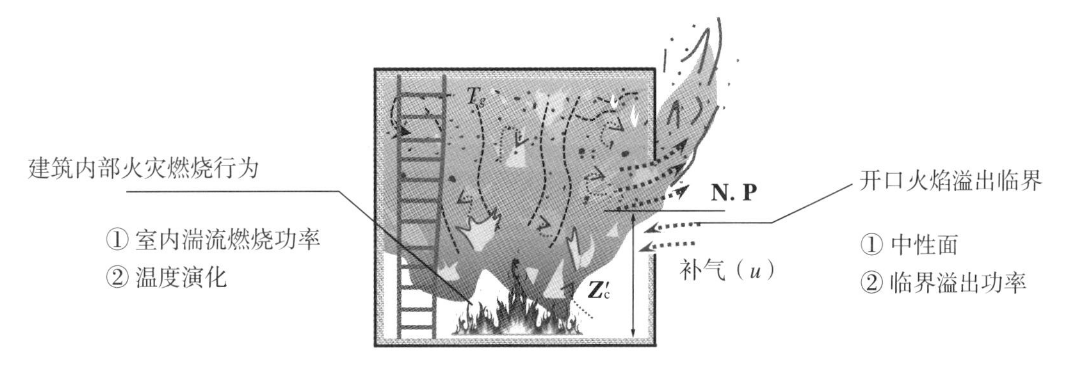

图2-1　建筑内部火灾基础科学问题

建筑内部火灾演化是建筑火灾动力学的重要行为特征，表征了建筑内部火灾的发展阶段，可以用来确定房间内建筑材料的防火结构，对于消防与安全工程具有重要参考价值。建筑外立面开口火溢流是外立面火灾向上蔓延（传播）的重要初始阶段。基于上述高层建筑火灾事故分析，室内一旦发生火灾，如图2-2所示，其显著特征是火灾蔓延迅速（热浮力——静压差，窗户玻璃破碎——通风口，通风控制——开口火焰溢出，溢出火焰引燃上部楼层）。

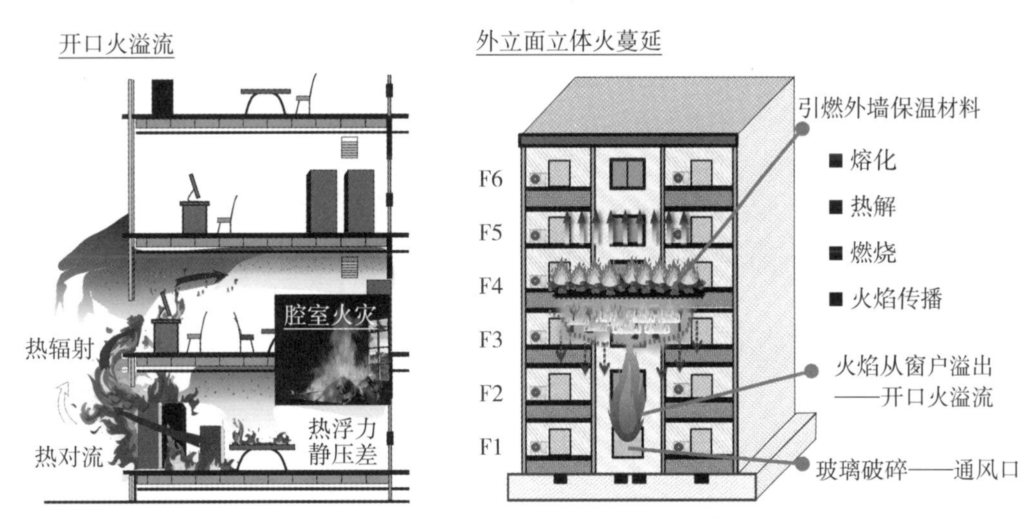

图2-2　建筑内部火灾引发外立面立体火蔓延

近些年来，各种保温材料广泛应用于建筑外墙，溢出的火焰将外界保温材料引燃（熔化、热解、燃烧并形成外立面火灾蔓延，如英国格伦费尔塔火灾事故），外部火焰在热浮力作用下进一步卷吸新鲜空气，加速燃烧过程，释放一氧化碳等有毒有害烟气。环境风是现实火灾重要的边界条件，“风助火势”，将加快火灾的蔓延以及有毒有害气体的扩散，对周边城市环境和居民造成严重影响，并可能造成重大人员伤亡。建筑内部火灾演化是当前国际火灾学界所关注的重点和国际前沿科学问题，开展建筑内部火灾演化以及建筑开口火焰溢出临界基础科学实验和理论研究，建立表征相应科学问题的基本特征参数模型，对消防与安全工程和室内–室外火灾风险评估具有重要作用和参考价值。

2.2 建筑内部火灾演化

2.2.1 建筑内部火灾热释放速率

一切事物都是从很小的事情开始演变，火灾亦是如此。建筑内部火灾或许始于一根未燃尽的烟头，将沙发引燃，形成内部小火，很快建筑内部火灾发展到燃料控制燃烧阶段，随着轰燃发生，室内的可燃物充分燃烧，达到充分发展（通风控制燃烧）阶段，发生火焰溢出，当室内可燃物燃尽时，火灾衰减。

描述建筑内部火灾演化行为的重要特征参数包括建筑内部火灾燃烧热释放速率和温度，在建筑火灾初期（燃料控制燃烧），热释放速率主要由建筑内部燃料控制，室内氧气供给相对充足，可燃物充分燃烧，其热释放速率可以表述为

$$\dot{Q} = \eta \dot{m}_f \Delta H_c \tag{2-1}$$

式中，$\dot{m}_f$ 为固体燃料质量损失速率或气体燃料供给速率，ΔH_c 为燃料热值，η 是燃料燃烧效率。需要说明的是，与自由条件下的燃料燃烧相比，由于房间壁面墙体强烈的热辐射会导致燃料燃烧更加剧烈，短时间释放大量的热功率，并提前结束燃烧。[1] Yamada 等人[2]使用丙烷作为燃料，对燃烧生成的气体进行收集采样，测量实际的燃烧热释放速率，根据热释放速率的理论值计算室内燃料燃烧效率，给出了燃（料）-空（气）全局当量比（GER，$\varphi = \dot{Q}_{supl}/\dot{Q}_{v\max}$，$\dot{Q}_{supl}$ 为实际供给燃料燃烧热释放速率，$\dot{Q}_{v\max}$ 是理论上建筑房间内部燃烧热释放速率的最大值）与燃烧效率（η）的关系，如图 2-3(a) 所示。可以发现，燃烧效率随着燃料供给速率的增加先变化较小（$0 < GER < 1$），然后显著下降（$1 < GER < 1.3$），最后急剧上升（$GER > 1.3$）到 100%，当全局当量比在 1.27 和 1.3 之间时燃烧效率最低。Lee 和 Delichatsios 等人[3,4]进一步验证了 Yamada 等人的研究结论（图 2-3(b)），发现当全局当量比大于 2 时（建筑内部火灾已经达到通风控制燃烧阶段），建筑内外整体的燃烧效率在 90% 和 100% 之间。

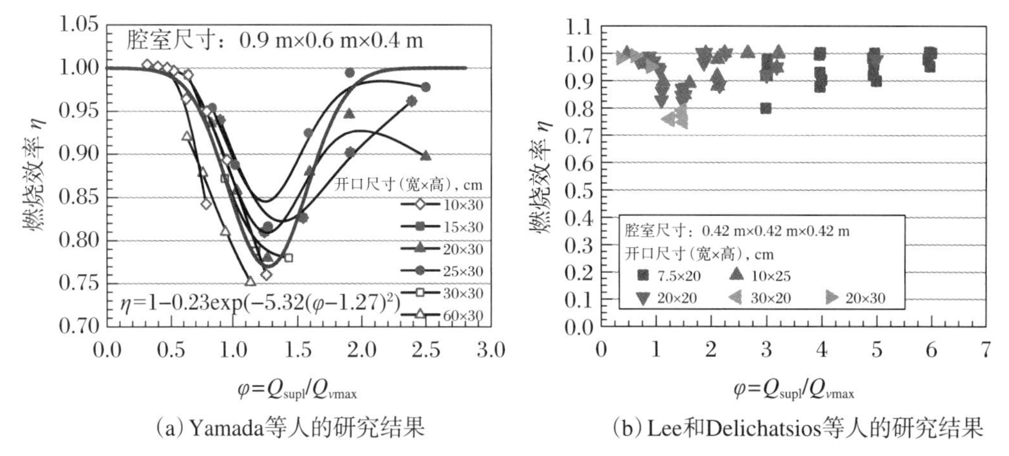

(a) Yamada等人的研究结果　(b) Lee和Delichatsios等人的研究结果

图 2-3　Yamada 等人、Lee 和 Delichatsios 等人对建筑内外燃烧效率的研究

建筑内部火灾达到充分发展阶段(通风控制燃烧)时,从开口下方补入的空气(氧气)不足以维持建筑内部燃料燃烧,高温未燃气(热解气)从开口上方溢出并形成外部湍流燃烧。在这一阶段,建筑内部的环境条件对燃料的热解速率有显著影响,燃料热解速率受到建筑内部尺寸(体积/内表面积)、结构材料、开口形式(形状、数量)、室内燃料分布和种类的影响。Kawagoe(川越邦雄)等人[5,6]基于热浮力驱动下的开口流动平衡,推导出了质量损失速率($\dot{m}_f$)与$AH^{1/2}$之间的关系:$\dot{m}_f \propto AH^{1/2}$,式中,$A$是开口面积,$H$是开口高度;同时开展了小尺度、中尺度和大尺度建筑内部木垛火燃烧实验,得到了通风控制燃烧阶段下的木材质量损失速率与开口尺寸的关系(图2-4),认为其与建筑(腔室)尺寸无关。

$$\dot{m}_f = CAH^{1/2} = 5.5AH^{1/2}(\text{kg/min}) \quad \text{或} \quad \dot{m}_f = 0.9AH^{1/2}(\text{kg/s}) \tag{2-2}$$

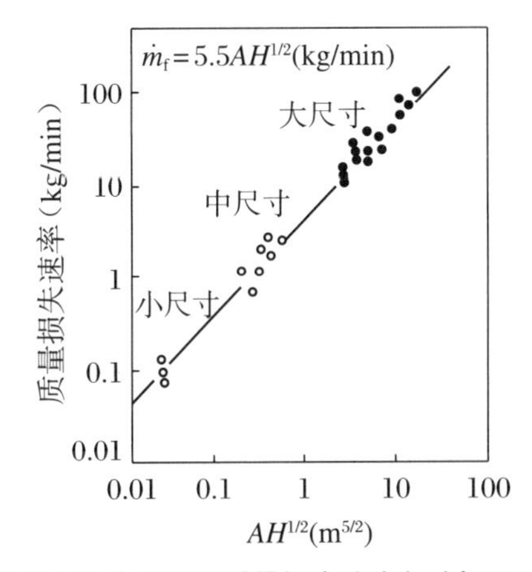

图2-4 通风控制燃烧阶段建筑内部火灾燃料质量损失速率(m_f)与开口通风因子($AH^{1/2}$)之间的关系

该公式表明$AH^{1/2}$可以表征通风控制燃烧阶段建筑内部火灾燃料质量损失速率,据之定义$AH^{1/2}$为开口通风因子(ventilation factor)。国外研究者发现在室内燃烧不同材料时,其常数C存在差异(图2-4)。Heselden等人[7]结合前人大量的建筑内部火灾实验数据,发现式(2-2)中的系数(C=5.5)取决于燃料的性质,通常在5.5到9.0之间。Ohmiya[8,9]、Delichatsios[10]和Quintiere[11]等人进一步研究了室内燃烧不同材料时的质量损失速率,发现室内最大质量损失速率取决于开口通风因子($AH^{1/2}$)和燃料与空气的化学计量比(s):

$$\dot{m}_f = 0.5AH^{1/2}/s(\text{kg/s}) \tag{2-3}$$

当使用木材作为燃料时,燃料与空气的化学计量比为5.7:1,系数与Kawagoe[5,6]的研究结果一致。上述研究结果表明开口通风因子($AH^{1/2}$)是描述建筑内部火灾的重要特征参数。

2.2.2 建筑内部火灾温度演化规律

建筑内部火灾温度是描述建筑火灾的另一个重要特征参数,科学认识建筑内部火灾温度演化规律,建立建筑内部火灾温度预测模型,用来确定房间内建筑材料的防火结构,对于消防与安全工程具有重要意义。建筑内部温度与热释放速率的演化趋势基本一致,在火灾初期缓慢上升,室内发生轰燃之后急剧上升,进入充分发展阶段,建筑内部温度基本保持稳定,当燃料消耗殆尽时,建筑内部火灾逐渐由通风控制燃烧阶段转为燃料控制燃烧阶段,建筑内部温度开始下降,直到发生火焰熄灭。

经典的建筑内部火灾基本物理过程可以描述为:室内可燃物卷吸空气发生湍流燃烧,释放热功率,形成温度场–浮力效应,其燃烧释放的烟气在热浮力驱动下从开口上方流出,外部新鲜空气从开口下方补入,形成开口流动平衡。在火灾初期,建筑内部火源热释放速率较小,呈显著的分层燃烧,随着热释放速率增加,热浮力驱动下的室内湍流流动/混合燃烧加强,进而转变为充分发展的通风控制燃烧状态,此时建筑内部上、下层温度基本一致(室内温度均一(well-mixed))。前人开展了室内不同火源载荷(热释放速率)下建筑内部温度演化的实验研究,提出了经典的"双区域"和"单区域"建筑内部火灾模型(图2-5),分别描述建筑内部火灾分层燃烧和充分混合燃烧状态。

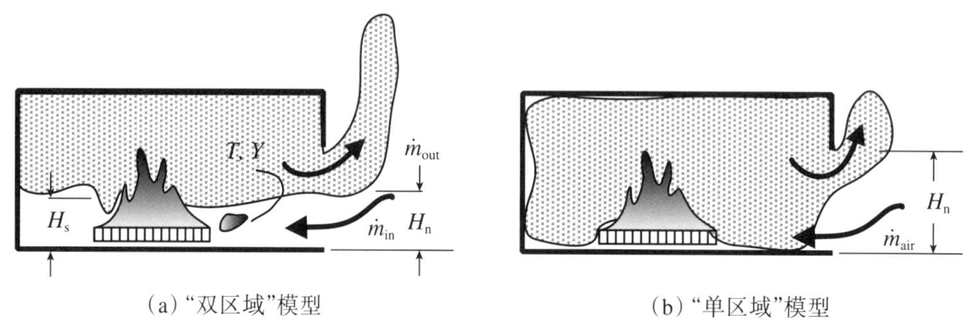

(a)"双区域"模型　　(b)"单区域"模型

图2-5　建筑内部火灾模型

建筑内部火灾温度主要取决于室内燃烧热释放速率以及建筑内部墙面和开口热量损失,基于自相似准则开展缩尺寸实验研究,并引入相关的无量纲特征参数进行分析,通过对大量实验数据的对比,开展建筑火灾风险分析和评估。前人对建筑内部火灾中的气体温度开展了大量研究,Heselden[12]使用天然气作为燃料,发现随着燃料供给速率的增加,建筑内部温度先是显著上升(燃料控制燃烧阶段),然后保持不变并伴随着开口火焰溢出(通风控制燃烧阶段),最后缓慢下降。Quintiere[13]、Tu[14]、Rockett[15]、Hägglund[16]、Alpert[17]、Steckler[18]和Emmons[19]等人开展了不同尺度的建筑内部火灾研究,并测量了建筑内部火灾温度。Mccaffrey、Quintiere和Harkleroad[20]研究了建筑内部火灾温度–时间演化规律,基于能量守恒提出了表征建筑内部火灾温度的两个无量纲特征参数,结合前人[13-17,19,21,22]大量的实验数据,建立了燃料控制燃烧阶段(温度低于600 ℃)下的建筑内部火灾温升模型,简称M-Q-H模型(图2-6,式(2-4)),模型中考虑了燃料控制燃烧阶段建筑内部火灾燃烧热释放速率、开口尺寸和建筑内衬材料的热物理性质。

$$\Delta T_g = T_g - T_\infty = C\left(\frac{\dot{Q}_{total}}{\sqrt{g}\,c_p\rho_\infty T_\infty A\sqrt{H}}\right)^{2/3}\left(\frac{h_k A_T}{\sqrt{g}\,c_p\rho_\infty A\sqrt{H}}\right)^{-1/3} \tag{2-4}$$

式中,右边第一项无量纲特征参数$\left(\dot{Q}_{total}\Big/\left(\sqrt{g}\,c_p\rho_\infty T_\infty A\sqrt{H}\right)\right)$是燃料燃烧热释放速率与开口热对流的比值(也可以用来表征无量纲燃烧热释放速率,其中分母$\sqrt{g}\,c_p\rho_\infty T_\infty A\sqrt{H}$表征开口热对流),第二项$\left(h_k A_T\Big/\left(\sqrt{g}\,c_p\rho_\infty A\sqrt{H}\right)\right)$是墙面热损失与开口热对流的比值,常数$C$是基于实验数据回归分析计算得到的。$T_g$是建筑内部火灾上层气体温度,$T_\infty$是周围环境空气温度,$\dot{Q}_{total}$是建筑内部火源总的热释放速率,$g$是当地的重力加速度($g = 9.8$ m/s^2),c_p是空气的定压比热容(标准状况下,$c_p = 1.05$(kJ/(kg·K))),ρ_∞是周围环境空气密度(标准状况下,$\rho_\infty =$

1.29 kg/m³),H是开口高度,W是开口宽度,A是开口面积($A = W \times H$),A_T是暴露在建筑内部壁面材料的总面积(不包括燃烧器上表面积和开口面积,$A_T = 6L^2 - WH - A_{burner}$),$h_k$为有效的能量(或热量)传递系数。$h_k$由建筑墙面材料的热物理特性($k$、$\rho$、$c$)以及热暴露(采样)时间($t$)决定,表示为

$$h_k = (k\rho c/t)^{0.5},\ \ t < t_p = (\rho c/k)(\delta/2)^2 \tag{2-5}$$

$$h_k = k/\delta,\ \ t \geqslant t_p = (\rho c/k)(\delta/2)^2 \tag{2-6}$$

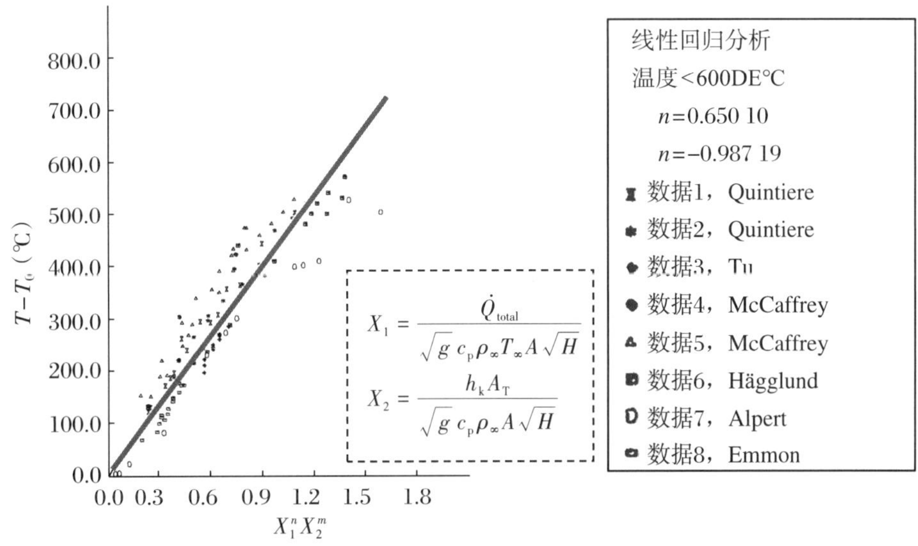

图2-6 M-Q-H建筑内部火灾温升模型(燃料控制燃烧阶段)

此外,Foote[23]、Beyler[24]和Peatross[25]等人研究了腔室内部强制通风对腔室温度的影响[23,24],提出了高导热性的墙面材料(如钢)的热传递系数公式[25],对M-Q-H模型进行修正。

Law[26]基于不同开口尺寸和建筑内部尺寸下室内木垛火燃烧实验中的温度数据,综合考虑前人的实验数据,提出了描述建筑内上层气体最高温度($T_{g(max)}$)与开口因子倒数($\Omega = 1/(AH^{1/2}/A_T) = A_T/(AH^{1/2})$)的关系模型:

$$T_{g(max)} = 6\,000\left(\frac{1 - e^{-0.1\Omega}}{\sqrt{\Omega}}\right)(℃),\quad 0 < \Omega < 40,\ \Omega = \frac{A_T}{A\sqrt{H}} \tag{2-7}$$

其中$\Omega(A_T/(AH^{1/2}))$是开口因子的倒数。后来,Magnusson和Thelandersson[27](Swedish方法)基于传统的质量和能量平衡方程,针对不同的火荷载密度值,建立了轰燃之后的建筑内部火灾气体温度-时间曲线。Matsuyama和Fujita等人[28](Japanese方法)进一步扩展了M-Q-H方法来计算通风控制燃烧阶段下的室内温度,揭示了建筑内部温度与火灾燃烧时间的关系模型。

对于通风控制燃烧阶段下的建筑内部气体温度,Babrauskas[29,30]首次提出了一套系统的计算方法,并考虑了燃料燃烧化学当量比、壁面热损、开口尺寸和燃烧效率对建筑内部火灾温度的影响;Thomas等人[31]开展了房间内木床与合成纤维材料的燃烧实验,通过引入开口因子($AH^{1/2}/A_T$)(opening factor)来描述建筑与开口的几何尺寸对建筑内部火灾温度的影响;Law[26]开展了不同开口尺寸和建筑尺寸下的室内木垛火燃烧实验,综合考虑前人的实验数据,提出了建筑内部上层最高温度(近似于通风控制燃烧阶段的建筑内部温度)与开口因子倒数的关系模型;Delichatsios和Lee等人[32]综合考虑了建筑内部绝热气体温度、内部壁面热

流以及壁面热损失，提出了一个复杂的方法来计算建筑内部火灾温度；唐飞等人[33,34]提出了总体的有效热损失系数，耦合墙面热损和开口热损失（辐射和对流），建立了建筑内部温度与开口因子（$AH^{1/2}/A_T$）的无量纲表征模型。这些相关的温度模型总结如表2-1所示。

表2-1　建筑内部室内温度模型

文　献	公　式
Law[26]	$T_{g(\max)} = 6\,000\left(\frac{1-e^{-0.1\Omega}}{\sqrt{\Omega}}\right)$（℃），　$0<\Omega<40$，$\Omega = \frac{A_T}{A\sqrt{H}}$ （建筑房间尺寸（长：宽：高）=1：2：1，2：2：1，2：1：1，4：4：1）
M-Q-H模型[20]	$\Delta T_g = T_g - T_\infty = C\left(\frac{\dot{Q}_{total}}{\sqrt{g}\,c_p\rho_\infty T_\infty A\sqrt{H}}\right)^{2/3}\left(\frac{h_k A_T}{\sqrt{g}\,c_p\rho_\infty A\sqrt{H}}\right)^{-1/3}$
Foote等[23]	$\frac{\Delta T_g}{T_\infty} = 0.63\left(\frac{\dot{Q}_{total}}{\dot{m}_g c_p T_\infty}\right)^{0.72} \times \left(\frac{h_k A_T}{\dot{m}_g c_p}\right)^{-0.36}$ （建筑房间尺寸（长×宽×高）：6.0 m×4.0 m×4.5 m）
Deal等[35]	$\frac{\Delta T_g \dot{m}_g c_p}{\dot{Q}} = \frac{1}{1+(h_k A_T)/\dot{m}_g c_p}$，　$h_k = 0.4\max\left(\sqrt{\frac{k\rho c}{t}}, \frac{k}{\delta}\right)$
Matsuyama[28]	$T_g = 1\,280\left(\frac{\dot{Q}}{A_T\sqrt{k\rho c}\sqrt{A\sqrt{H}}}\right)^{2/3} t^{1/6} + T_\infty$
Delichatsios等[32]	$\frac{T_g - T_\infty}{T_g^* - T_\infty} = 0.5\left(\frac{\sqrt{t}}{\sqrt{k\rho c}}\frac{\dot{Q}_{total}}{A_T(T_g^* - T_\infty)}\right)$ （T_g^*为绝热气体温度） 通风控制燃烧阶段： $1\,500A\sqrt{H} = (0.5A\sqrt{H})\,c_p(T_g^* - T_\infty) + \sigma A(T_g^{*4} - T_\infty^4)$ 燃料控制燃烧阶段： $\dot{Q}_{total} = \frac{2}{3}c_d w\rho_\infty\sqrt{2g\frac{T_\infty}{T_g^*}\left(1-\frac{T_\infty}{T_g^*}\right)}\left(\frac{H}{2}\right)^{3/2} c_p(T_g^* - T_\infty) + \sigma A(T_g^{*4} - T_\infty^4)$ （建筑房间尺寸（长×宽×高）：0.8 m×1.2 m×0.8 m）

1. 不同缩尺寸建筑内部温度演化及温升模型

图2-7显示了建筑内部火灾上层温度和下层温度从燃料控制燃烧转变为通风控制燃烧的整个演化过程，$\dot{Q}_{total}$=1 500$AH^{1/2}$ kW。通过图2-7可以看出：

（1）对于所有的实验工况，随着热释放速率（或者全局当量比（global equivalence ratio，GER））的增加，建筑内部温度先显著升高（燃料控制燃烧阶段，$\dot{Q}_{total}$<1 500$AH^{1/2}$ kW，GER<1），然后略有变化（通风控制燃烧阶段，$\dot{Q}_{total}$>1 500$AH^{1/2}$ kW，GER>1）达到最大值，最后显著下降。然而，当开口尺寸或建筑房间尺寸较大时，随着热释放速率的增加，温度下降并不明显。

（2）对于较低的热释放速率（全局当量比），建筑房间上层温度明显高于下层温度（即分层流动；燃料控制燃烧阶段），而在较大的热释放速率下，建筑内部上层和下层的温度基本一致（即室内流动充分混合；通风控制燃烧阶段）。

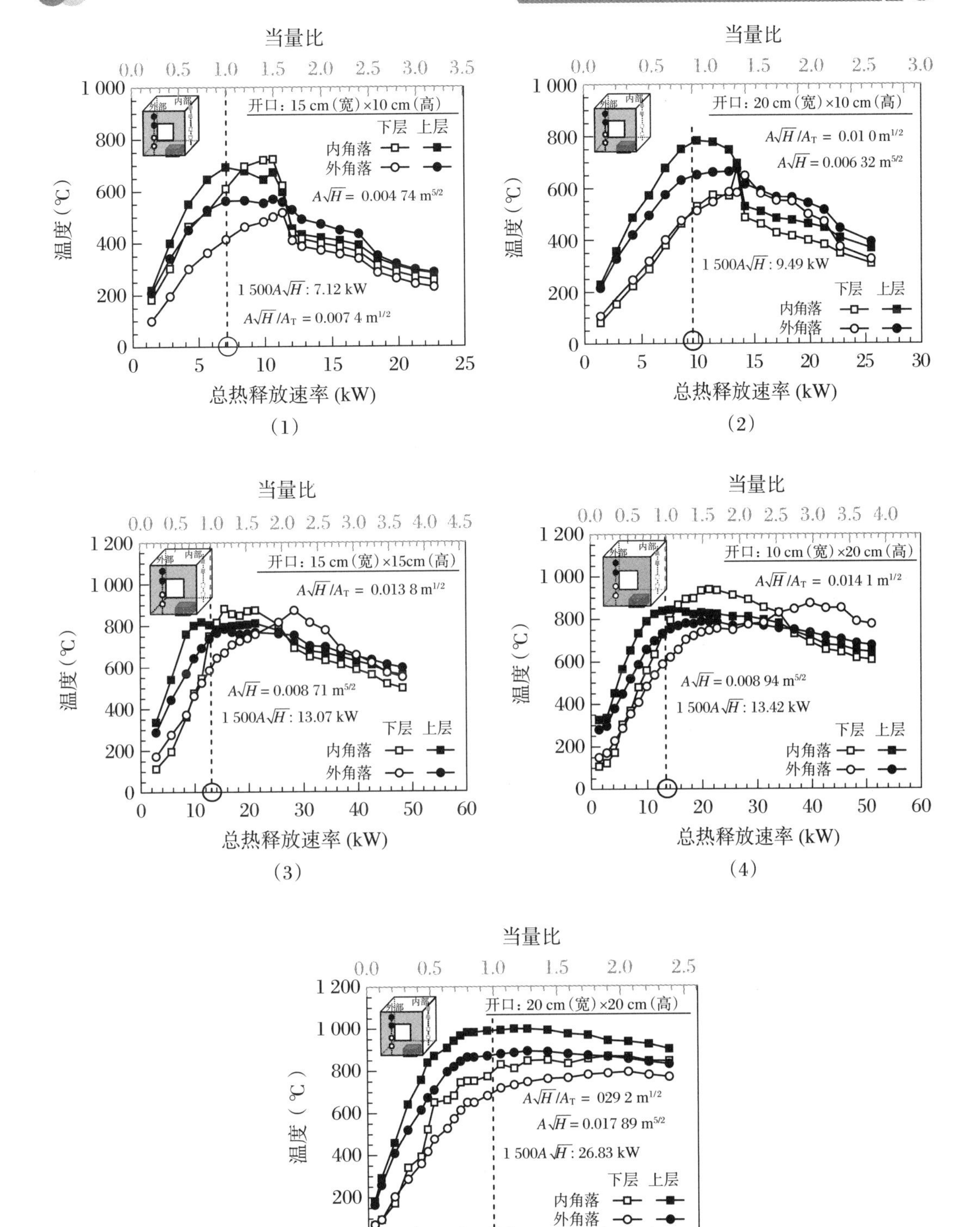

（a）缩尺寸建筑房间：34 cm^3（L=34 cm）

图2-7　不同房间（L=34 cm，40 cm，50 cm，76 cm）和开口尺寸（W×H）（或开口通风因子）下建筑内部火灾温度随热释放速率（全局当量比，GER）的演化规律

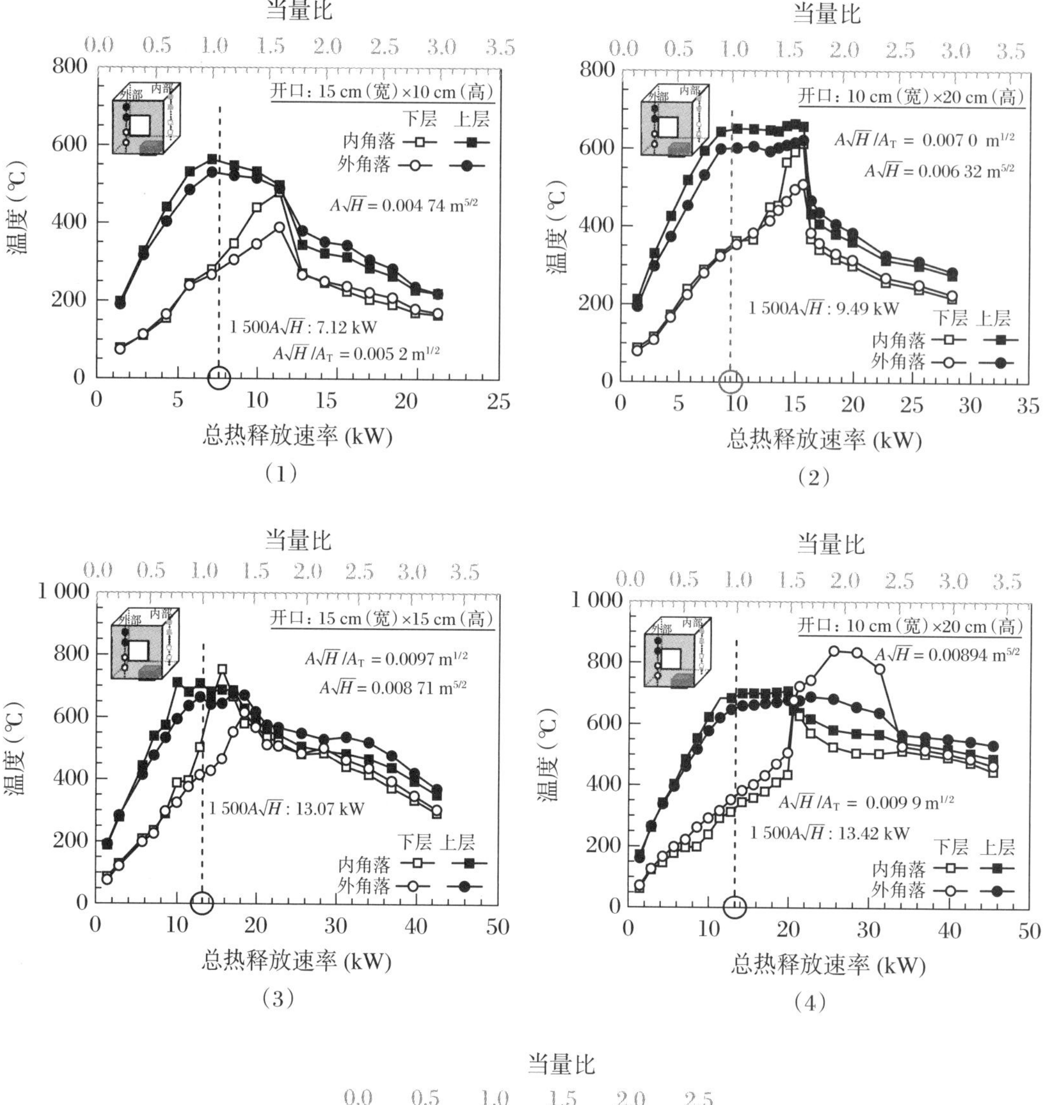

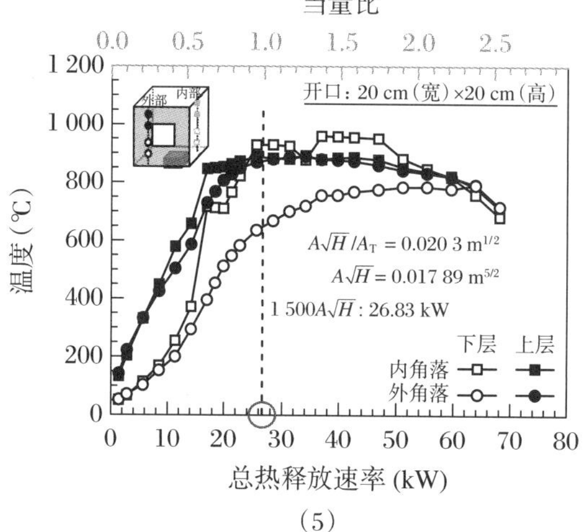

(b) 缩尺寸建筑房间：40 cm^3(L=40 cm)

续图 2-7

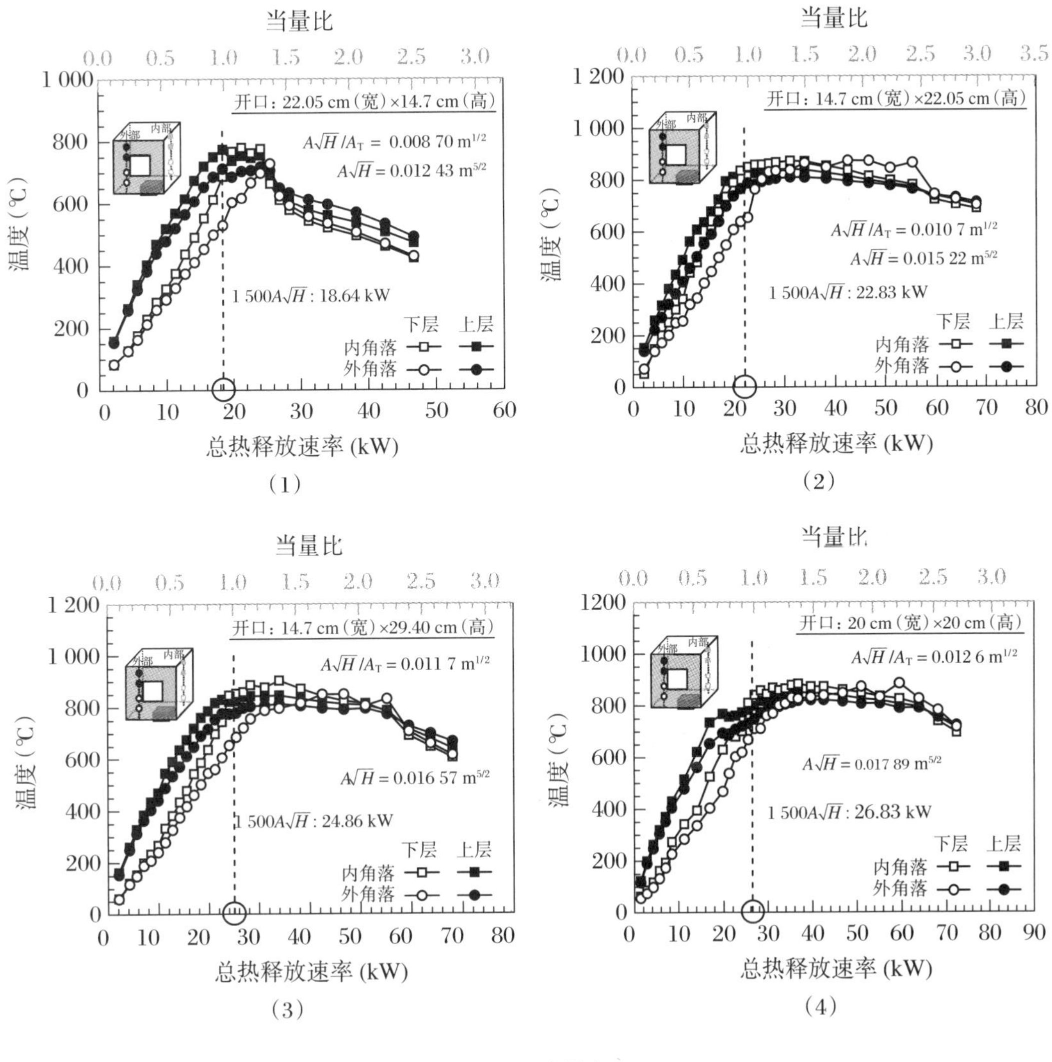

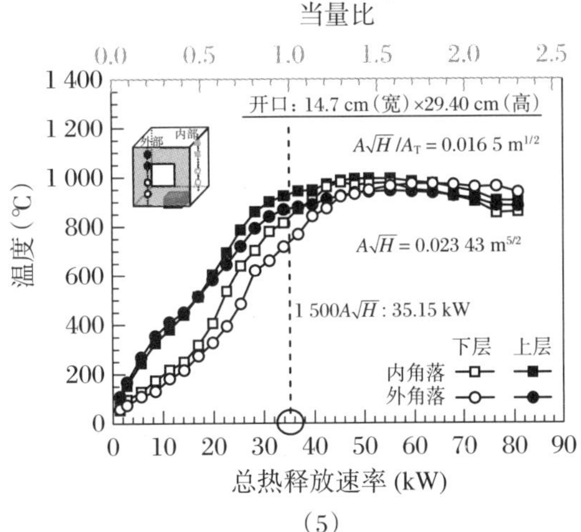

（c）缩尺寸建筑房间：50 cm^3（L=50 cm）

续图 2-7

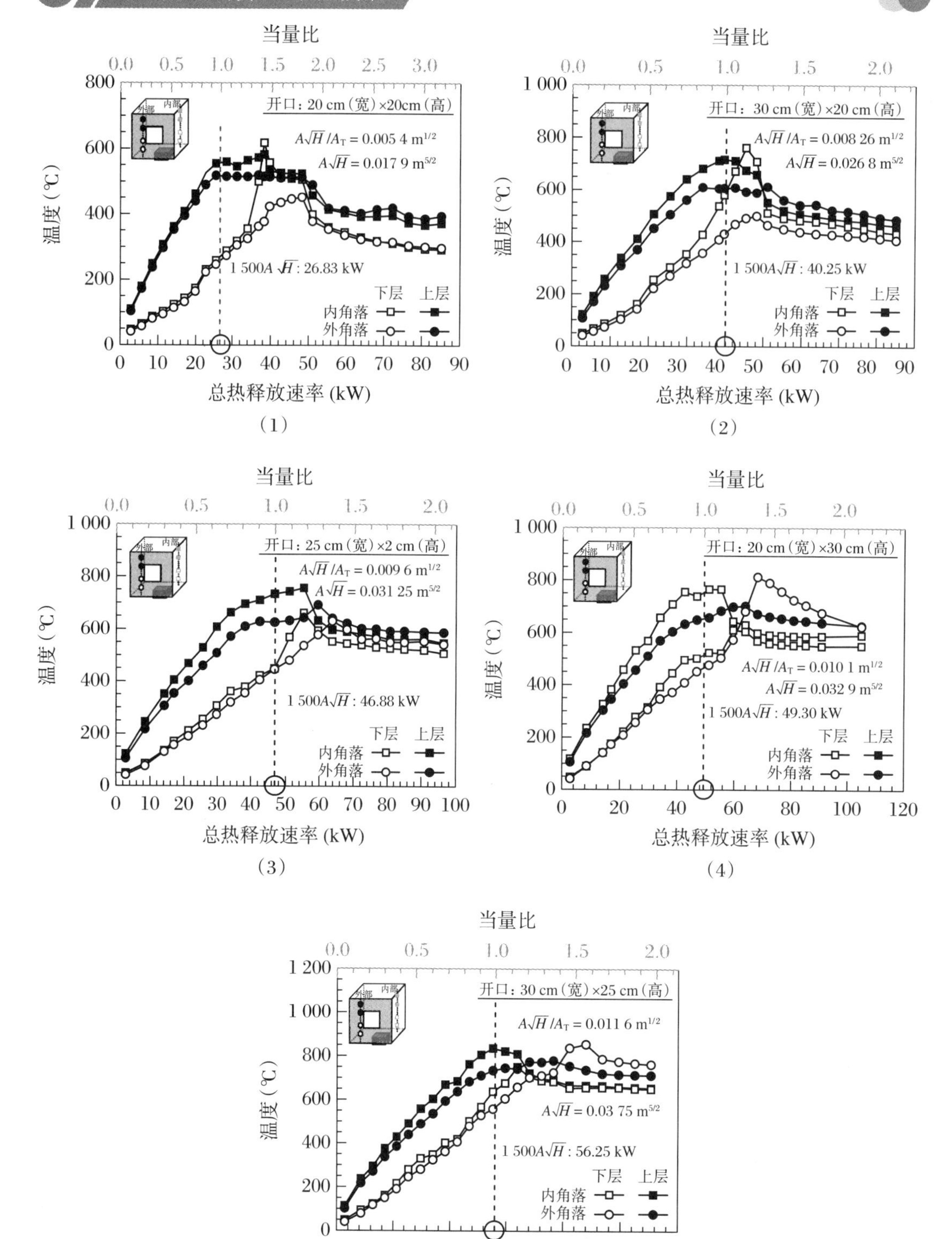

（d）缩尺寸建筑房间：76 cm³（L=76 cm）

续图 2-7

图2-8展示了不同缩尺寸建筑和开口尺寸下室内温度随热释放速率(全局当量比)的演化规律,可以发现:

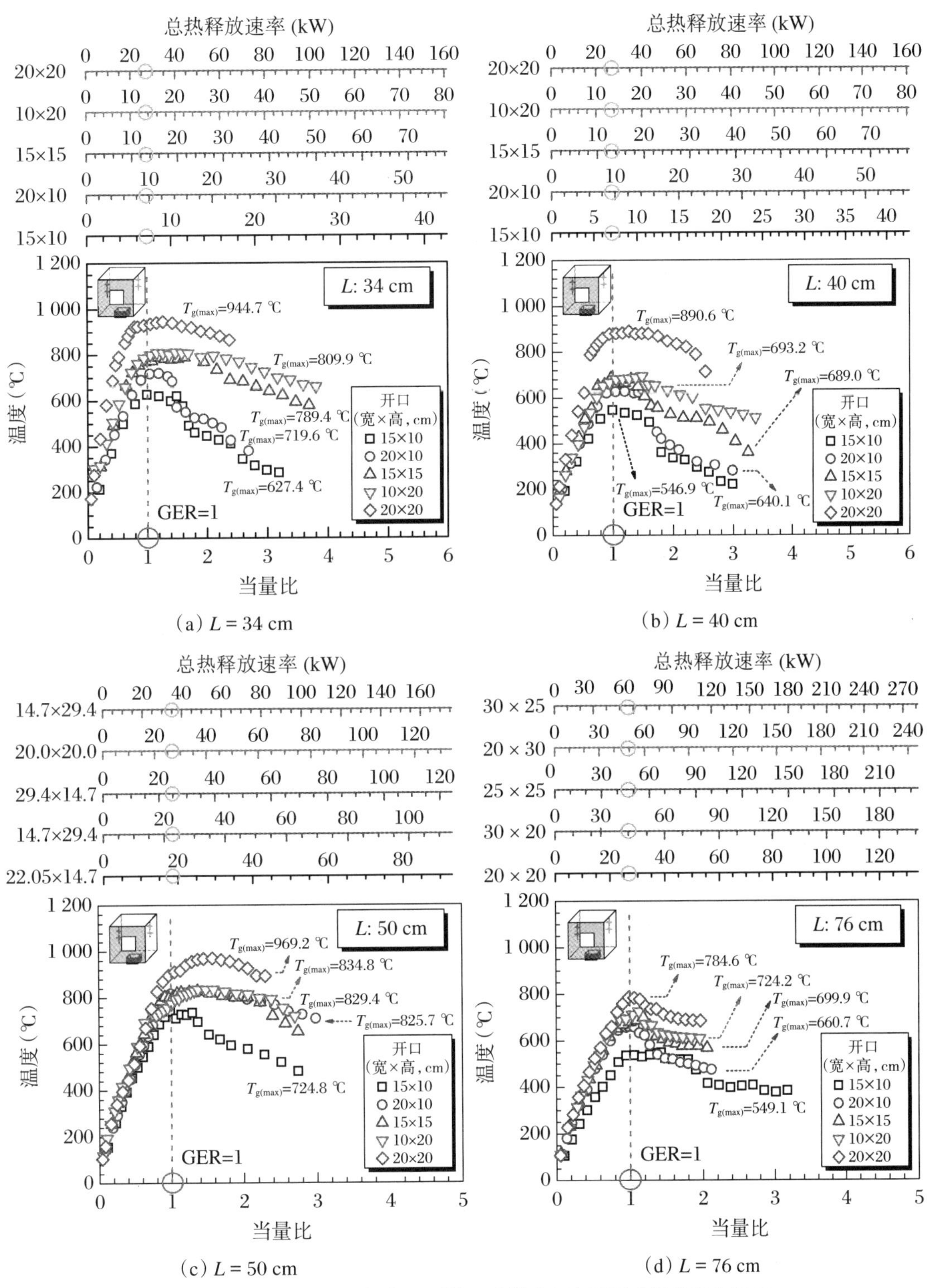

图2-8　不同开口通风条件($AH^{1/2}$)下建筑内部上层温度随热释放速率(全局当量比,GER)的演化规律

（1）上层温度一开始都随着热释放速率的增加而增大，即燃料控制燃烧阶段（GER<1），对于给定的建筑房间尺寸，不同开口的演化规律基本一致。

（2）对于通风控制燃烧阶段（GER>1），不同的开口显示出明显的差异。随着开口尺寸的相对加大，最高温度越高，温度下降越缓慢。这是因为在通风控制燃烧阶段，建筑内部火灾燃烧热释放速率基本不变（通风控制燃烧阶段，开口补入的气体流量仅仅取决于开口尺寸），因此温度由开口通风因子（大小）决定。

图2-9所示为相同开口尺寸下的上层温度（T_g）演变。它表明随着燃烧建筑房间尺寸的增大，上层温度明显降低。通风控制燃烧阶段（GER>1）的温差比燃料控制燃烧阶段（GER<1）更显著。

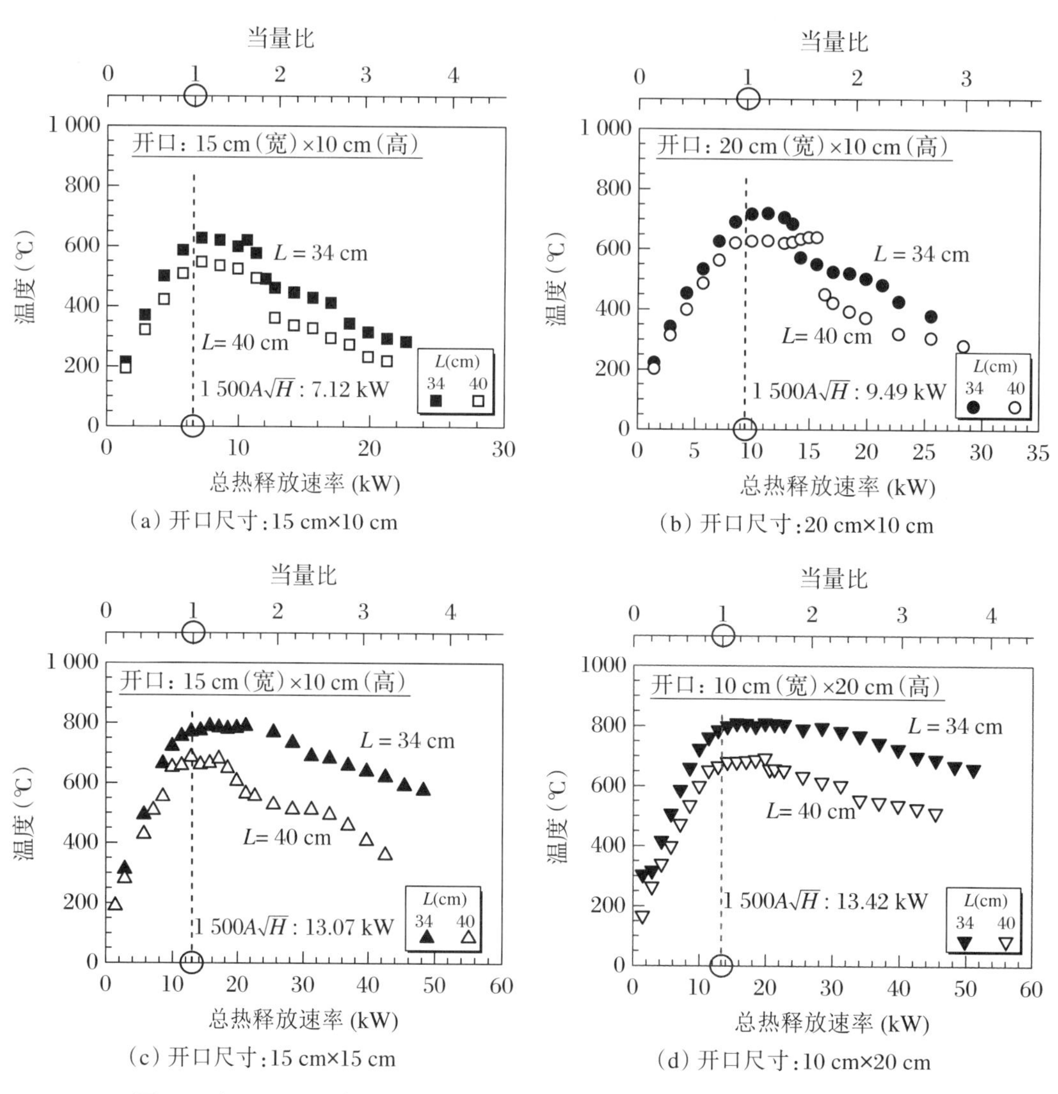

（a）开口尺寸：15 cm×10 cm　（b）开口尺寸：20 cm×10 cm

（c）开口尺寸：15 cm×15 cm　（d）开口尺寸：10 cm×20 cm

图2-9　相同开口尺寸不同建筑房间尺寸的上层温度（T_g）随热释放速率（HRR）和全局当量比（GER）的演化规律

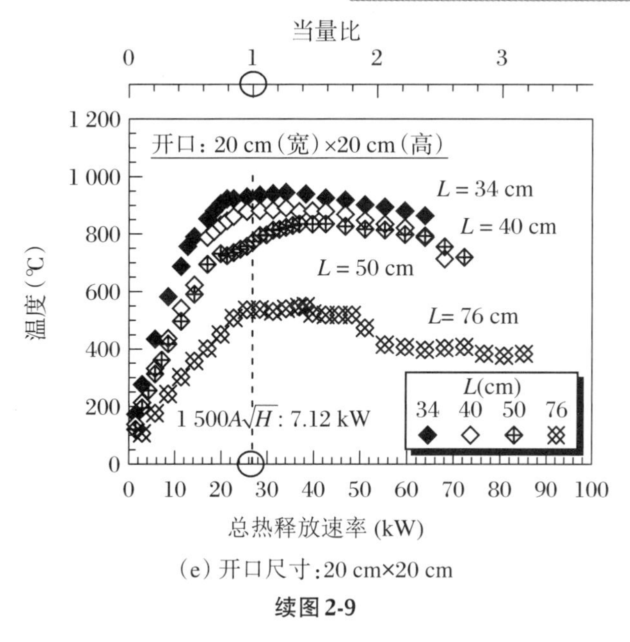

(e) 开口尺寸:20 cm×20 cm

续图 2-9

图 2-10 所示为最高温度($T_{g(max)}$)与开口通风因子($AH^{1/2}$)的关系。开口通风因子($AH^{1/2}$)越大,最高温度越高,这与之前的观察结果相符。这表明建筑房间内表面积($A_T = 6L^2 - WH - A_{burner}$,表征墙面热损失)对建筑内部温度有重要影响。因此,需要建立一个总体模型来预测不同建筑内部尺寸、开口尺寸和热释放速率下的建筑房间内最高温升模型。

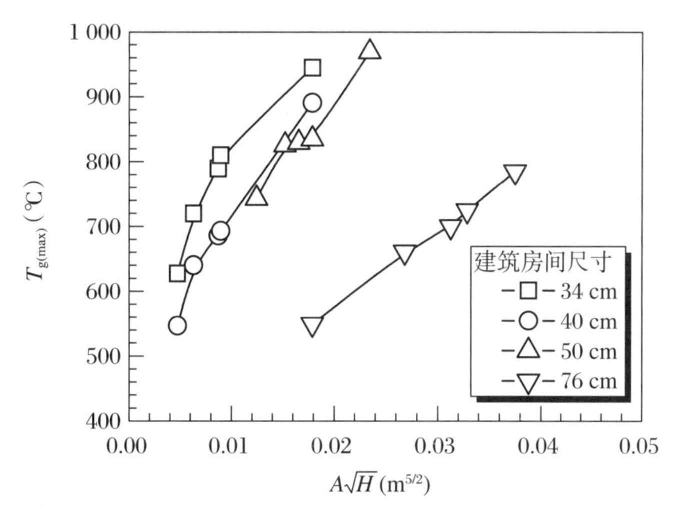

图 2-10 最高温度($T_{g(max)}$)与开口通风因子($AH^{1/2}$)的关系

对于最高温度($T_{g(max)}$)与开口因子倒数($\Omega = A_T/(AH^{1/2})$)的关系模型,图 2-11 中给出了由 Law 模型[26]获得的数据以及 Lee 和 Delichatsios 等人[4]的实验数据。首先可以看出,Law 模型的确可以很好地描述室内最高温度演化趋势(先快速上升达到最高点然后逐渐下降)。当开口因子($AH^{1/2}/A_T$)的倒数较小时($A_T/(AH^{1/2}) < 50$),实验数据与 Law 模型一致,然而当开口因子倒数大于 50 时($50 < A_T/(AH^{1/2}) < 200$),Law 模型低估了室内最高温度。这里,对于更大的开口因子($AH^{1/2}/A_T$)范围,可以通过下面的公式拟合:

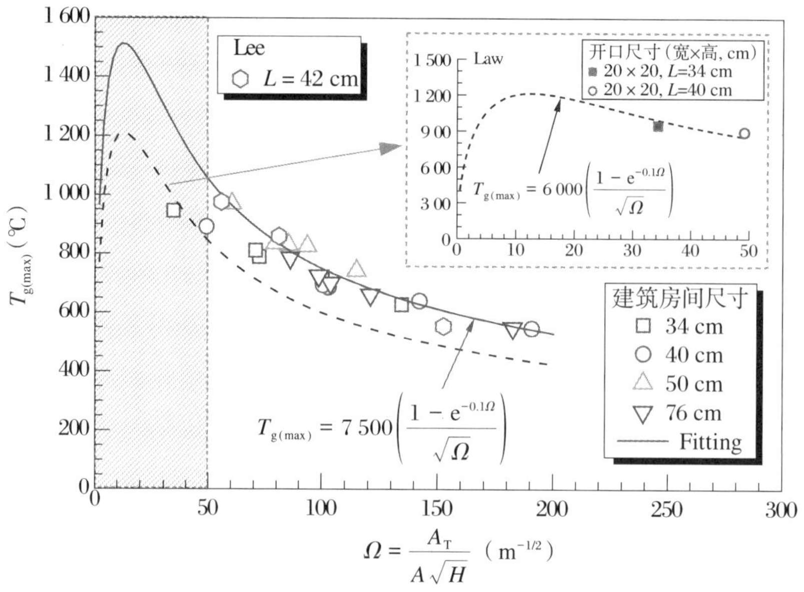

图2-11 建筑房间内最高温度($T_{g(max)}$)与开口因子倒数($\Omega=A_T/(AH^{1/2})$)的关系模型

$$T_{g(max)} = fcn\left(\frac{A_T}{AH^{1/2}}\right) = 7\,500\left(\frac{1-e^{-0.1\Omega}}{\sqrt{\Omega}}\right),\quad 0 < \Omega < 200 \tag{2-8}$$

耦合建筑墙面材料的热物理特性(k、ρ、c)的开口因子无量纲表征形式表示为

$$\frac{A_T}{AH^{1/2}} = \frac{L^2 - WH - A_{burner}}{WH^{5/2}} \sim \frac{h_k A_T}{\sqrt{g}\, c_p \rho_\infty AH^{1/2}} = \frac{h_k}{\sqrt{g}\, c_p \rho_\infty} \cdot \frac{A_T}{AH^{1/2}} \tag{2-9}$$

式中,有效的传热系数(h_k)用于表征整体壁传热($h \approx h_k$)。事实上,总热流率可以表示为:$\dot{q}_w = hA_T(T_g - T_\infty)$,其中$\frac{1}{h} = \frac{1}{h_c + h_r} + \frac{1}{h_k}$,$h_c$是对流系数,$h_r$是辐射热导系数。注意,$h_c$和$h_r$都比$h_k$大得多($h_c \gg h_k$,$h_r \gg h_k$),内部温度大约为壁温(即$T_g \approx T_w$)。因此,总热流率可以表示为$\dot{q}_w = h_k A_T(T_g - T_\infty)$。因此,假设可以忽略对壁的辐射和对流,表明对弗劳德准则的影响很小。图2-12进一步展示了无量纲最大温升与无量纲特征参数的关系模型。

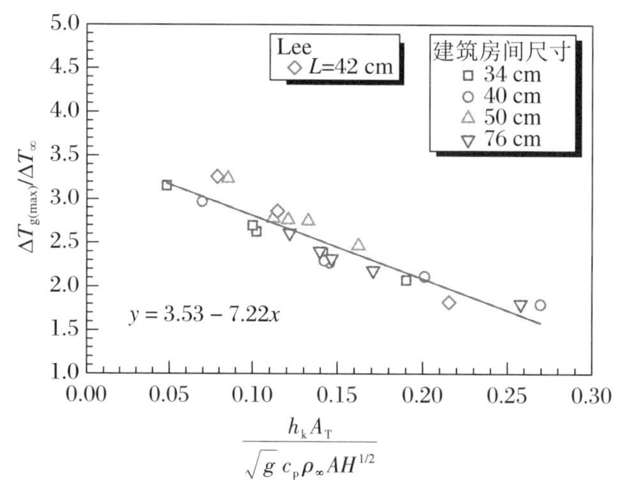

图2-12 建筑内部无量纲最高温升($\Delta T_{g(max)}/\Delta T_\infty$)与无量纲开口因子($h_k A_T/(\sqrt{g}\, c_p \rho_\infty AH^{1/2})$)的关系模型

$$\frac{\Delta T_{\mathrm{g(max)}}}{T_\infty}=3.53-7.22\frac{h_{\mathrm{k}}}{\sqrt{g}\,c_{\mathrm{p}}\rho_\infty}\cdot\frac{A_{\mathrm{T}}}{AH^{1/2}} \tag{2-10}$$

使用不同的墙壁材料进行更多测试将有助于进一步验证模型的适用性。

接着进一步考虑尺度效应对建筑内部火灾温度的影响。弗劳德准则是描述尺度效应的一种基本方法，已广泛应用于热浮力驱动下的火灾特征参数分析。在这里，研究边长为34 cm和50 cm的缩尺寸建筑房间温度演化规律，结果如图2-13所示。可以发现：

(1) 基于弗劳德准则(无量纲)，A/A_{T}展现出很小的差异。

(2) 在燃料控制燃烧阶段($\dot{Q}$<1 500$AH^{1/2}$或GER<1)，弗劳德准则可以较好地模拟建筑内部火灾温度。

(3) 在通风控制燃烧阶段($\dot{Q}$>1 500$AH^{1/2}$或GER>1)，开口因子($AH^{1/2}/A_{\mathrm{T}}$)越大，温度越高。

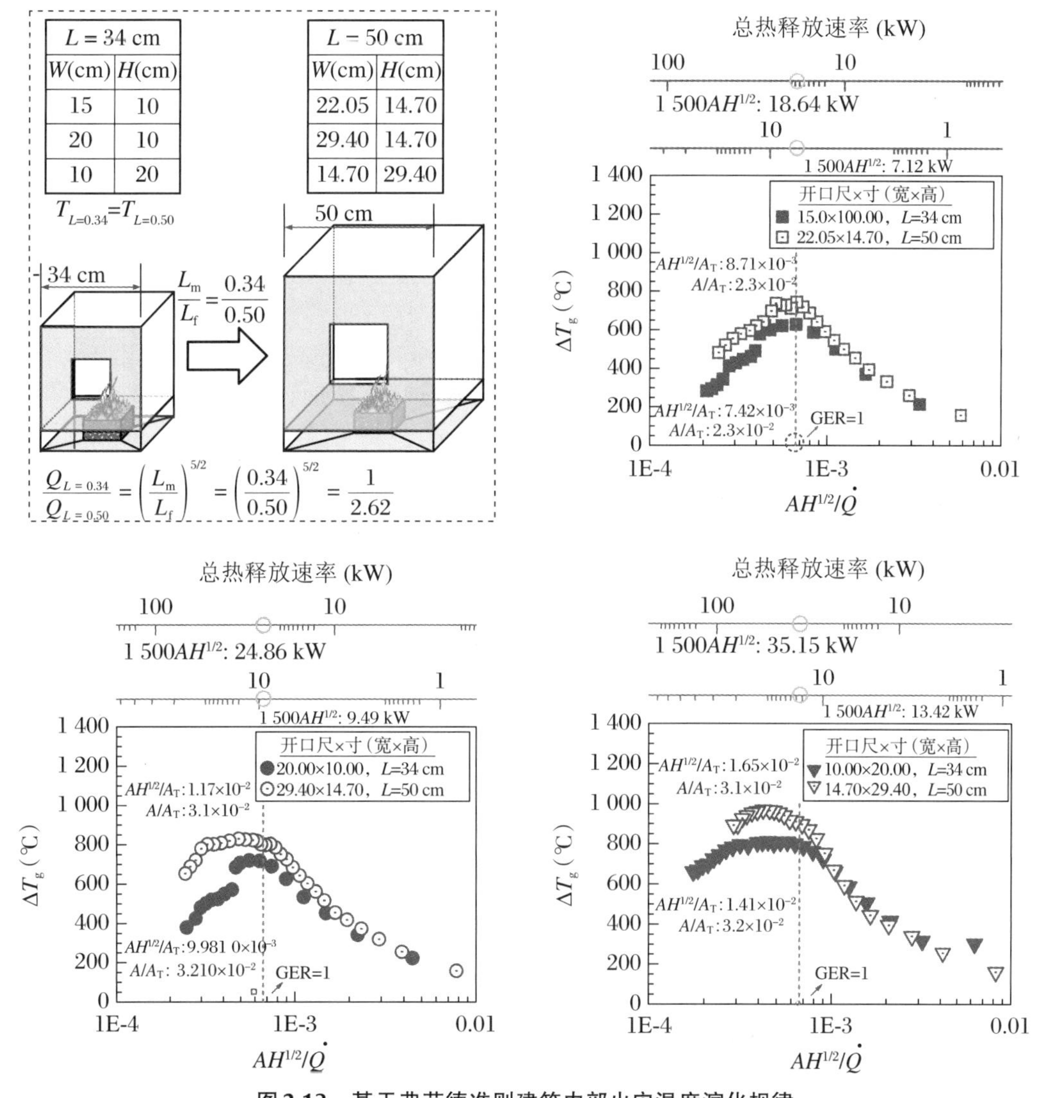

图2-13　基于弗劳德准则建筑内部火灾温度演化规律

图2-14是基于式(2-11)对不同缩尺寸建筑与开口尺寸下内部上层温升($\Delta T_{\mathrm{g}}=T_{\mathrm{g}}-T_\infty$)

与两个无量纲特征参数的拟合结果，燃料控制燃烧阶段建筑房间内部温升（建筑内部火灾温度达到最高温度之前，即建筑内部火灾温度随内部火源热释放速率的上升而上升阶段）可以表示为

$$\Delta T_g = T_g - T_\infty = 300\left(\frac{\dot{Q}_{total}}{\sqrt{g}\,c_p\rho_\infty T_\infty AH^{1/2}}\right)^{2/3}\left(\frac{h_k A_T}{\sqrt{g}\,c_p\rho_\infty AH^{1/2}}\right)^{-1/3} \tag{2-11}$$

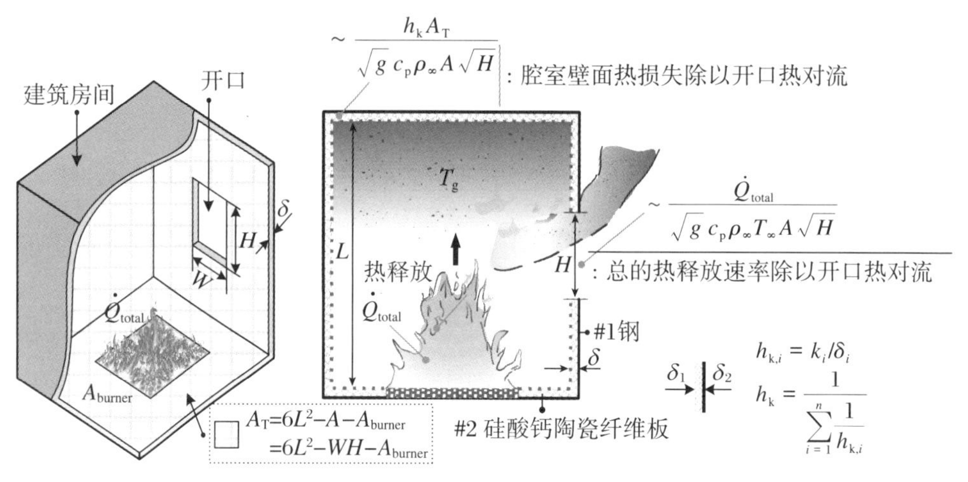

（a）建筑内部上层气体温度物理模型

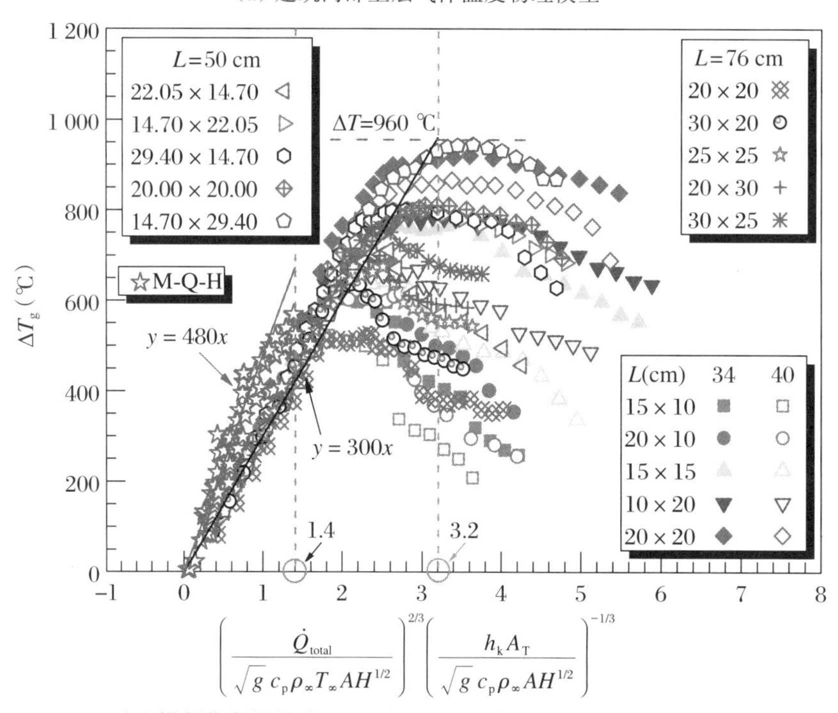

（b）燃料控制燃烧阶段（温度上升段）建筑内部火灾温升模型

图2-14 内部上层温升与两个无量纲特征参数的拟合结果

有效传热系数及相关参数如图2-14（a）所示。暴露时间（或开始采样温度t的等待时间）均高于穿过墙壁的热渗透时间（t_p = 495 s或8.25 min，$t \approx$ 900 s或15 min），在实验中保证稳态，传热系数可计算为：$h_k = k/\delta$（$t > t_p$）。结果表明，对于燃料控制燃烧阶段，M-Q-H模型可

以很好地描述室内上层温升，基于本实验的相关常数(300)拥有更宽的横坐标范围(<3.2)和纵坐标范围(<960)，比之前报告的(480)对于有限的横坐标范围(<1.4)和纵坐标范围(<560)略低。此外，对于通风控制燃烧阶段，M-Q-H模型无法较好地预测建筑内部火灾温度。

对此，我们进一步提出了温度的无量纲特征参数模型，尤其是考虑了通风控制燃烧阶段。图2-15所示为无量纲上层温度($T_g/T_{g(max)}$)与无量纲热释放速率($\dot{Q}_{total}/(1\,500AH^{1/2})$)的演化关系，这里温度($T_g$)使用通风控制燃烧阶段下的室内最高温度$T_{g(max)}$进行无量纲化，总的热释放速率用1 500$AH^{1/2}$ kW(建筑内部火灾燃烧的最大热释放速率)进行无量纲化。图2-15可以较好地描述燃料控制燃烧阶段下的室内温度(平均相对偏差为5.67%)，拟合指数为2/3，与图2-14(M-Q-H模型)一致，但通风控制燃烧阶段下的数据比图2-14中的数据收敛更好(尽管数据仍然较为发散)。我们注意到，在通风控制燃烧阶段，温度衰减是由于进一步(冷)燃料供应到建筑内部，这降低了建筑内部火灾温度。对于相对较大的开口，通风控制燃烧阶段下通过开口补入空气质量流量较大，温度受总的热释放速率影响应较小。

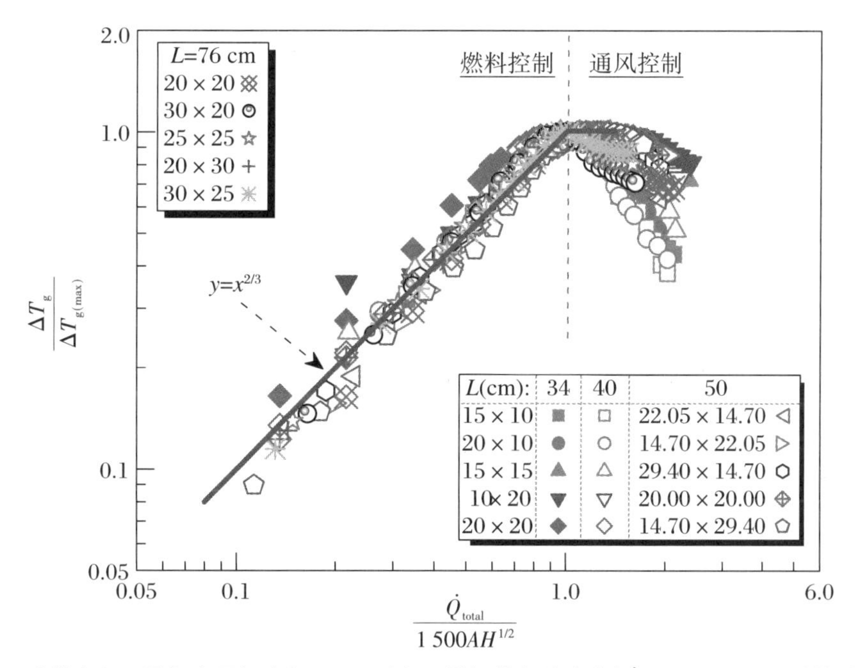

图2-15　建筑内部无量纲上层温度($T_g/T_{g(max)}$)与无量纲热释放速率($\dot{Q}_{total}/(1\,500AH^{1/2})$)的关系模型

结合上述分析，在通风控制燃烧阶段，建筑内部温度受建筑尺寸规模(或开口因子$AH^{1/2}/A_T$)的影响显著。因此，有必要研究这种尺度效应将如何影响外部火焰高度。这是因为随着建筑内部温度的变化，影响着开口处流出的浮力通量/传质，进而影响了溢出的水平冲量与建筑外立面火焰高度。

2. 不同火源高度下建筑内部火灾温度演化

火源高度是影响建筑内部火灾演化和开口火溢流行为的重要因素。前人实验研究中的火源(燃烧器、油盘、木垛)一般放置在地面或距离地面固定高度[3,4,36-43]，经典理论模型和特征长度一般假设腔室温度充分混合达到均一(well-mixed)[3,4]。然而在实际火灾场景中，火焰到地面的距离可能不同。Zukoski[44]研究发现：室内火源分别放置在地面和距离地面0.6 m时，室内烟气填充时间将会从153 s延长至211 s，但他的实验中仅考虑了两种火源高度

(0 m和0.6 m)。Backovsky等人[45]通过全尺寸实验研究了强制通风条件下腔室温度分布，实验中改变火源到顶棚的距离，研究结果表明：火源距离顶棚越近，顶棚温度越高。Sugawa[46,47]和黎昌海等人[48,49]分别研究了通风严重不足[46,47]和封闭[48,49]的受限空间内不同火源高度下火焰游走的特殊行为机制。Mounaud[50]研究了室内不同火源高度条件下从开口溢出至走廊内的烟气流动特征，实验中观察到火源位置升高时，更容易发生未燃气体的溢出，但他未对开口火焰溢出临界行为进行量化表征。张佳庆[51]研究了通风口分布在房间顶部时(模拟船舶火灾)室内不同火源高度条件下的燃料燃烧质损、烟气蔓延、温度分布等特征参数的演化规律。综上所述，前人的研究一般将火源高度作为次要因素，定性地分析相关参数的演化规律，着眼于腔室火灾演化以及烟气输运行为特征，并未对开口火焰溢出临界行为和开口火溢流特征参数进行量化表征。可以想象：当室内火源位置升高时，室内的流场和温度场将发生显著变化，进而影响腔室通风条件、开口火焰溢出临界和外立面火焰形态特征参数。

如图2-16所示为室内上、下层温度随火源高度的演化规律。由图2-16可以得到以下结论：

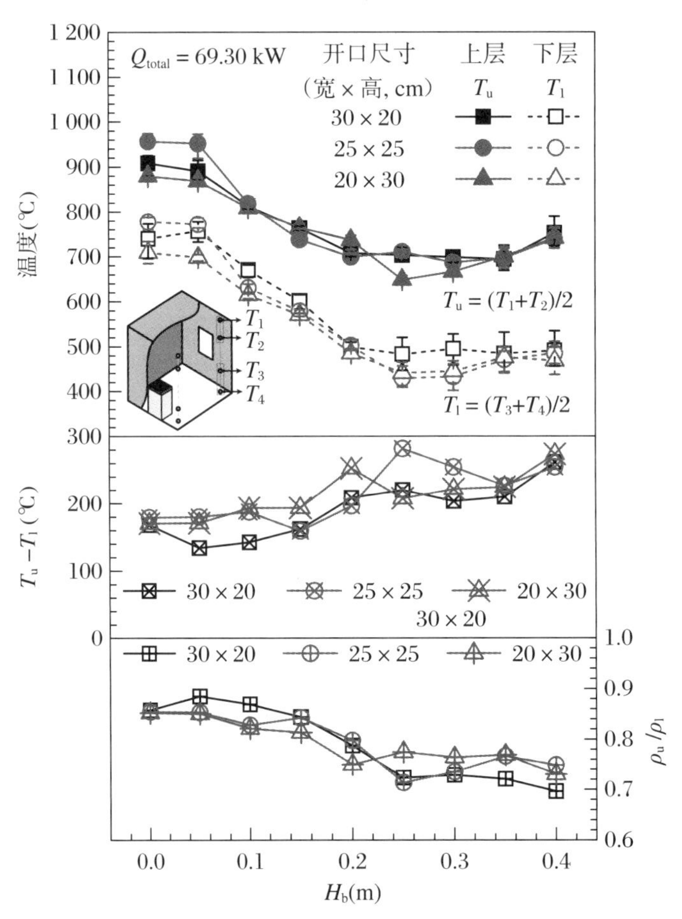

图2-16 建筑内部上层温度(T_u)、下层温度(T_l)、温度差值(T_u-T_l)以及密度比(ρ_u/ρ_l)随火源高度的演化规律(热释放速率：69.30 kW)

(1) 对于不同的开口尺寸，室内上、下层温度演化趋势基本一致。

(2) 燃烧器从建筑内部底板上升到开口中间位置(H_b = 25 cm)时，建筑内部温度随着燃烧器的升高呈明显下降趋势，上层温度从900 ℃下降至700 ℃左右，下层温度从700 ℃下降至500 ℃左右；当燃烧器高度大于25 cm时，建筑内部温度随燃烧器的升高基本保持不变。

(3) 随着燃烧器的升高，室内上、下层的温度差值($T_u - T_l$)先升高，当燃烧器高于开口底部(大约在开口中间位置)时，其温度差值($T_u - T_l$)可以达到250 ℃，密度比(ρ_u/ρ_l)也降低到0.72。

上述结论与燃烧器放置在建筑内部中间位置(燃烧器上表面与建筑内部底板平齐)存在显著差异，当燃烧器放置在建筑内部中间位置时，通风控制燃烧阶段室内达到充分混合状态，并且建筑内部温度均一(上、下层温度一致)。

随着燃烧器的升高，建筑内部温度分布(温度差：$T_u - T_l$，密度比：ρ_u/ρ_l)将会发生显著变化(图2-16)，开口处的热浮力(主控开口通风条件)也会随之改变，影响着开口火焰溢出临界，进而改变室内燃烧热释放速率以及外立面火焰高度。

3. 不同窗户开口角度下建筑内部火灾温度演化

窗户开口特征尺寸(通风因子，$AH^{1/2}$)表征了建筑开口通风条件，对于建筑内部火灾演化和外立面火溢流特征参数具有重要影响。前人的研究一般假设窗户完全打开，基于开口通风因子建立相应的特征参数模型，其经典理论模型仅仅考虑了窗户开口的特征尺寸(宽度和高度)。然而，现实生活中平开窗结构(图2-17(a))广泛应用于高层建筑中，当室内发生火灾时(图2-17(b))，窗户开口角度(窗户平面与建筑外立面的夹角)将会显著影响建筑通风条件，开口火溢流特征参数也将随着开口角度的改变而改变，经典的理论模型和特征长度并没有考虑到窗户开口角度这一影响因素，并不能直接应用到平开窗条件下的建筑内部火灾场景中。

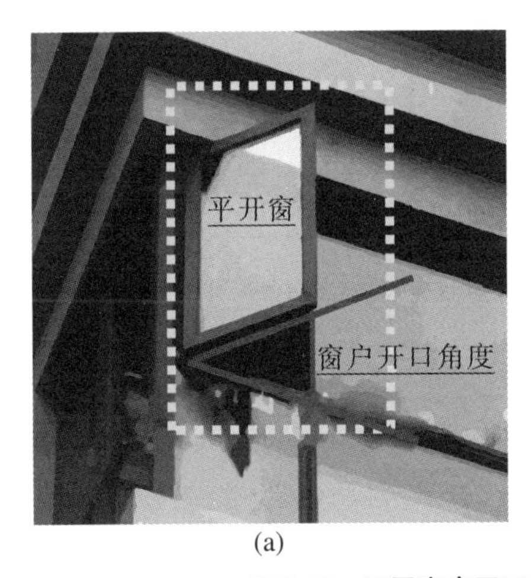

(a)

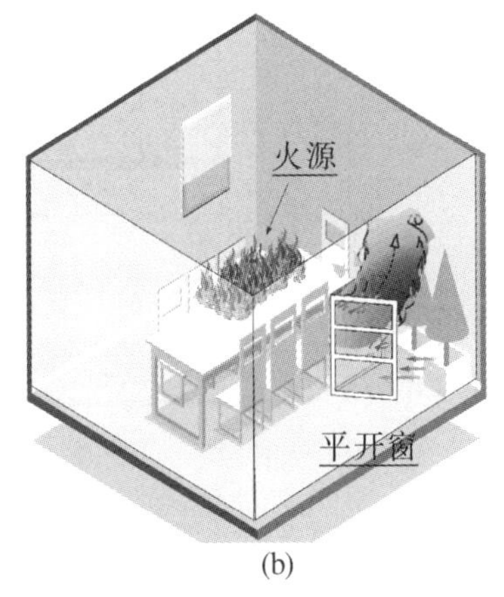

(b)

图2-17 不同窗户开口角度下的建筑火灾

图2-18给出了三种典型的窗户开口角度($\theta = 10°$, $\theta = 20°$, $\theta = 90°$)下建筑内部四个角落里的热电偶(Ⅰ，Ⅱ，Ⅲ，Ⅳ)测量的温度数值随热释放速率的演化规律。上层气体温度均随着热释放速率先是显著增加然后变化较小，最后缓慢下降。这里，我们取四个角落里所有热电偶的平均值作为建筑内部上层气体的平均温度，进而研究不同窗户开口角度对建筑内部温度演化的影响。

图2-19所示为不同窗户开口角度下建筑内部上层气体平均温度(T_g)随热释放速率的演化规律。由图我们可以得到以下结论：总体上，当窗户开口角度小于60°时，通风控制和燃料控制燃烧阶段建筑内部上层气体温度差异较大；当窗户开口角度大于60°时，上层气体温度随窗户开口角度变化较小。

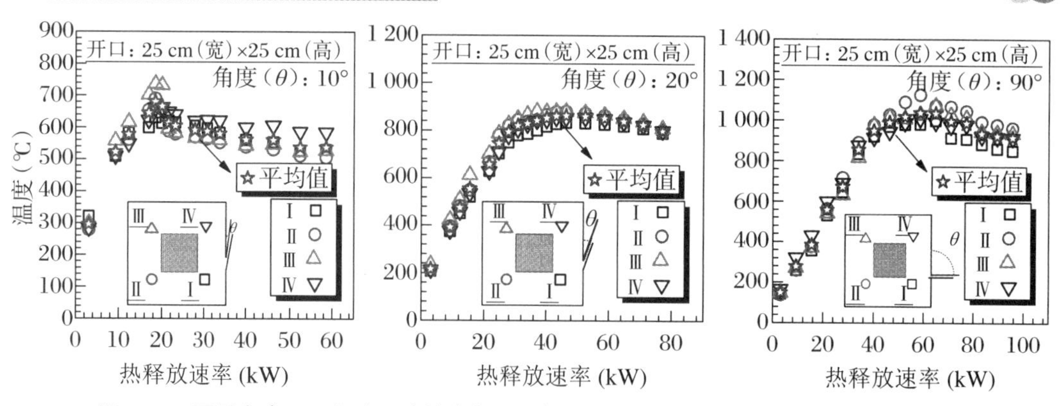

图 2-18　不同窗户开口角度下建筑内部上层气体温度平均值随热释放速率的演化规律

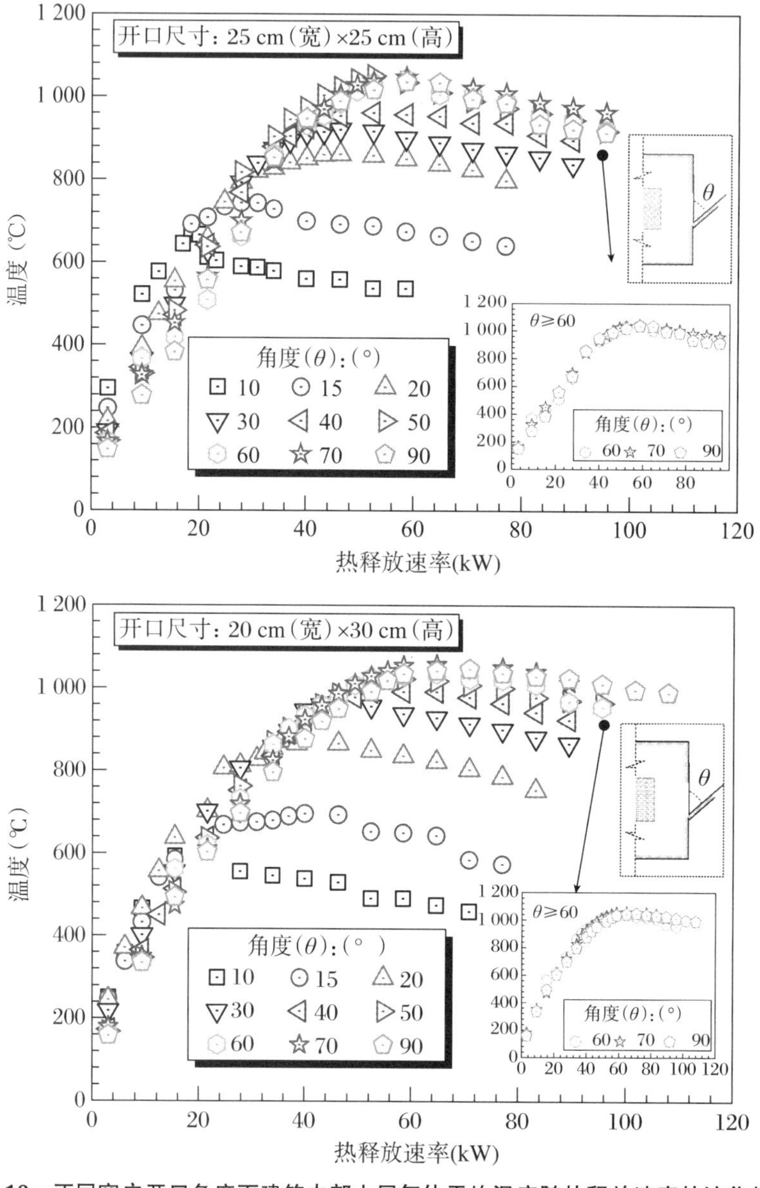

图 2-19　不同窗户开口角度下建筑内部上层气体平均温度随热释放速率的演化规律

图2-20是基于式(2-12)对不同窗户开口角度下的建筑内部上层温升($\Delta T_g=T_g-T_\infty$)与两个无量纲特征参数的拟合结果。燃料控制燃烧阶段下的建筑内部温升(建筑内部温度达到最高温度之前,即建筑内部温度随火源热释放速率的上升而上升阶段)可以表示为

$$T_g = T_g - T_\infty = 310\left(\frac{\dot{Q}_{total}}{\sqrt{g}\, c_p\rho_\infty T_\infty AH^{1/2}}\right)^{2/3}\left(\frac{h_k A_T}{\sqrt{g}\, c_p\rho_\infty AH^{1/2}}\right)^{-1/3} \tag{2-12}$$

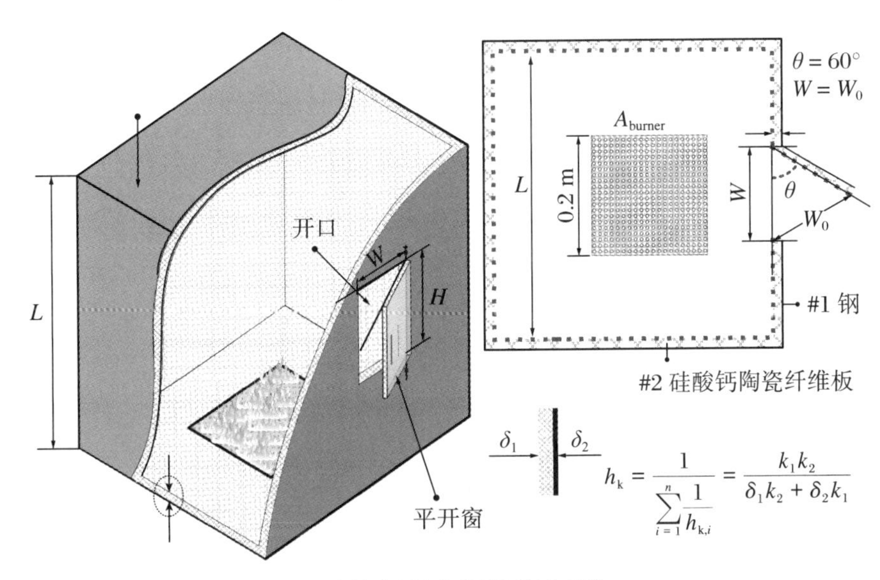

(a) 有效能量(或热量)传递系数h_k

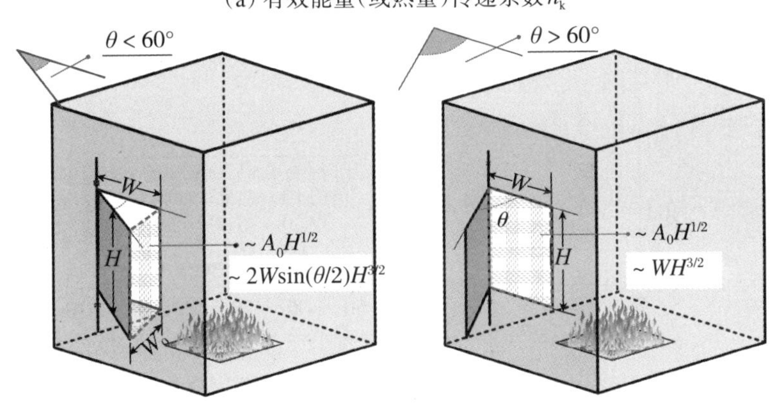

(b) 有效的窗户(开口)通风因子$A_0H^{1/2}$

图2-20　平开窗条件下建筑内部上层气体温度物理模型

图2-21进一步说明了式(2-12)并不能描述通风控制燃烧阶段的室内温升(温度上升到最高点后达到稳定阶段或温度开始缓慢下降,见图中的阴影区域)。

在通风控制燃烧阶段,不同窗户开口角度下的建筑内部火灾上层气体温度差异较大,这是由于(不同窗户开口角度形成的)不同通风条件下建筑内部燃烧热释放速率存在差异(火焰溢出临界热释放速率)。图2-22为通风控制燃烧阶段建筑内部火灾温度随窗户开口角度的演化规律,随着窗户开口角度的增加,建筑内部火灾温度先增加($\theta<60^\circ$),然后随窗户开口角度变化较小($\theta>60^\circ$),与临界热释放速率的演化规律一致,这也进一步证实了建筑内部燃烧热释放速率主控内部温度。

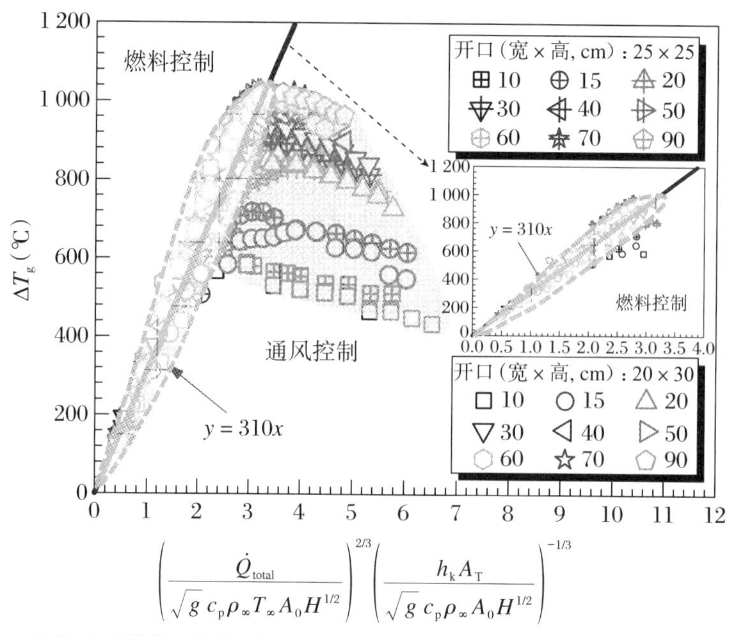

图 2-21 燃料控制燃烧阶段(温度上升段)不同窗户开口角度下建筑内部火灾温升模型

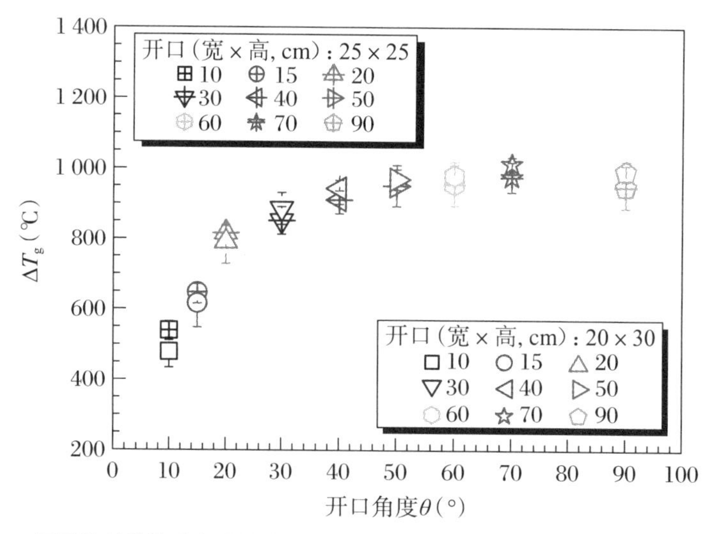

图 2-22 通风控制燃烧阶段建筑内部火灾上层气体温度随窗户开口角度的演化规律

我们进一步分析通风控制燃烧阶段的建筑内部火灾温度。$1\,500AH^{1/2}$ 表征的是窗户完全打开时通风控制燃烧阶段建筑内部燃烧热释放速率,这里使用不同窗户开口角度下的火焰溢出临界热释放速率代替,用 $\dot{Q}_{\mathrm{critical}}/1\,500$ 表示。定义一个新的特征参数:

$$\Pi = \frac{\dot{Q}_{\mathrm{critical}}}{0.133\dfrac{\Delta H_{\mathrm{ox}}}{c_{\mathrm{p}}T_{\infty}}c_{\mathrm{p}}T_{\infty}\rho_{\infty}\sqrt{g}} = \frac{\dot{Q}_{\mathrm{critical}}}{1\,500} \tag{2-13}$$

式中,ΔH_{ox} 为每千克氧气完全燃烧释放的热量,$\Delta H_{\mathrm{ox}} = 13\,100$ kJ/kg[52]。式(2-13)可进一步改写为

$$\Delta T_{\mathrm{g}} = \frac{1\,500\Pi/A_{\mathrm{T}}}{h_{\mathrm{c}} + 0.5c_{\mathrm{p}}\Pi/A_{\mathrm{T}}} \tag{2-14}$$

如图2-23所示，通风控制燃烧阶段的建筑内部温升实验数据可以很好地通过式(2-14)进行表征，拟合得到的热传递系数$h_c \approx 0.0225\ \mathrm{kW/(m^2 \cdot K)}$[33]。

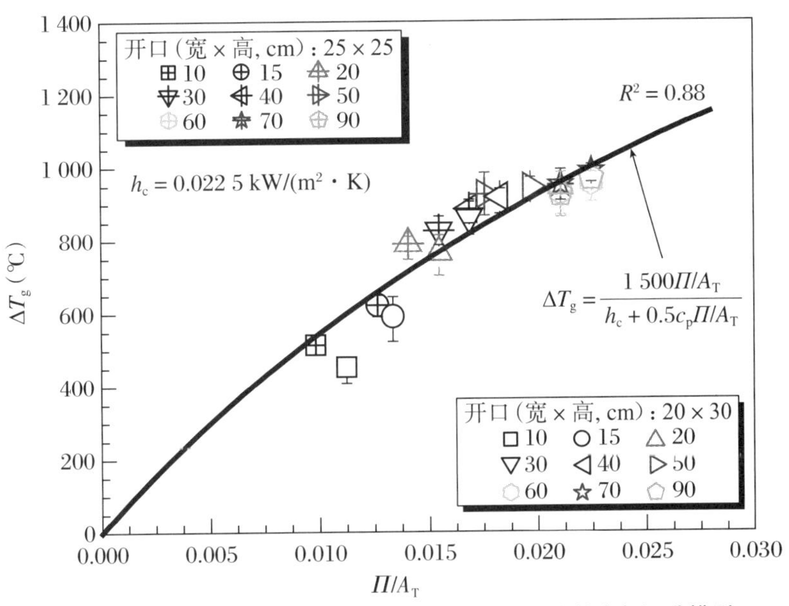

图2-23　通风控制燃烧阶段不同窗户开口角度下建筑内部温升模型

4. 通风严重不足条件下建筑内部温度演化

针对通风严重不足条件下腔室火灾近熄灭极限行为，Wakatsuki[53]、He[54]、Ding[55]、Tatem[56]和Quintier等人[57]研究了通风口(开口)在腔室顶部[53-55]以及腔室封闭[56,57]条件下的火焰熄灭行为。针对常见的侧墙通风口下腔室火灾近熄灭极限行为的研究较少，Takeda等人[58,59]开展了腔室不同通风条件下的甲醇(液体)燃料燃烧实验，发现了小开口通风因子($AH^{1/2} < 0.09 \times 10^{-2}$，$0.23 \times 10^{-2} < AH^{1/2} < 0.78 \times 10^{-2}$)下室内火焰的失稳燃烧与振荡行为，并且火焰振荡结束后会立即熄灭(液体燃料仍有剩余)，Takeda等人认为这种火焰近熄灭极限行为取决于开口尺寸和腔室尺寸；Foote[60]和Kim等人[61]也观察到相似的实验现象；Sugawa等人[46,47]开展了通风严重不足条件下腔室(腔室尺寸：2 m(宽)×3 m(长)×0.6 m(高)，开口尺寸：12 cm(宽)×12 cm(高))内甲醇池火燃烧实验，首次观察到了"鬼火"(ghost fire)这一特殊火焰燃烧现象(漂浮于燃烧器上方的浅蓝色火焰在室内游走，图2-24)；Utiskul、Quintiere等人[62,63]采用有上、下两个开口的立方体燃烧腔室(腔室尺寸：0.4 m(宽)×0.4 m(长)×0.4 m(高)，上部通风口尺寸：2～40 cm(宽)×1～3 cm(高)，下部通风口尺寸：2～80 cm(宽)×1～6 cm(高))，量化并表征了"鬼火"、火焰振荡以及腔室火灾近熄灭极限行为机制，揭示了火焰熄灭临界与壁面热损和腔室氧浓度的关系。

建筑内部火灾近熄灭极限行为一般发生在通风严重不足的条件下，受到建筑房间通风条件(通风因子)、全局当量比和壁面热损的动态耦合作用。因此，室内燃料供给速率(反映全局当量比)、窗户开口尺寸(主控建筑内部通风条件)和建筑内部尺寸(决定墙面热损)对建筑内部火灾近熄灭极限行为均有重要影响。基于对建筑内部火灾近熄灭极限行为的研究现状分析，前人一般采用液体燃料，放置在固定尺寸的建筑内部(壁面热损基本不变)，通过实时测量燃料的质量损失速率(燃烧质损)估计建筑内部燃料瞬时燃烧热释放速率，以燃料的燃烧质损(热解速率、蒸发速率)随时间的变化模拟建筑内部火灾"非受控"的燃烧行为，很难得到量化的火焰熄灭特征参数，对此，笔者量化了通风严重不足条件下建筑内部火灾近熄灭极限行为机制。

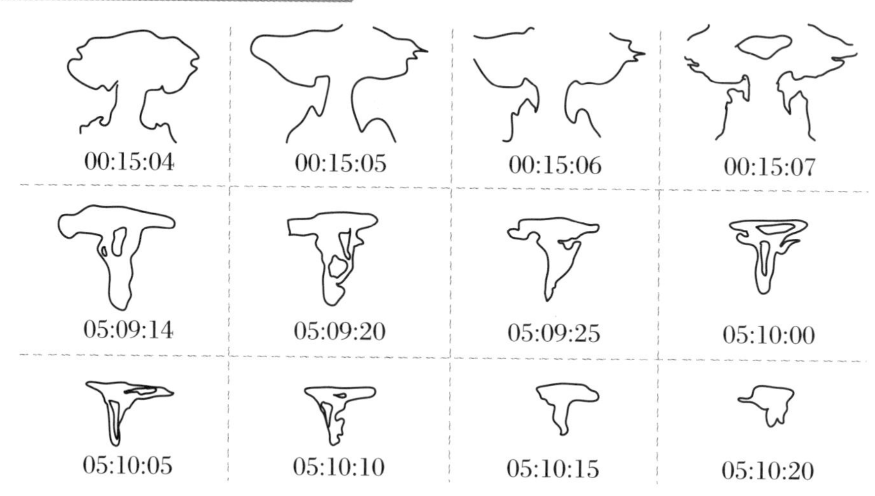

图2-24　Sugawa等人[46,47]发现的室内"鬼火"特殊火焰燃烧现象

图2-25所示为三次重复实验下，小功率（1.54 kW）和大功率（23.10 kW）情况下建筑内部火灾温度随时间的演化规律，说明建筑内部火灾存在燃烧与熄灭状态，也说明实验重复性较好。实验中缩尺寸建筑房间边长76 cm，开口尺寸：10 cm（宽）×15 cm（高）。

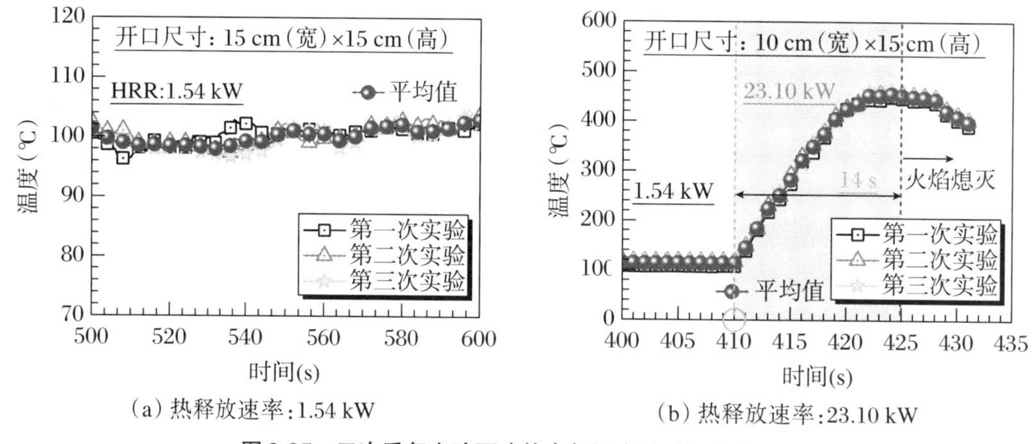

（a）热释放速率：1.54 kW　　（b）热释放速率：23.10 kW

图2-25　三次重复实验下建筑内部温度随时间演化规律

图2-26所示为缩尺寸建筑内部火灾（内、外角落，上、下层）温度和对应的典型火焰形态随时间的演化规律（图中阴影区域表示处于设置的燃料供给速率（热释放速率）下，并且未发生火焰熄灭）。由图2-26可以发现：

（1）对于较小的燃料供给速率（图2-26(a)），燃料供给速率（$\dot{m}_f$）由0.305 g/s调到0.916 g/s，建筑内部整体的温度演化可以划分为两个阶段：温度上升段（410～450 s）和温度稳定段（>450 s），建筑内部火灾呈现稳定的分层燃烧（温度随高度增加），没有发生火焰熄灭，此时处于燃料控制燃烧阶段（未发生开口火焰溢出）。

（2）对于较大的燃料供给速率（图2-26(b)、(c)），燃料供给速率（$\dot{m}_f$）由0.305 g/s分别调至3.05 g/s和7.33 g/s，建筑内部火灾温度相比于图2-26(a)上升更加明显，然后稍微下降，随后发生火焰熄灭（图中使用虚线标记），接着温度迅速下降。由图2-26(b)、(c)中的火焰形态演化规律也可以很清楚地观察到：燃料供给速率增加时，建筑内部火焰燃烧剧烈，然后稍微变暗，最后发生火焰熄灭（从开口处观察不到火焰）。需要说明的是，在火焰熄灭前可以观察到淡蓝色的“鬼火”(ghosting flame)脱离燃烧器并漂浮在燃烧器的上表面(图2-26(c)),与Sugawa等人[46,47](图2-24)观察到的现象一致。

(3) 对比图2-26(b)(1)和图2-26(c)(1)可以发现,当燃料供给速率较大时,达到火焰熄灭所需的时间相对较短,火焰熄灭时上层气体温度更高,由于建筑内部气体具有热惯性(壁面温度较高),导致建筑内部火灾熄灭之后缓慢下降至常温。

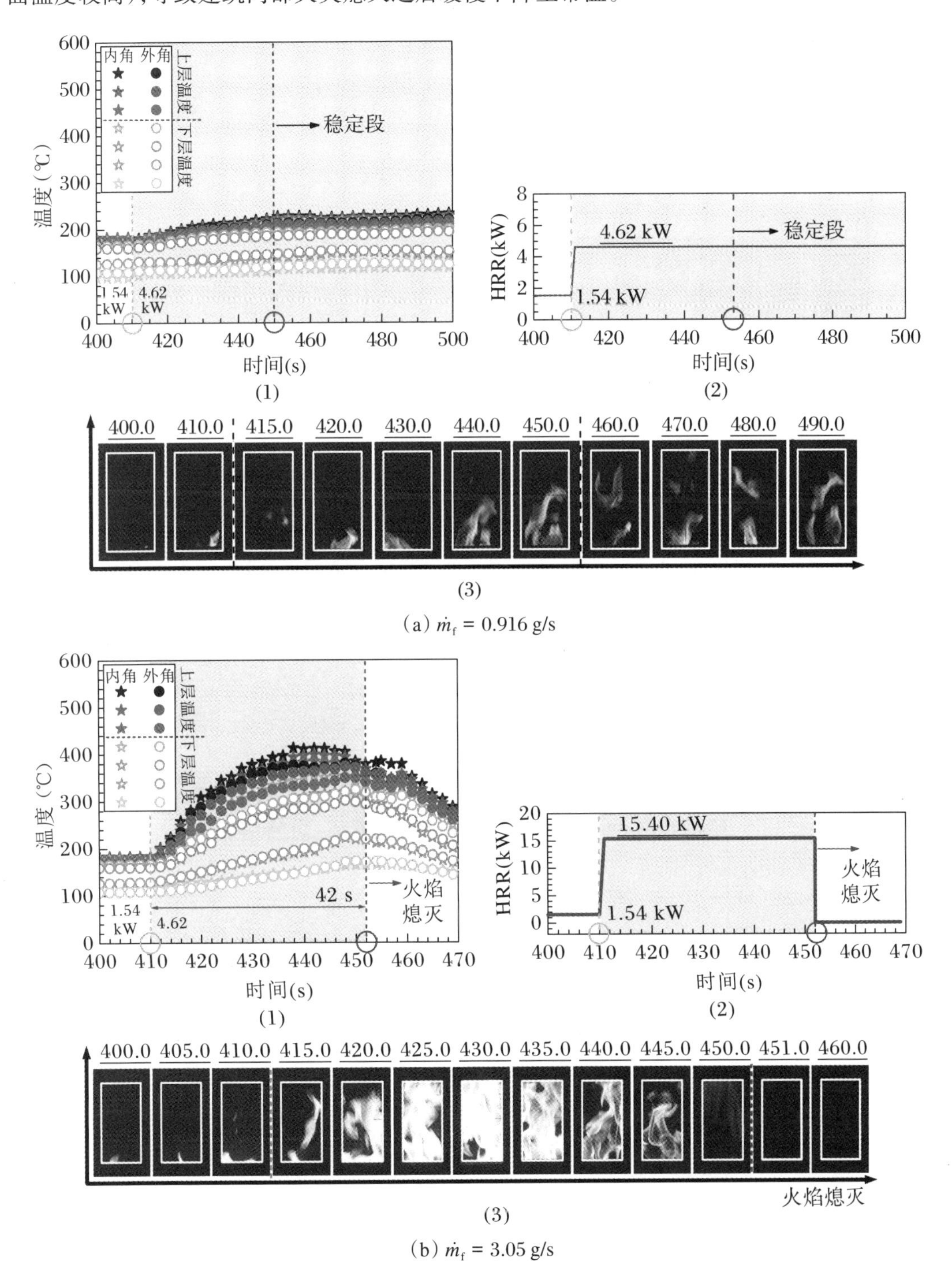

图2-26 建筑内部火灾温度和对应的典型火焰形态随时间的演化规律

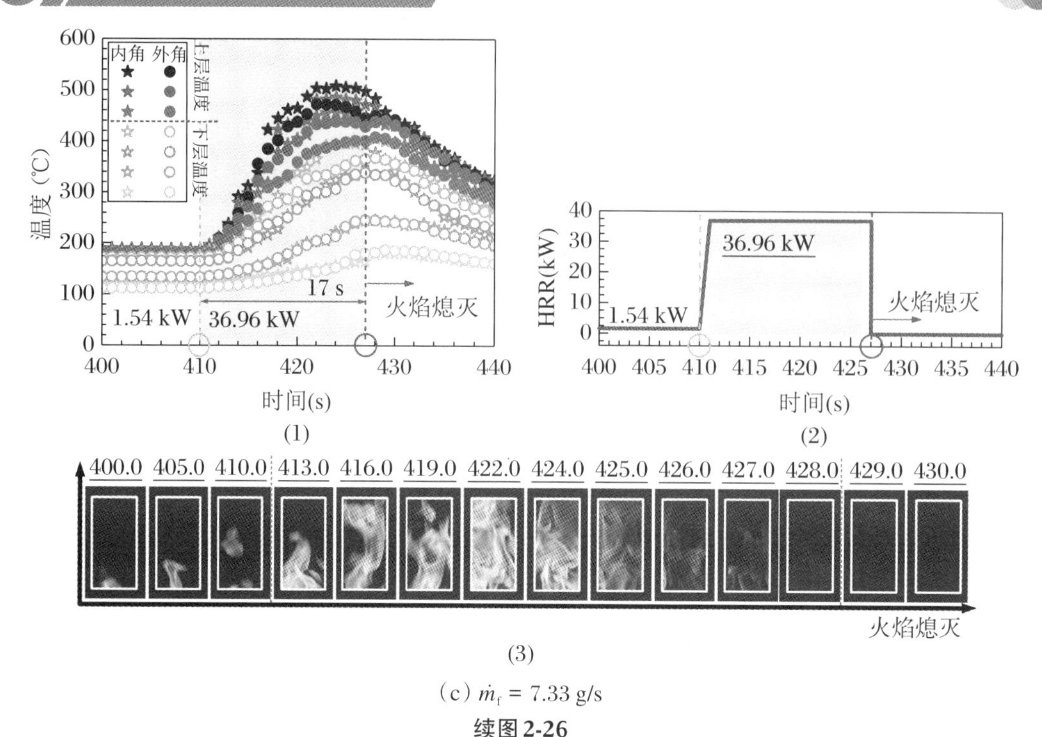

（c）$\dot{m}_f = 7.33$ g/s

续图 2-26

图 2-27 展示了不同开口尺寸和建筑内部尺寸下火灾温度以及典型的火焰形态随热释放速率的演化规律，可以发现建筑内部温度演化可以分为三种情况：

（1）对于较大的建筑和开口（图 2-27（a），缩尺寸建筑Ⅳ，开口尺寸：20 cm（宽）×20 cm（高）），建筑内部温度随热释放速率增加，上升到一定数值后进入稳定阶段，建筑内部火灾处于稳定的通风控制燃烧阶段，并发生开口火焰溢出。

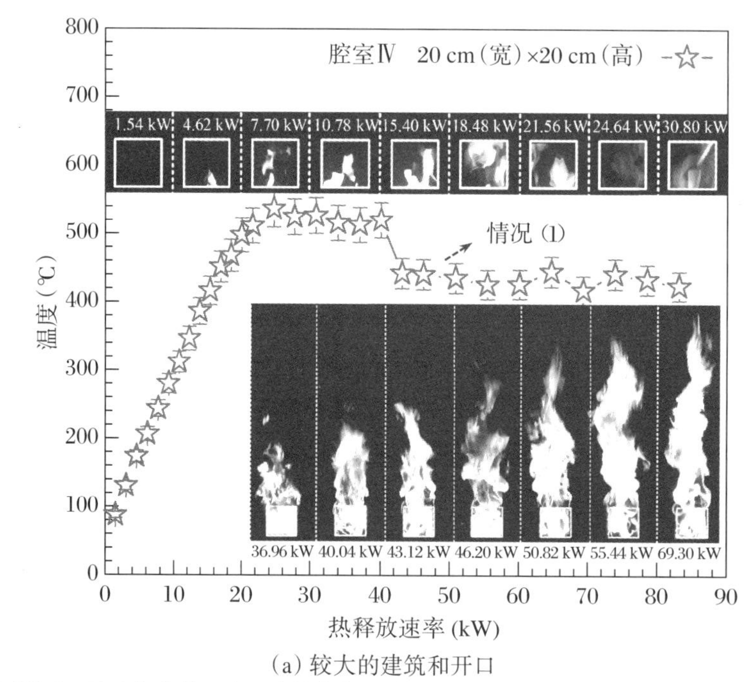

（a）较大的建筑和开口

图 2-27 不同开口尺寸和建筑尺寸下建筑内部温度以及典型的火焰形态随热释放速率的演化规律

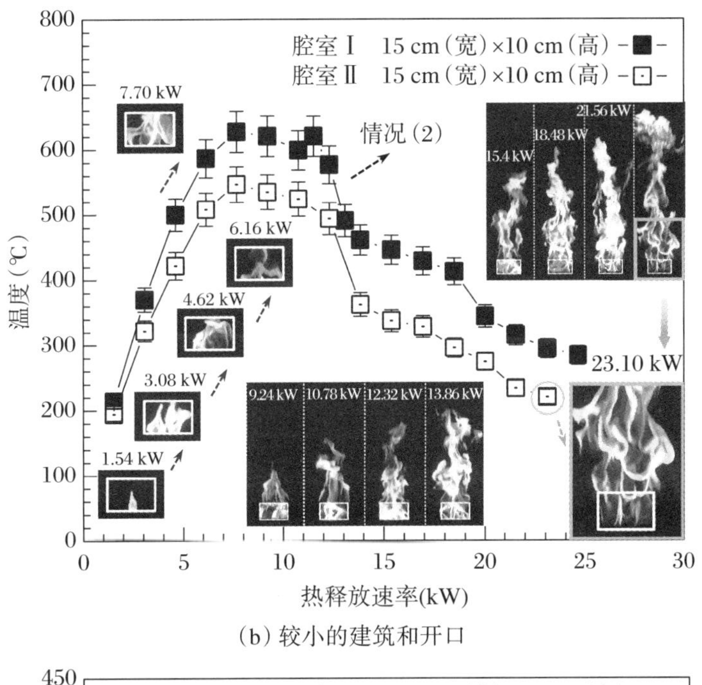

（b）较小的建筑和开口

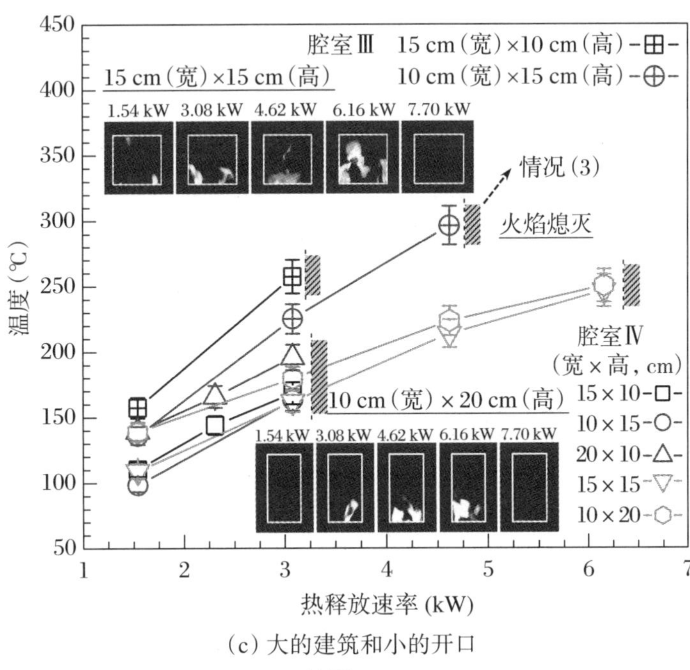

（c）大的建筑和小的开口

续图2-27

（2）对于较小的建筑和开口（图2-27(b)，缩尺寸建筑Ⅰ和缩尺寸建筑Ⅱ，开口尺寸：15 cm(宽)×10 cm(高)），建筑内部温度随热释放速率先上升到最大值，然后随热释放速率保持稳定，最后温度会缓慢下降。我们可以预测：建筑内部燃料供给速率继续增加时，温度继续下降，火焰会向开口运动，直到建筑内部没有火焰。

（3）对于大的建筑和小的开口（图2-27(c)），建筑内部温度随热释放速率的增加而上升，然后发生火焰熄灭。因为火焰熄灭发生时，建筑内部温度并不稳定（尽管火焰在熄灭前极短的一段时间内温度变化较小，见图2-26(b)(1)、(c)(1)），因此图中并不包括建筑内部火灾发生熄灭工况下的温度数据，关于火焰熄灭时上层气体的温度将会在下文进行分析。总体来说，当建筑内部尺寸较大且开口尺寸较小时，建筑内部火灾更容易发生熄灭。

需要说明的是，对于(1)和(2)两种情况，随着燃料供给速率的增加，建筑内部均已达到了通风控制燃烧阶段(并发生开口火焰溢出)，在实验过程中可以观察到稳定的建筑内部火灾燃烧(燃料控制燃烧)向开口火焰溢出(通风控制燃烧)转变，并且随着开口尺寸变小，热释放速率持续增大，火焰将会逐渐分布在整个开口(室内没有火焰)；对于情况(3)，建筑内部火灾始终处于燃料控制燃烧阶段，随着燃烧热释放速率的增大发生熄灭，并没有发生开口火焰溢出。

开口因子($AH^{1/2}/A_T$)是描述建筑火灾动力学的重要特征参数，是开口通风因子($AH^{1/2}$)与建筑内部表面积(A_T，不包括开口和燃烧器上表面积)的比值，其无量纲形式是建筑内部产热($\sqrt{g}\, c_p \rho_\infty T_\infty AH^{1/2}$)与建筑热损($h_k A_T$)的比值，决定了建筑内部温度。Law[26]基于不同开口尺寸和建筑尺寸下室内木垛火燃烧实验中的温度数据，综合考虑前人的实验数据，提出了描述建筑内部上层气体最高温度($T_{g(max)}$)与开口因子倒数($\Omega = 1/(AH^{1/2}/A_T) = A_T/(AH^{1/2})$)的关系模型。

图2-28所示为建筑内部上层温度与开口因子倒数($\Omega = A_T/(AH^{1/2})$)的关系模型，包括了本章相关的实验数据(图2-27(a)、(b)每个开口的温度数据)以及Lee和Delichatsios等人[4]的中尺寸建筑(内部尺寸为0.42 m)在通风控制燃烧阶段下的温度数据。

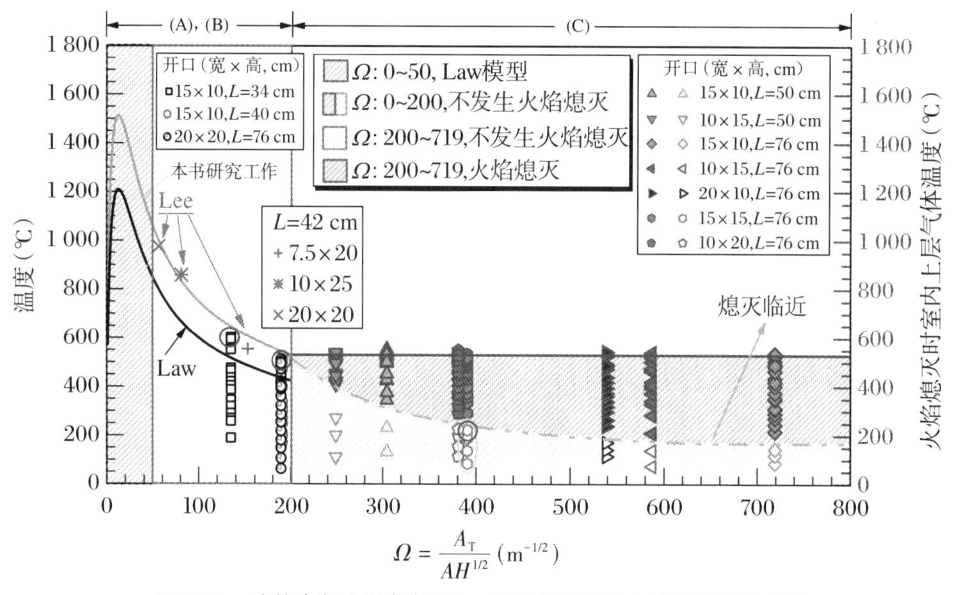

图2-28　建筑内部上层气体温度与开口因子倒数(Ω)的关系模型

由图2-28可以看到：

(1) 当开口因子倒数在10～50之间时($10 < \Omega < 50$)，Law的模型可以很好地描述通风控制燃烧阶段下建筑内部上层最高温度(图2-27(a)、(b)中的建筑内部最高温度$T_{g(max)}$，圆圈表示)的演化趋势，然而当开口因子倒数在50～200之间时，可以发现系数需调整为7 500才可以较好地描述整体的最高温度演化规律：

$$T_{g(max)} = 7\,500\left(\frac{1 - e^{-0.1\Omega}}{\sqrt{\Omega}}\right),\quad 0 < \Omega < 200 \tag{2-15}$$

需要说明的是，Law的模型主要考虑了较大的开口尺寸，即大开口因子（小开口因子倒数，$0 < \Omega < 50$），建筑内部火灾通过开口的辐射热损失较大。笔者和Lee等人的实验研究主要考虑中、小尺寸开口的建筑（相对较低的开口因子，$40 < \Omega < 200$），其通过开口的辐射热损失较低，而开口因子项（$\Omega = A_T/(AH^{1/2})$）仅仅考虑了墙面热损失（$\sim A_T$）。这是导致本章和Lee等人的实验数据的拟合结果与Law的模型存在偏差的原因。未来可进一步考虑开口辐射热损失，建立归一化的无量纲建筑内部最高温升模型。

（2）火焰发生熄灭之前（图2-27（c），图2-28中阴影区域），建筑内部火灾稳定状态下的温度数值均小于Law的模型预测值（式（2-15）的延长部分，图2-28中用------标示），仍然处于燃料控制燃烧阶段（室内氧气供给充足，未发生开口火焰溢出），这也表明通过开口补入到建筑内部的空气（氧气）并不是影响建筑内部火灾近熄灭行为的唯一因素，应该进一步考虑壁面热损失效应。结合图2-28中所示的火焰熄灭（空心标志，阴影区）和不发生火焰熄灭（实心标志，阴影区）的两种情况，可以得到火焰熄灭/不熄灭临界边界线（— · · —标示）。需要指出的是，尺度较大的建筑散热更加明显，因此火焰熄灭现象更容易发生，不同开口尺寸和建筑尺寸下火焰熄灭临界有所不同。

（3）发生火焰熄灭时（图2-27（c），图2-28中阴影区域、实心符号），其上层气体温度与燃料供给速率、开口尺寸以及建筑尺寸有关，并且整体的温度数值均低于513 ℃。

图2-29所示为不同燃料供给速率（热释放速率）下建筑内部上层气体温度（内角落温度、外角落温度、内外角落平均温度）演化规律，图中定义了火焰熄灭时间（t_e）和火焰熄灭时上层气体温度（T_e）。火焰熄灭时间（t_e）为从增加流量到火焰发生熄灭时所经历的时间，是火焰熄灭时刻与（增加流量的）初始时刻的差值，熄灭时刻对应的上层温度即为火焰熄灭时上层气体温度（T_e）。

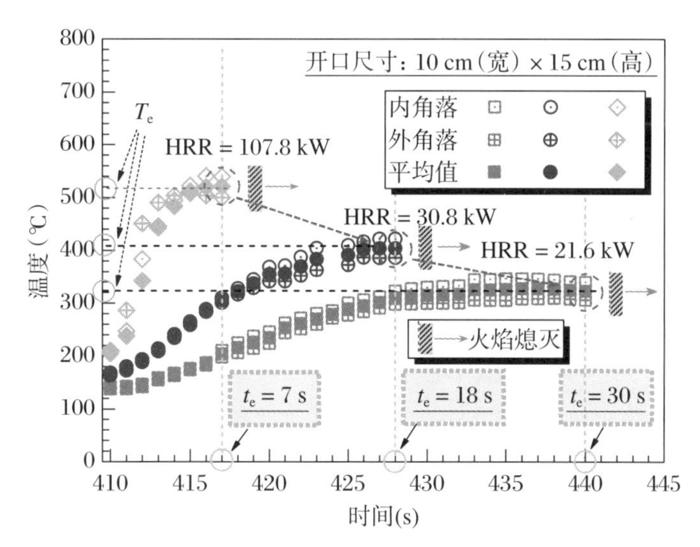

图2-29　火焰熄灭时间和火焰熄灭时上层气体温度的定义

图2-30所示为火焰熄灭时间（t_e）和火焰熄灭时上层气体温度（T_e）随燃料供给速率（热释放速率）的演化规律，可以发现：

（1）建筑内部火灾火焰熄灭时间（空心符号，t_e）随热释放速率的增大而减小；通风因子（开口尺寸）越大，火焰熄灭所需要的时间越长。

(2) 火焰熄灭时上层气体温度(实心符号,T_e)随热释放速率先增加,然后保持不变,大约稳定在513 ℃($T_{e(max)}=786$ K);对于相同的开口尺寸,建筑尺寸越大,火焰熄灭时上层气体温度越低,主要是因为大的建筑尺寸对应较大的建筑内表面积(A_T),壁面热损失较大。

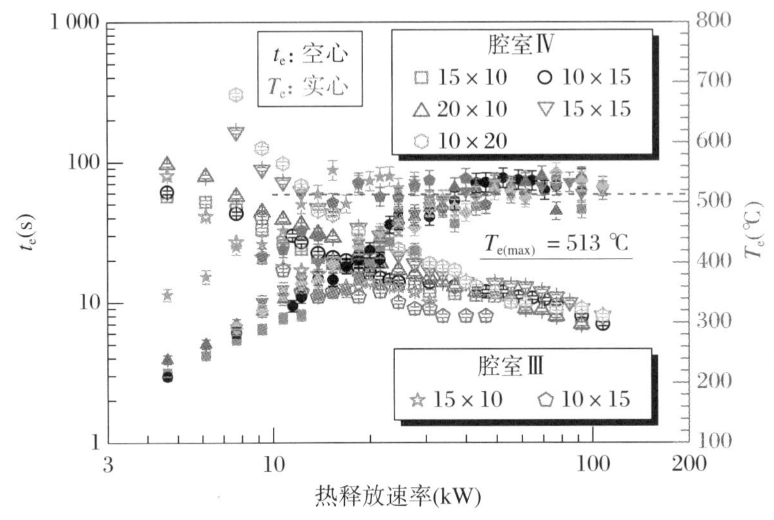

图2-30 火焰熄灭时间和火焰熄灭时上层气体温度随热释放速率的演化规律

建筑内部火焰熄灭时上层气体温度(T_e)可以通过以下两个无量纲特征参数表示:

$$\Delta T_e = T_e - T_\infty = fcn\left(\frac{\dot{Q}_{total}}{\sqrt{g}\,c_p\rho_\infty T_\infty AH^{1/2}},\quad \frac{h_k A_T}{\sqrt{g}\,c_p\rho_\infty AH^{1/2}}\right) \tag{2-16}$$

上述公式右边的第一个无量纲特征参数表示建筑内部火源热释放速率,第二个无量纲特征参数表示热损失。实验中所有的火焰熄灭时间(t_e)均小于热渗透时间($t_p=(\rho c/k)(\delta/2)^2$),$t_e<t_p\approx 495$ s,有效的能量(或热量)传递系数h_k可以通过$h_k=(k\rho c/t_e)^{0.5}$计算)。

图2-31所示为火焰熄灭时上层气体温升(ΔT_e)的无量纲拟合,所有的温度数据可以较为收敛地划分为两个阶段:上升段和稳定段。

$$\Delta T_e = T_e - T_\infty = \begin{cases} 465\Pi, & 0.4 \leqslant \Pi \leqslant 1.05 \\ 488, & \Pi > 1.05 \end{cases} \tag{2-17}$$

无量纲特征参数Π表示为

$$\Pi = \left(\frac{\dot{Q}_{total}}{\sqrt{g}\,c_p\rho_\infty T_\infty AH^{1/2}}\right)^{0.70}\left(\frac{\left(\frac{k\rho c}{t_e}\right)^{0.5} A_T}{\sqrt{g}\,c_p\rho_\infty AH^{1/2}}\right)^{-0.40}$$

$$= \left(\frac{\dot{Q}_{total}}{\sqrt{g}\,c_p\rho_\infty T_\infty AH^{1/2}}\right)^{0.70}\left(\frac{\left(\frac{k\rho c}{t_e}\right)^{0.5}(6L^2 - WH - A_{burner})}{\sqrt{g}\,c_p\rho_\infty AH^{1/2}}\right)^{-0.40} \tag{2-18}$$

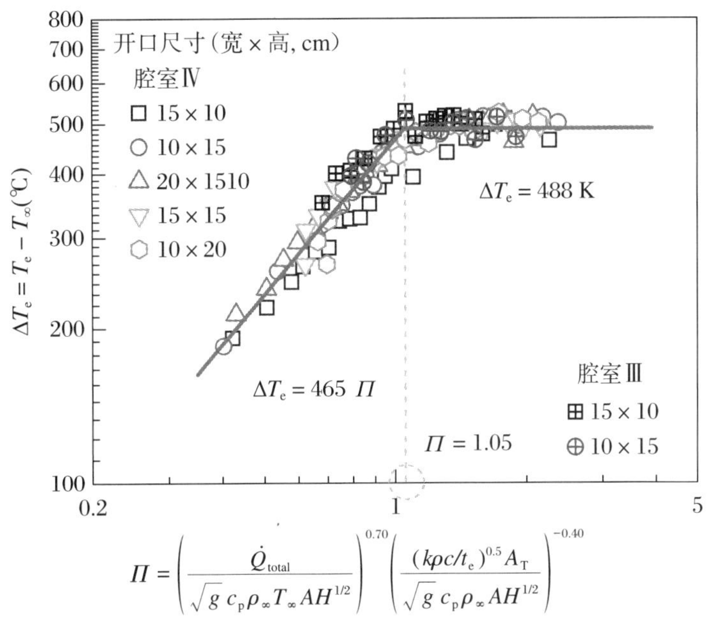

$$\Pi=\left(\frac{\dot{Q}_{\text{total}}}{\sqrt{g}\,c_{\text{p}}\rho_{\infty}T_{\infty}AH^{1/2}}\right)^{0.70}\left(\frac{(k\rho c/t_{\text{e}})^{0.5}A_{\text{T}}}{\sqrt{g}\,c_{\text{p}}\rho_{\infty}AH^{1/2}}\right)^{-0.40}$$

图2-31　火焰熄灭时上层气体温升的无量纲表征模型

我们发现公式中的两个无量纲特征参数的指数(0.7和−0.4)与M-Q-H模型中的指数(2/3和−1/3,图2-6)[13,20]类似,本章使用0.7和−0.4作为指数拟合结果更好。该参数表征了通风严重不足条件下建筑内部火灾熄灭时燃料供给速率($\sim\dot{m}_{\text{f}}$, $\dot{Q}_{\text{total}}$)、开口通风条件(通风因子, $\sim AH^{1/2}$)、建筑内部尺寸($\sim L$)和火焰熄灭特征时间尺度(t_{e})之间的关系。对于图2-31,温度上升段($0.4\leqslant\Pi\leqslant1.05$)可以较好地通过M-Q-H模型(图2-6)中的两个无量纲特征参数拟合;相比于M-Q-H模型,本章首次发现了温度稳定段($\Pi>1.05$)。我们知道建筑内部火灾近熄灭极限行为是耦合燃烧化学反应(燃料-空气(氧气))与温度的复杂行为过程,火焰在更高的温度(更快的化学反应)或更高的可燃性极限下[57,64-67],熄灭越难发生。在温度上升段($0.4\leqslant\Pi\leqslant1.05$),燃料供给速率低,导致了温度较低,上升段火焰熄灭受温度和燃料供给的耦合作用[57,64-67];然而,对于较高的燃料供给速率(热释放速率),气体温度足够高(充分快速的化学反应),并且燃料供给充分时,火焰熄灭主要受控于燃料浓度(燃料供给),温度对其影响较弱。

5. 侧向风作用下建筑内部温度演化规律

前人对建筑内部火灾的研究通常是基于无风条件,其建筑内部流动特性(建筑内部温度演化及分布特征)仅仅由热浮力主控,然而现实火灾场景中往往存在外界环境风的作用,如前面所介绍的韩国蔚山市高层建筑火灾事故,环境风对建筑外立面火灾的影响尤为显著,"风助火势",风将加速火灾向相邻建筑的蔓延。前人对于环境风作用下的建筑内部火灾行为研究较少,近年来,胡隆华等人[68-70]开展了正向风(风向垂直于建筑外立面)作用下的建筑内部火灾演化和转折临界行为研究,结果表明,正向风会加快建筑内部火灾从分层燃烧向充分混合燃烧状态的过程转变,并建立了正向风作用下外立面火焰高度模型。然而,外界环境风不仅可以从正面作用于建筑内着火房间,也可以从侧面(平行于开口和建筑外立面)作用于建筑内部火灾,侧向风作用下的惯性力与开口溢出气体的热浮力的相互作用,使建筑内部火灾的演化更为复杂。

此外,针对侧向风作用下外立面火焰形态特征参数,目前仅有Sugawa等人[71]开展了相关的实验研究和定量分析,实验采用长10 cm、宽50 cm、高10 cm的小尺寸长方体建筑房间,设置了不同的开口尺寸(宽×高:5 cm×10 cm;10 cm×10 cm;20 cm×10 cm;20 cm×5 cm),热释放速率范围是1.5~15 kW,侧向风速范围是0~1.8 m/s,但是在文章中仅仅展示了10 cm(宽)×10 cm(高)开口在侧向风速分别为0 m/s、0.12 m/s、0.32 m/s时的火焰高度实验数据。事实上,除了火焰高度外,火焰水平扩展长度也是侧向风作用下外立面火焰的重要特征参数,这两个参数共同决定了火焰能否引燃上层和临近(同一楼层)的相邻房间,同时影响着外立面温度和热流分布。Sugawa等人[71]仅仅研究了侧向风作用下外立面火焰高度,并没有考虑侧向风对火焰水平长度的影响。此外,针对侧向风作用下溢出火焰水平扩展长度相关研究的基础实验数据和理论模型仍是空白。

笔者开展了侧向风作用下建筑内部火灾(演化与转折临界)行为的实验研究和理论分析,发现了侧向风作用下建筑内部火焰位置转变这一新现象,揭示了侧向风作用下建筑内部温度演化规律以及转折的重要机制。图2-32所示为建筑内部火焰随热释放速率和侧向风速的演化规律,可以发现:

(1) 无风条件下,随着热释放速率的增加,建筑内部火灾从燃料控制燃烧(火焰稳定地在建筑内部燃烧)转变为通风控制燃烧(发生开口火焰溢出)。在这个过程中,从开口观察到的室内外火焰总是保持竖直燃烧状态,呈中心线(图中虚线)左右两侧对称。

(2) 当外界侧向风作用时,建筑内部火焰会发生明显的偏转,呈非对称燃烧状态。对于较小的热释放速率,火焰一直分布在建筑内部的上风侧位置;随着热释放速率的增加,火焰会向下风侧偏转。

(3) 随着侧向风速的增加,火焰发生转折前后对应的热释放速率降低。火焰位置的转变直接影响了建筑内部(上、下风侧)的温度分布。

图2-33所示为不同侧向风速下腔室(上、下风侧)的温度(T_{leeward}, T_{windward})以及同一高度下风侧与上风侧温度差值($T_{\mathrm{leeward}} - T_{\mathrm{windward}}$)随热释放速率的演化规律,我们可以得到以下结论:

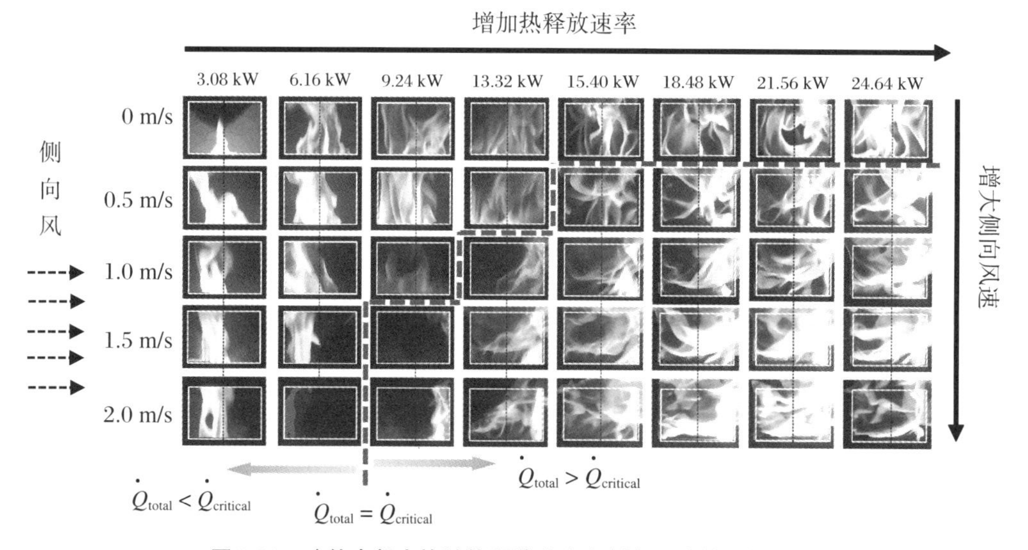

图2-32 建筑内部火焰随热释放速率和侧向风速的演化规律

(1) 无风条件下，腔室同一高度处上风侧和下风侧的温度数值基本一致(温差值不超过20 ℃)，并且腔室温度随热释放速率先增加(燃料控制燃烧)，达到最大值后缓慢下降(通风控制燃烧)，与前人的研究结果一致。

(2) 当外界侧向风作用时腔室温度会发生转折，腔室上风侧温度(W-1，W-2，W-3，W-4，实心符号)随热释放速率先是显著增加，然后缓慢降低；同时，腔室下风侧(L-1，L-2，L-3，L-4，空心符号)温度也会先增加，但是温度始终低于上风侧，然后会突然上升，同时上风侧的温度也会急剧下降，直到下风侧的温度高于上风侧。这种温度转折也可以通过下风侧和上风侧的温度差值($T_{\text{leeward}} - T_{\text{windward}}$)演化情况观察得到：随着热释放速率的增加，其温差值一开始是零($T_{\text{leeward}} = T_{\text{windward}}$)，然后是负值($T_{\text{leeward}} < T_{\text{windward}}$)，最后为正值($T_{\text{leeward}} > T_{\text{windward}}$)。我们进一步观察到，下层温度(W-3、W-4和L-3、L-4)对这种转折行为较为敏感，温度差值变化尤为显著。

这种转折临界行为应该与腔室内流动转变有关，可以通过测量的温度数据进行解释。在无风条件下，羽流撞击到腔室顶棚，然后在顶棚扩展、沉降，从而导致火灾初期腔室上层温度要高于下层温度(图2-33)。当外界侧向风作用时，上风侧下层的温度高于上层的温度(W-3、4 > W-1、2)，这是由于在侧向风作用下，腔室内的火焰会向上风侧发生偏转，火焰在撞击腔室顶棚之前会直接接触到下层的热电偶，从而导致下层的温度要高于上层，这也表明了侧向风会显著影响腔室内部湍流流动特征。由此可以判断，腔室火源热释放速率超过某一数值时，腔室内部的流场会发生转变，室内火焰(高温区)从上风侧运动到下风侧，进而影响了腔室温度分布。

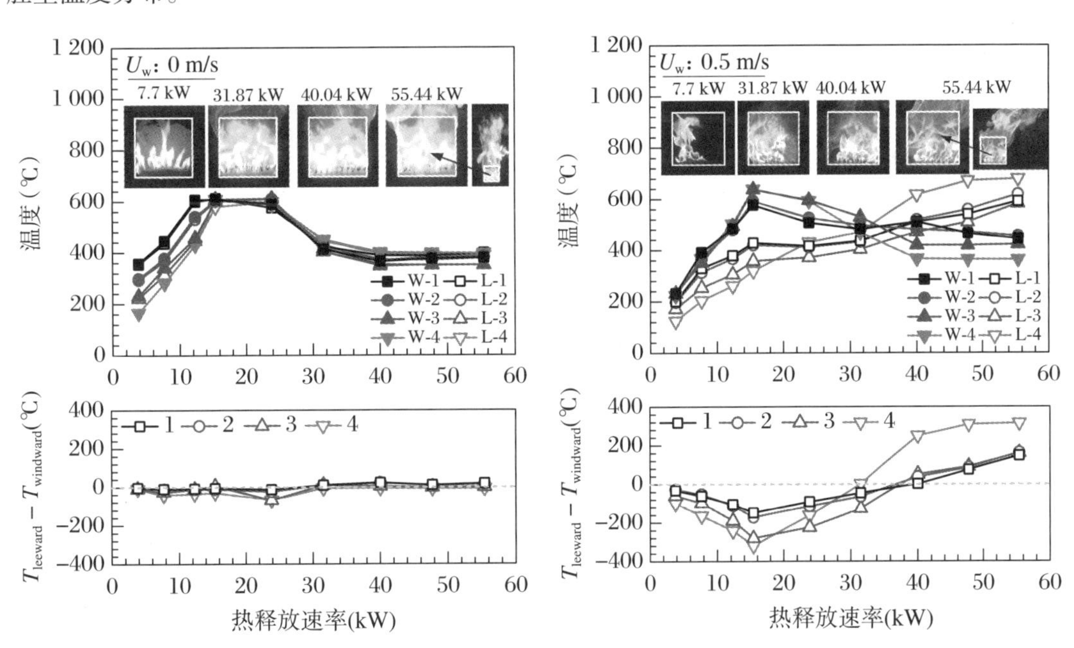

图2-33 侧向风作用下建筑内部上、下风侧温度(T_{leeward}，T_{windward})以及同一高度处下风侧与上风侧的温度差值($T_{\text{leeward}}-T_{\text{windward}}$)随热释放速率的演化规律

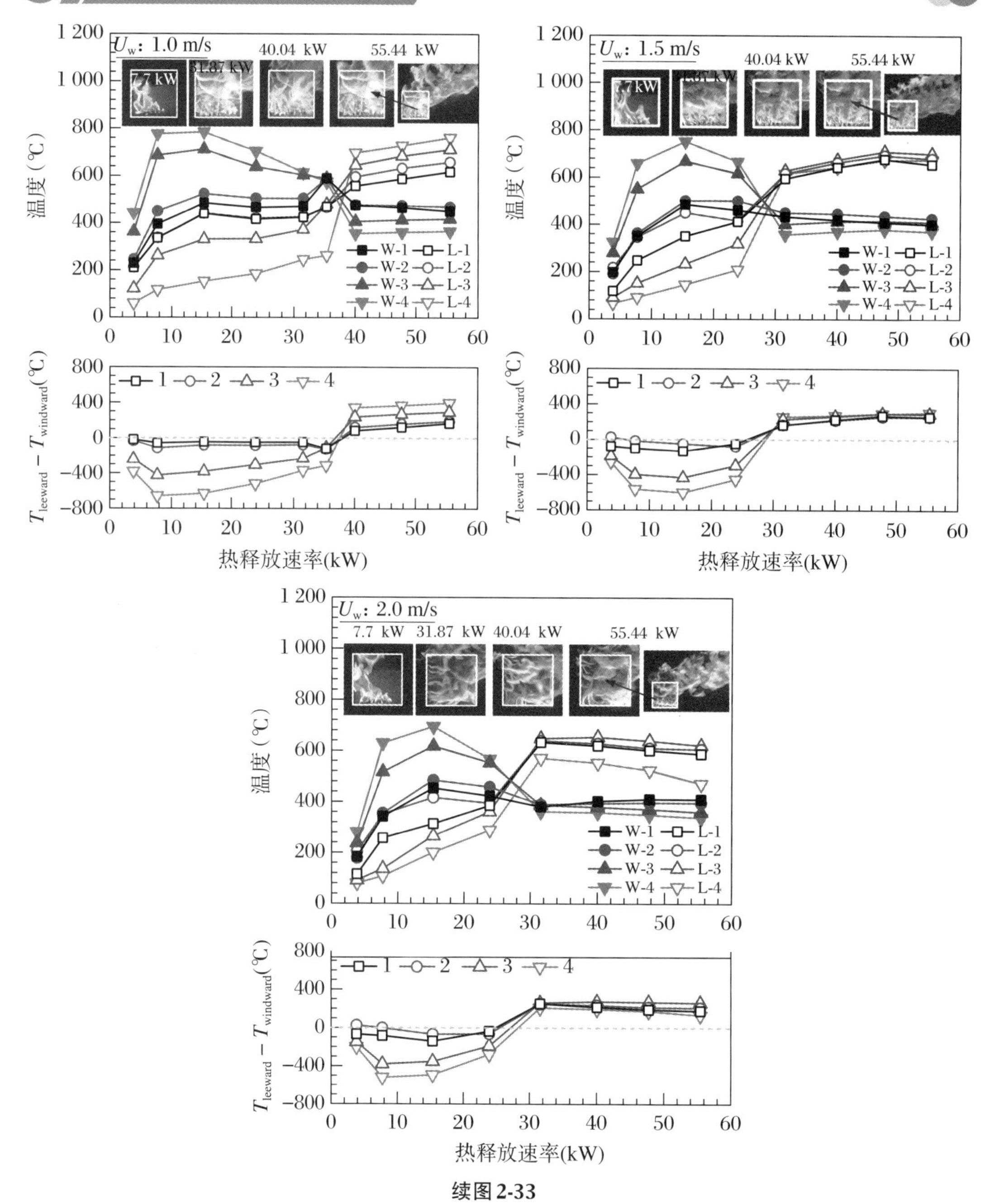

续图 2-33

为了更清楚地展示侧向风作用下建筑内部湍流流动特征，图 2-34 所示为距建筑内部底板 15 cm 处（距开口底部 5 cm）建筑内、外流场（速度场），温度场以及氧气浓度的分布特征（FDS 6.4，大涡模拟）。模拟结果显示建筑内部流动随热释放速率增加存在一个流动转折态：对于较小的热释放速率（4.0 kW），火源上方的流动方向是从下风侧到上风侧，并且上风侧为高温区域；对于较大的热释放速率（40.0 kW），火源上方的流动主要是从上风侧到下风侧，并且下风侧温度较高。湍流燃烧火焰通常会运动到氧气匮乏（缺氧）的区域，对于较小的热释放速率（建筑内部火灾热浮力较弱），此时建筑内部的流动由侧向风决定，建筑内部形成流动循环，上风侧的氧气浓度降低，火焰向上风侧偏转；对于较大的热释放速率，建筑内部靠近(下风侧)后壁有小循环流动区域,这些流动循环区域主要分布在下风侧,导致下风侧温度较高,模拟设置的热释放速率为40.0 kW(此时火源的热释放速率远大于无风条件通风控制火焰溢出临界热释放速率,开口尺寸:20 cm(宽)×20 cm(高),$1\ 500AH^{1/2} = 26.83$ kW),此时建筑内部火焰已达到通风控制燃烧阶段,发生开口火焰溢出,火焰直接受到侧向风的影响,导致下风侧温度较高。

Ⅰ. FDS数值模拟

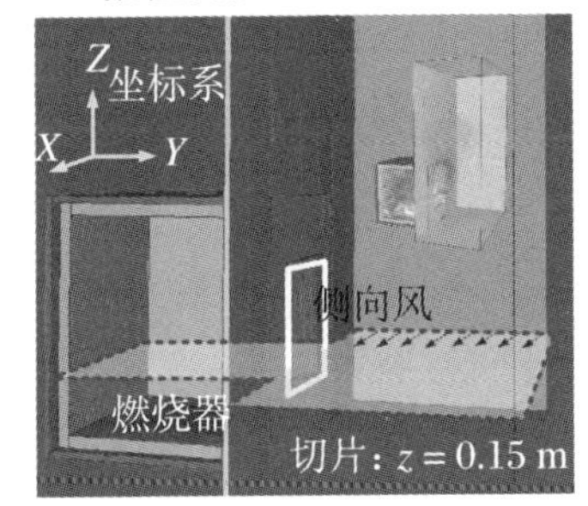

- 模拟软件:FDS 6.4(火灾动力学模拟)大涡模拟(large eddy simulation, LES)
- 网格尺寸:1.0 cm ×1.0 cm ×1.0 cm
- 燃料:丙烷(propane)
- 湍流子模型(turbulence sub model):constant smagorinsky model
- 辐射分数:0.3
- 腔室尺寸:40 cm

Ⅱ. 模拟结果

侧向风　外部空气　缺氧　上风侧　下风侧

热释放速率:4.0 kW

侧向风　外部空气　缺氧　上风侧　下风侧

热释放速率:40.0 kW

Ⅲ. 温度(℃)

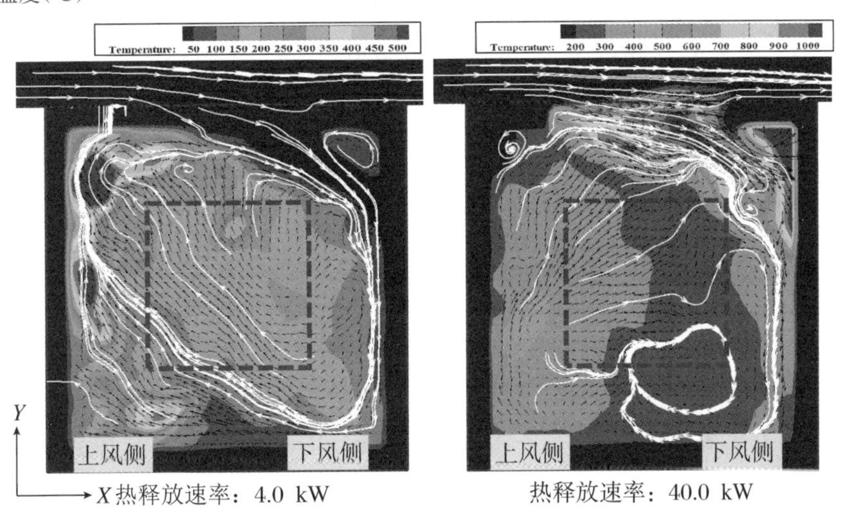

图2-34　侧向风作用下建筑内、外流场(速度场),温度场以及氧气浓度分布特征

Ⅳ. 氧气分数 (kg/kg)

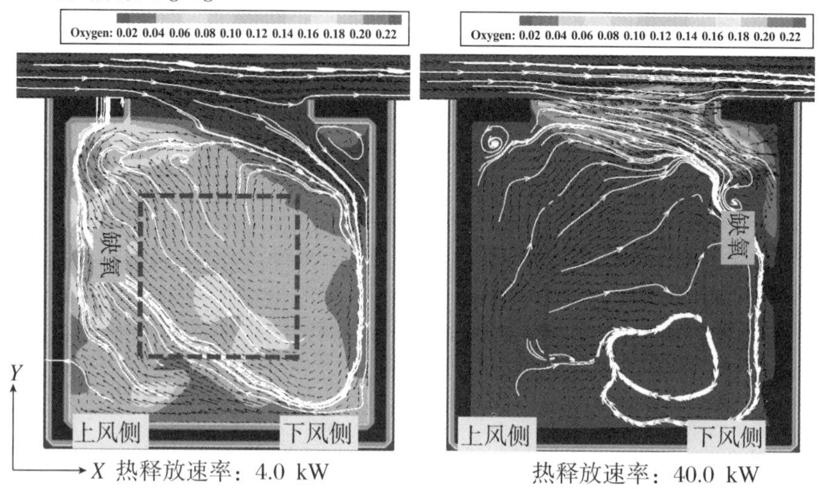

续图 2-34

6. 正向风作用下建筑内部温度演化规律

近年来，众多国内外学者对建筑内部火灾进行了广泛的研究，相关结果表明，建筑内部火灾随热释放速率的增大会由分层燃烧（stratifed condition）发展到充分混合燃烧状态（well-mixed condition）。然而，前人研究主要基于无环境风的情况，对于正向环境风作用下建筑内部火灾发展规律的研究仍较少。笔者开展了正向风作用下建筑内部火灾实验研究，发现随正向风速增大，建筑内部火灾由分层燃烧转变为充分混合状态的临界功率逐渐减小；进一步分析了建筑内部上、下层温度差值，以量化建筑内部火灾状态的发展，发现建筑内部上、下层温度差值随室内热释放速率的增大呈现先增大后减小的规律，且该差值随正向风速的增大而减小；通过无量纲分析，得到建筑内部达到充分混合状态的临界功率，以及建筑内部上、下层温度差值演化规律与火源功率、开口大小及正向风速等参数的耦合关系模型。

为了更好地分析建筑内部火灾发展及燃烧状态，我们测量了建筑内部上、下层的温度来量化建筑内部火灾发展状态。图 2-35 所示为不同风速情况下室内不同位置处（内角落、中心线及外角落）上、下层室内温度随热释放速率增大的演化规律。上层温度为布置在上层的两个热电偶的平均值（温差小于 10 ℃），下层温度为布置在下层的两个热电偶的平均值（温差小于 8 ℃）。通过实验中 DV 记录的火焰演化行为，可以看出建筑内部火灾发展随热释放速率增大将经历三个阶段：室内燃烧阶段（internal combustion）、间歇性火焰溢出阶段（intermittent flame ejection）以及持续火焰溢出阶段（continuous flame ejection），图 2-35 中以竖直虚线划分了这三个阶段。充分混合状态为建筑内部在空间上温度达到均匀一致的状态（需要注意的是，风速小于 1 m/s 时，建筑内部外角落下层温度较低，这是由于建筑内部空气流入导致的），在图 2-35 中以圆圈示出，达到充分混合状态的最小热释放速率定义为临界功率 $\dot{Q}_{\text{well-mixed}}$。由图 2-35 可以看到：

（1）当总的热释放速率较小时（室内燃烧阶段），下层温度小于上层温度，室内温度呈现出良好的分层现象，无风情况下上、下层温度平均值的差值小于正向环境风情况下的差值。

（2）建筑内部上层温度的最大值及其对应的热释放速率随正向环境风速的增大而减小。

(3) 无风情况下,上层火灾充分混合状态发生在持续火焰溢出阶段之后,而当存在正向环境风时,充分混合状态发生在持续火焰溢出阶段之前,且随环境风速的增大,逐渐趋近间歇性火焰溢出阶段。此外,充分混合状态的临界功率随风速增大而减小。

(4) 达到间歇性火焰溢出阶段与持续火焰溢出阶段的临界功率随正向环境风速增大均呈现先增大后减小的趋势。

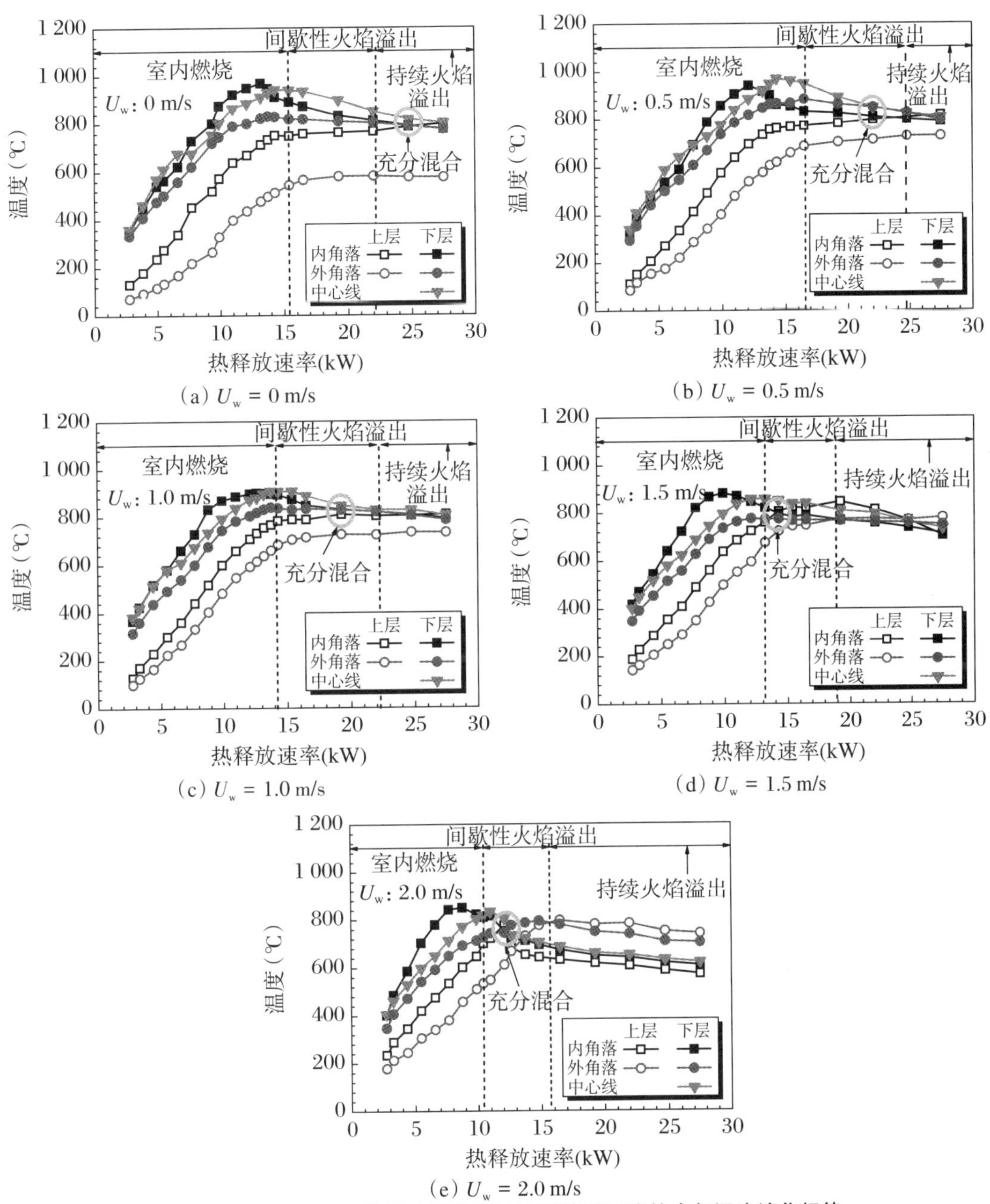

(a) U_w = 0 m/s

(b) U_w = 0.5 m/s

(c) U_w = 1.0 m/s

(d) U_w = 1.5 m/s

(e) U_w = 2.0 m/s

图2-35　不同正向环境风速及热释放速率情况下建筑内部温度演化规律

开口尺寸:0.15 m(宽)×0.15 m(高)

从图2-35所示的温度演化规律可以看出正向环境风对建筑内部下层温度(内角落、外角落)具有显著影响。当正向环境风速较小时,流入建筑内的空气的冷却作用以及开口处辐射热

损失更为强烈，导致建筑外角落温度比内角落温度低。然而，当正向环境风速较大时，在建筑内部火源功率较高时，建筑内角落下层温度会变低，这是由于相对较强的空气流将燃料带离燃烧器至建筑内部背面，因此在背面会有强烈的冷却作用，然后混合气体随着建筑内部环流(circulation flow)流动到开口附近发生燃烧，上述作用导致建筑外角落下层温度高于内角落。

建筑内部烟气温度是建筑火灾中的重要参数，图2-36所示为不同位置处在不同风速情况下建筑内部上层烟气温度随热释放速率的演变规律。在室内分层燃烧阶段(stratified condition)，建筑内角落上层温度随正向环境风速增大会有小幅增加，但中心线和外角落上层温度基本不随正向风速变化；在室内充分混合阶段(well-mixed condition)，建筑内角落和中心线上层温度随正向环境风速增大而减小，而建筑外角落上层温度随风速增大呈现先增大后减小的趋势。此外，内角落和中心线上层温度在正向环境风作用下的温度下降速度比外角落快。

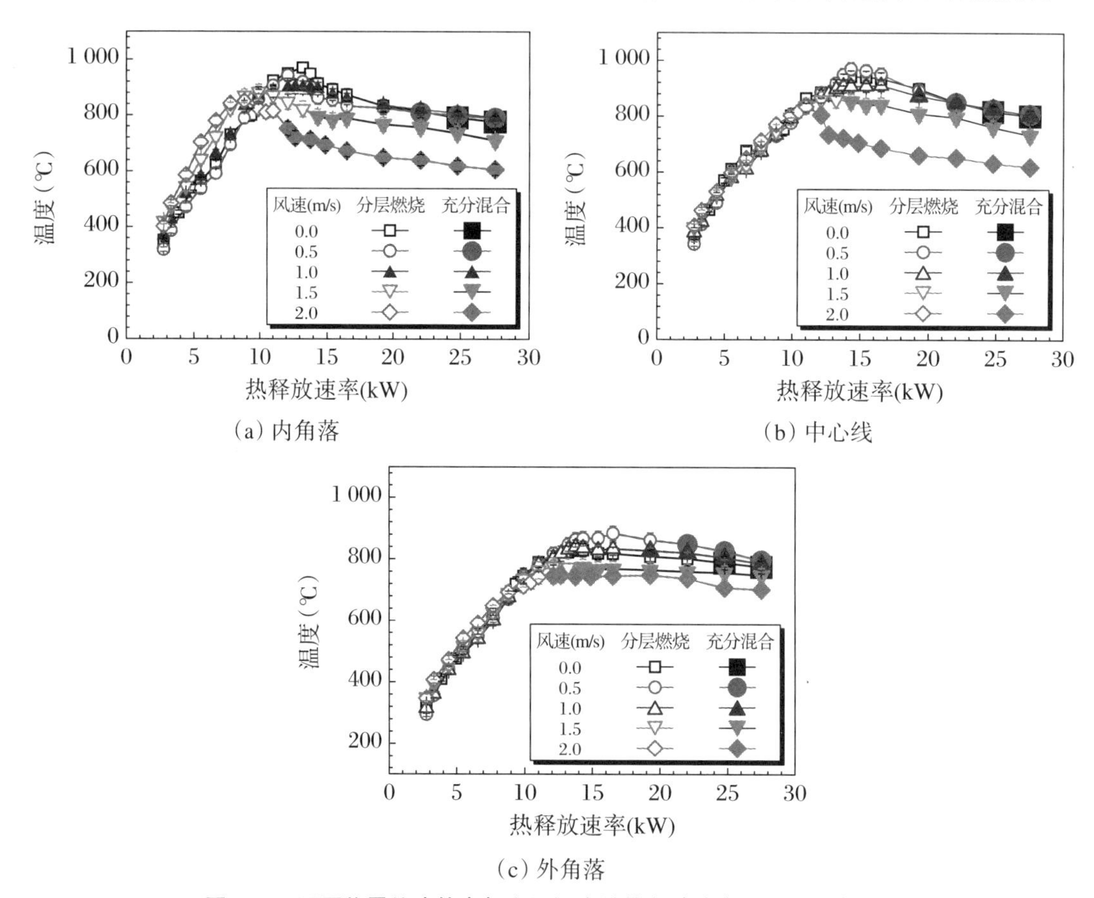

图2-36 不同位置处建筑内部上层温度随热释放速率及风速演变规律

开口尺寸：0.15 m(宽)×0.15 m(高)

从上述温度演化规律可以得出，当建筑内部上、下层温度达到空间上均匀一致时，建筑内部火灾发展到充分混合状态，此时存在一个达到充分混合状态的临界功率 $\dot{Q}_{\text{well-mixed}}$，且该临界功率随正向环境风速增大而减小。

图2-37为建筑内部不同位置处(内角落、中心线及外角落)上、下层温度随热释放速率以及环境风速的变化规律。从图2-37可以看出：

(1) 对于给定的风速条件，上层温度总体上随热释放速率呈现先上升(分层燃烧阶段)

后下降的趋势，在分层燃烧阶段上层温度高于下层温度，但其温度差值随热释放速率增大而减小，直至达到充分混合状态时该温差可忽略，外角落下层温度除外，这与Quintiere的研究一致。因此，笔者将上、下层温度差值取为上层温度平均值(外角落、中心线及内角落)减去下层内角落温度平均值，温度差值小于10 ℃时即认为达到充分混合状态。

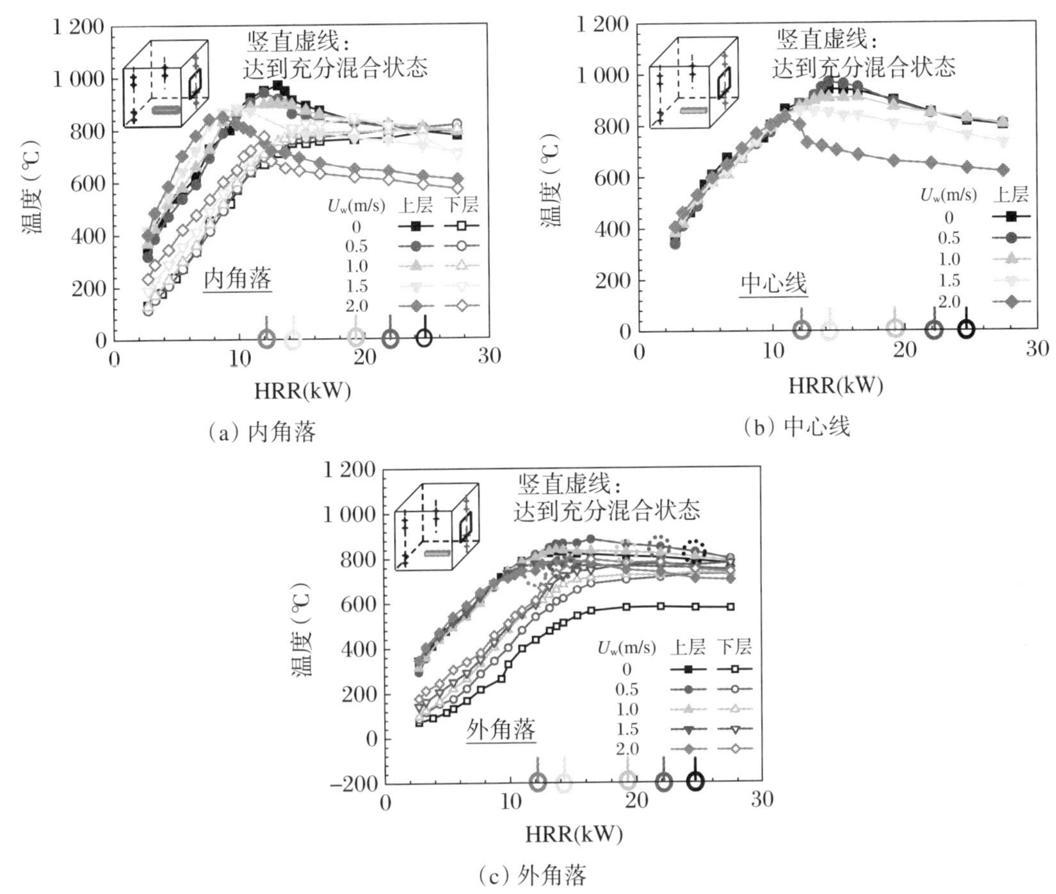

(a) 内角落　(b) 中心线　(c) 外角落

图2-37　不同位置及正向环境风速下建筑内部上、下层温度随热释放速率演化规律

开口尺寸：0.15 m(宽)×0.15 m(高)

(2) 对于分层燃烧阶段建筑内部下层温度，外角落与内角落温度均随环境风速增大而增大；在下层温度达到最大值后(接近充分混合状态)，外角落温度随正向环境风速增大而增大，同时内角落温度随正向环境风速增大而减小。

(3) 对于分层燃烧阶段建筑内部上层温度，内角落温度随正向环境风速增大而增大，外角落和中心线处基本不随风速变化；在下层温度达到最大值后(接近充分混合状态)，上层内角落和中心线处温度随正向环境风速增大而减小，同时外角落温度呈现先增大后减小的趋势。

为了更好地量化分析建筑内部由分层燃烧到充分混合状态的过程，我们进一步分析了建筑内部上、下层温度差值随热释放速率的变化规律。图2-38所示为不同开口尺寸条件下建筑内部上、下层温度差值随热释放速率及正向环境风速的演化规律。从图2-38可以看出：

(1) 随热释放速率的增大，不同正向环境风速条件下建筑内部上、下层温度差值均呈现先增大(Ⅰ段)后减小(Ⅱ段)的趋势，直到建筑内部火灾达到充分混合状态(图2-38中水平虚线所示)，温度差值降低到接近0 ℃，不同正向环境风速及开口尺寸下温差上升段与下降段

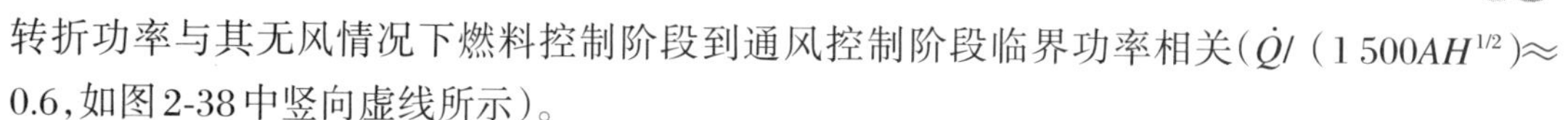

转折功率与其无风情况下燃料控制阶段到通风控制阶段临界功率相关($\dot{Q}/(1\,500AH^{1/2})\approx 0.6$,如图2-38中竖向虚线所示)。

(2) 建筑内部上、下层温度差值的最大值(上升段与下降段转折点)随开口通风因子($AH^{1/2}$)的增大而减小。

(3) 对于所有的开口尺寸,在同一热释放速率的情况下建筑内部上、下层温度差值均随环境风速增大而减小。

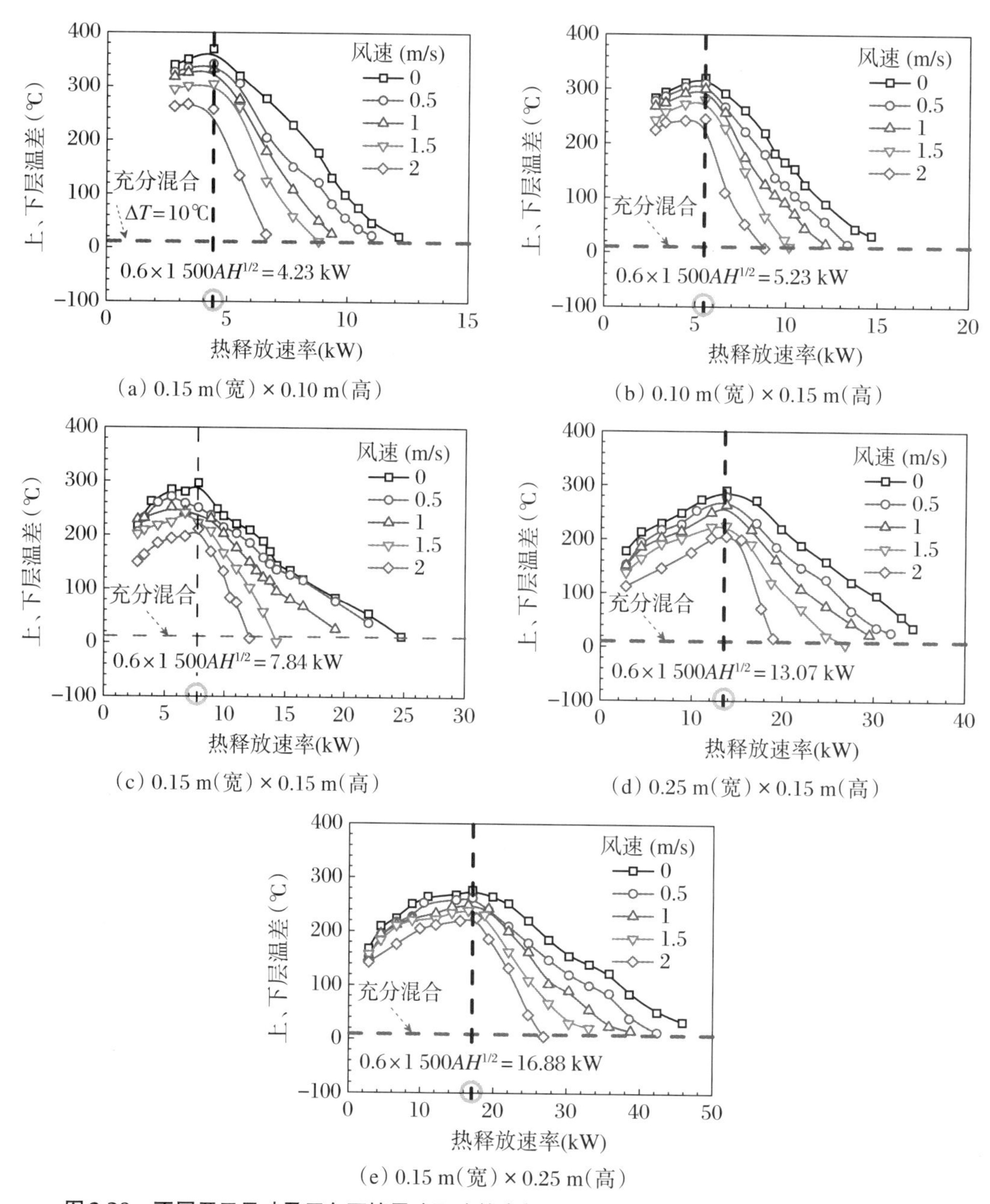

图2-38 不同开口尺寸及正向环境风速下建筑内部上、下层温度差值随热释放速率演化规律

图2-38中建筑内部上、下层温度差值随热释放速率变化的初始上升阶段主要是由于上层建筑内部热烟气的聚集使得其温度高于建筑内部下层温度,而建筑内部上、下层温度差值

随热释放速率变化的下降阶段是由于建筑内部气流的混合(mixing)强度的提升。随着建筑内部热释放速率增大,火焰自身热浮力引起的湍流流动可以导致该混合强度提升,此外,在正向环境风通风及环流混合作用(venting and circulation mixing effect)下的空气流入(air inflow)也会导致混合强度的提升。

图2-39所示为不同正向环境风速及开口尺寸条件下建筑内部上、下层温差与热释放速率的无量纲关系,可以看到所有工况数据均可很好地拟合在一起。这里,横坐标中热释放速率$\dot{Q}$由1 500$AH^{1/2}$(无风情况下建筑内部火灾由燃料控制转向通风控制临界功率)进行归一化处理,不同正向环境风速及开口尺寸情况下建筑内部上、下层温差由其自身最大值(图2-38中所示转折点)进行归一化处理。由图2-39可以看出:

(1) 对于初始的上升阶段(Ⅰ段),由于此时火焰还未接触建筑内顶棚,上、下层温差主要由建筑内部热释放速率决定,因此,该阶段归一化的上、下层温度差值基本不随正向环境风速变化。

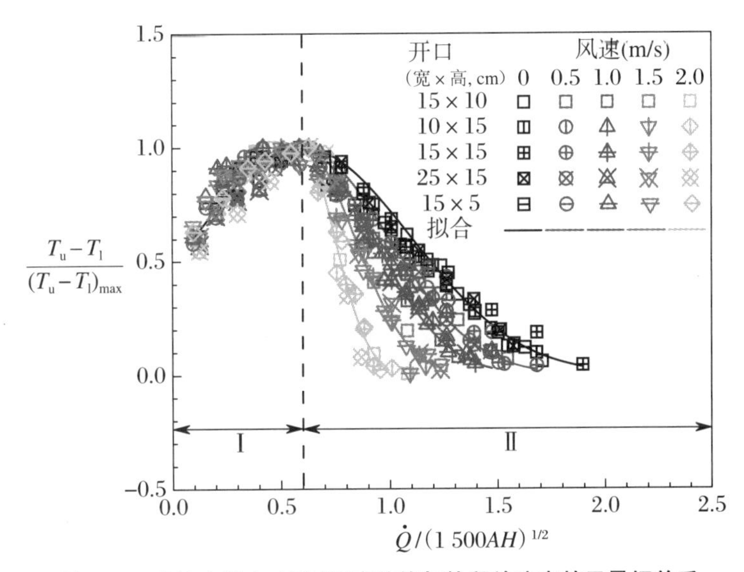

图2-39　建筑内部上、下层温度差值与热释放速率的无量纲关系

(2) 对于下降阶段(Ⅱ段),由于正向环境风的通风混合作用(vent-mixing effect),加速了建筑内部上、下层温差的减小,该作用正比于其环境风速数值。

式(2-19)(指数函数)可以很好地拟合不同正向环境风作用下两个阶段建筑内部上、下层温度差值随热释放速率的演变规律:

$$\frac{T_u - T_l}{(T_u - T_l)_{max}} = e^{-\beta\left(\frac{\dot{Q}}{1\,500AH^{1/2}} - 0.6\right)^2} \tag{2-19}$$

式中,T_u和T_l分别为建筑内部上层和下层温度,$(T_u - T_l)_{max}$为不同开口尺寸及正向环境风速下上、下层最大温差,$\dot{Q}$为热释放速率,β为拟合系数。β值在初始上升阶段(Ⅰ段)为定值1.51,不随风速变化而变化,在下降阶段(Ⅱ段)其值随风速增大而减小,具体还需要进一步分析。

图2-40所示为正向环境风条件下建筑内部温度分布物理机制解释图,此时温度分布受到正向环境风与热浮力流在开口处的相互竞争(决定了进入建筑内部的空气流量(venting effect))、正向环境风与热浮力流在建筑内部的混合(决定了建筑内部气流混合强度(vent-mixing effect))以及建筑内部产热与散热之比的共同影响。这些作用可由下列无量纲参量表征:

(1) $\frac{U_\mathrm{w}}{\sqrt{gH}}$:表征开口处风速弗劳德数(venting effect)。

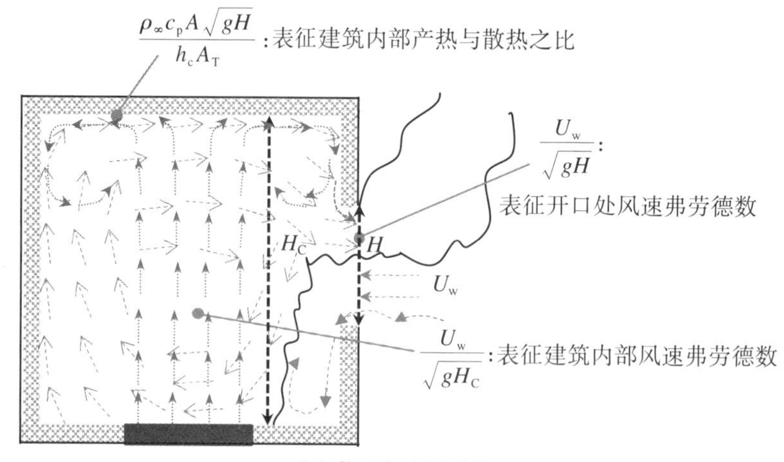

(a) 物理解释示意图

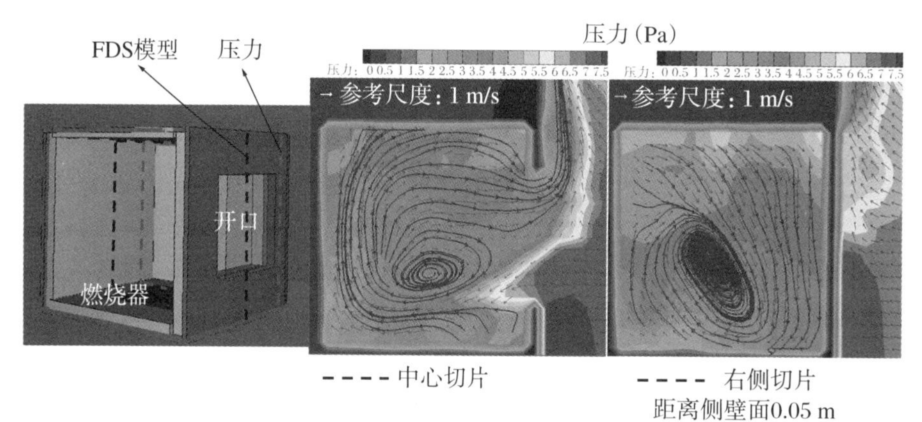

(b) 建筑内部通风混合流场图

图2-40 基于建筑内部流场竞争、混合作用及产热分析的温度分布物理解释

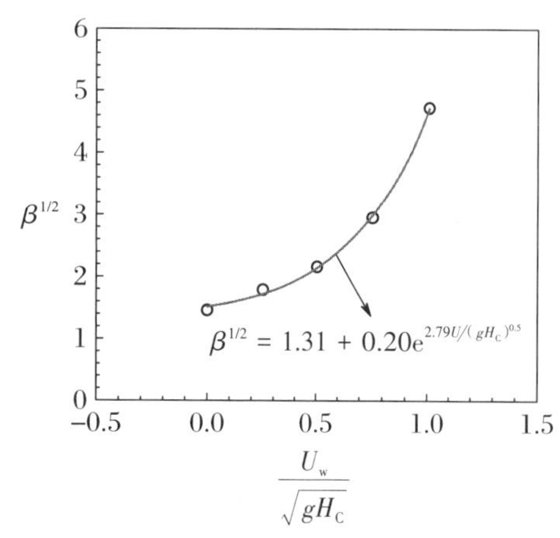

图2-41 拟合参数$\beta^{1/2}$与定义的风速弗劳德数关系图

(2) $\frac{U_\mathrm{w}}{\sqrt{gH_\mathrm{C}}}$:表征建筑内部风速弗劳德数(vent-mixing effect)。

(3) $\frac{\rho_\infty c_\mathrm{p} A\sqrt{gH}}{h_\mathrm{c} A_\mathrm{T}}$:表征建筑内部产热与散热之比。

基于以上分析,图2-41给出了建筑内部上、下层温差下降段不同风速下的拟合参数$\beta^{1/2}$(图2-39)与分析中定义的弗劳德数($\mathrm{Fr} = U_\mathrm{w}/\sqrt{gH_\mathrm{C}}$:表征正向环境风在建筑内部的通风混合作用)的无量纲关系。其中,U_w为正向环境风速,g为重力加速度,H_C为建筑内部高度。以建筑内部高度作为特征尺寸是由于其反映了建筑无风情况下在整个高度上的浮力作

用,此浮力作用与正向环境风通风混合作用之间相互作用。可以看出,两者之间的相关性可以很好地用如下指数函数进行拟合:

$$\beta^{1/2} = 1.31 + 0.20\mathrm{e}^{2.79U_{\mathrm{w}}/(gH_{\mathrm{C}})^{0.5}} \tag{2-20}$$

考虑正向环境风在建筑内部的通风混合作用,可以将不同正向环境风速下建筑内部上、下层温差下降段(Ⅱ段)拟合统一起来。将式(2-20)代入式(2-19),可得

$$\frac{T_{\mathrm{u}} - T_{\mathrm{l}}}{(T_{\mathrm{u}} - T_{\mathrm{l}})_{\max}} = \mathrm{e}^{-\beta\left(\frac{\dot{Q}}{1\,500AH^{1/2}} - 0.6\right)^2} \tag{2-21}$$

其中

$$\beta^{1/2} = \begin{cases} 1.51, & \dfrac{\dot{Q}}{1\,500AH^{1/2}} < 0.6 \\ 1.31 + 0.2\mathrm{e}^{2.79\frac{U_{\mathrm{w}}}{\sqrt{gH_{\mathrm{C}}}}}, & \dfrac{\dot{Q}}{1\,500AH^{1/2}} > 0.6 \end{cases} \tag{2-22}$$

图2-42给出了不同正向环境风速及开口尺寸条件下建筑内部上、下层温差与归一化的热释放速率及表征正向环境风速通风混合作用参数$\beta^{1/2}$的无量纲关系拟合图,可以看到所有实验数据均符合所提出的无量纲模型。

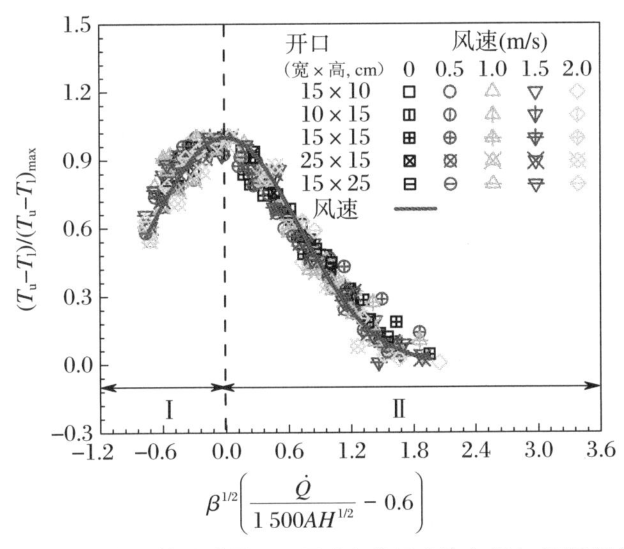

图2-42　不同正向环境风速及开口尺寸条件下建筑内部上、下层温差模型

式(2-21)左边的分母项建筑内部上、下层温差最大值$(T_{\mathrm{u}} - T_{\mathrm{l}})_{\max}$的演化规律需要进一步进行分析。我们认为该值的无量纲形式可由下述函数表示:

$$(T_{\mathrm{u}} - T_{\mathrm{l}})_{\max}/T_\infty = \mathrm{func}\left(\rho_\infty c_{\mathrm{p}} A\sqrt{gH}\,/\,(h_{\mathrm{c}}A_{\mathrm{T}}),\ U_{\mathrm{w}}/\sqrt{gH}\right) \tag{2-23}$$

式(2-23)所依据的物理基础可由图2-43解释,主要有以下两点:

(1) 式(2-23)右边第一项表征建筑内部产热($\dot{Q} = 0.6 \times 1\,500AH^{1/2}$或$\dot{Q} \sim \rho_\infty c_{\mathrm{p}}A\sqrt{gH}$)与通过建筑边界的散热之比,在前人的文献中也将其作为一个重要的无量纲参量来量化无风情况下建筑内部温度,其中,ρ_∞为空气密度,c_{p}为空气定压比热,A_{T}为建筑内部总的表面积,h_{c}为散热系数。

(2) 式(2-23)右边第二项表征开口处正向环境风速的惯性力与热烟气浮力的竞争作用($Fr' = U_w / \sqrt{gH}$),其在物理上的意义决定了通过开口处进入建筑内部空气的质量流量。风速越大其值越大,更多的冷空气通过开口进入建筑内部与热烟气混合,从而导致了建筑内部上、下层温差最大值$(T_u - T_l)_{max}$的降低。

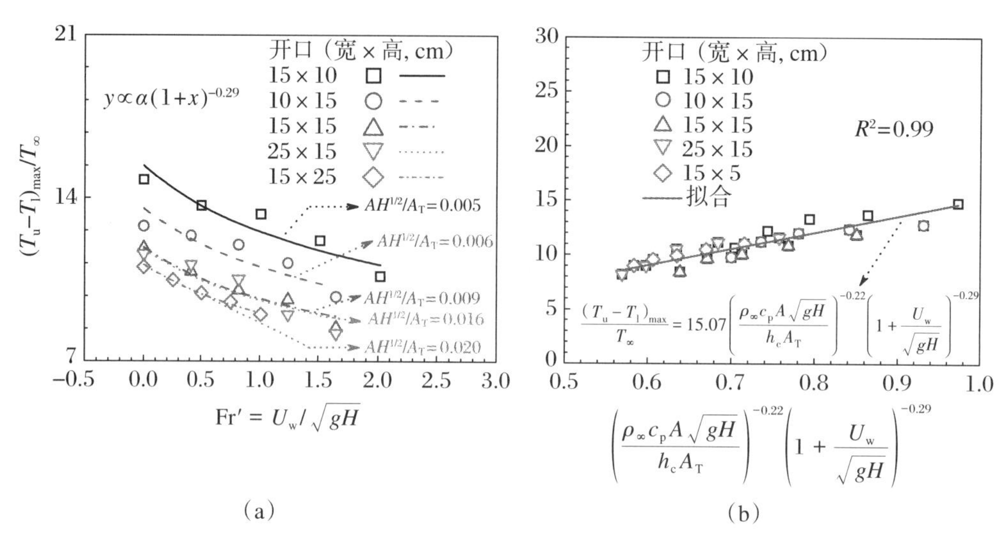

图2-43 不同正向风速及开口尺寸建筑内部上、下层最大温差的无量纲拟合

基于前述提出的无量纲参数,图2-43(a)首先对建筑内部上、下层最大温差的无量纲形式与不同正向环境风速及开口尺寸情况下开口处风速弗劳德数($Fr' = U_w / \sqrt{gH}$)之间的关系进行了拟合,结果表明,对于给定开口尺寸的实验数据能够很好地通过幂函数拟合在一起(拟合指数相同且其值为−0.29),然而,可以看到纵坐标数值依然随开口因子($AH^{1/2}/A_T$,其无量纲形式为$\rho_\infty c_p A\sqrt{gH} / (h_c A_T)$)的增大而减小。图2-43(b)进一步对建筑内部上、下层温差与$(1 + Fr') - 0.29$和$(\rho_\infty c_p A\sqrt{gH} / (h_c A_T))^{-0.22}$(这里$h_c$取值为0.0 183 kW/(m²·K))的乘积之间的关系进行了拟合,发现幂函数指数k为−0.22时为最佳拟合,具体函数形式如下:

$$\frac{(T_u - T_l)_{max}}{T_\infty} = 15.07\left(\frac{\rho_\infty c_p A\sqrt{gH}}{h_c A_T}\right)^{-0.22}\left(1 + \frac{U_w}{\sqrt{gH}}\right)^{-0.29} \tag{2-24}$$

最终,可得到建筑内部上、下层温差的显式方程:

$$\frac{T_u - T_l}{T_\infty} = 15.07\left(\frac{\rho_\infty c_p A\sqrt{gH}}{h_c A_T}\right)^{-0.22}\left(1 + \frac{U_w}{\sqrt{gH}}\right)^{-0.29} e^{-\beta\left(\frac{\dot{Q}}{1\,500AH^{1/2}} - 0.6\right)^2} \tag{2-25}$$

其中

$$\beta^{1/2} = \begin{cases} 1.51, & \dfrac{\dot{Q}}{1\,500AH^{1/2}} < 0.6 \\ 1.31 + 0.2e^{2.79\frac{U_w}{\sqrt{gH_C}}}, & \dfrac{\dot{Q}}{1\,500AH^{1/2}} > 0.6 \end{cases} \tag{2-26}$$

为了验证所提模型的合理性,图2-44(a)将公式计算得到的预测值与每一开口尺寸所有实验工况中测量的建筑内部上、下层温差实验数据进行了对比。结果表明,实验数据与所提出的模型基本符合较好，但在建筑内部上、下层温差上升段与下降段转折区域（例如开口尺寸为0.1 m（宽）×0.15 m（高）与0.15 m（宽）×0.15 m（高）时）偏差较大，这与热浮力和正向环境风惯性力在转折阶段之间的复杂相互作用有关，在此阶段，两者都未展现出较另一个的绝对优势。图2-44（b）则给出了所有工况实验数据与公式计算预测值的总体对比，可以看出预测值与实验值基本符合，且预测值相对误差为10.5%，基本属于可接受范围。

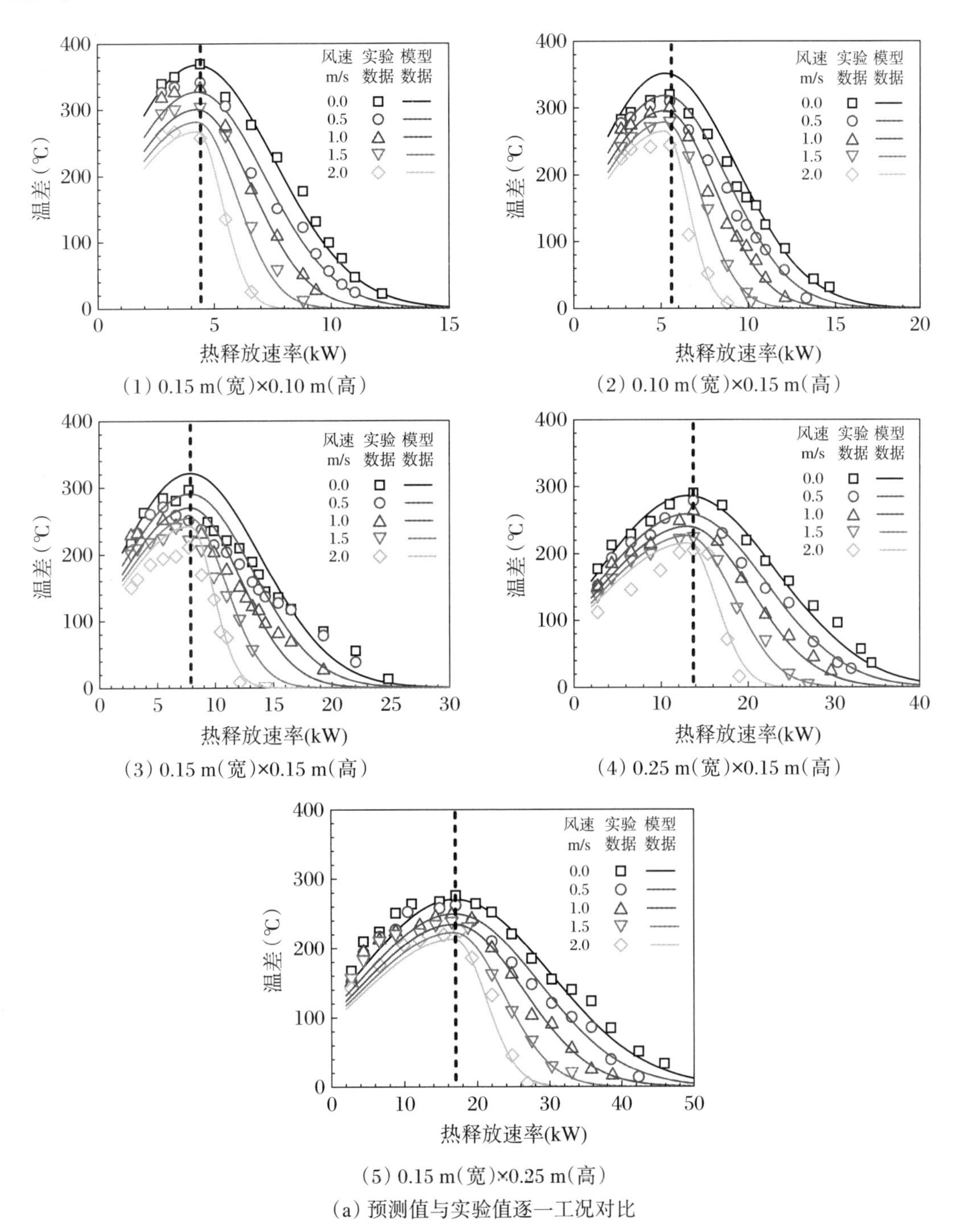

（1）0.15 m（宽）×0.10 m（高）

（2）0.10 m（宽）×0.15 m（高）

（3）0.15 m（宽）×0.15 m（高）

（4）0.25 m（宽）×0.15 m（高）

（5）0.15 m（宽）×0.25 m（高）

（a）预测值与实验值逐一工况对比

图2-44　模型预测值与实验数据之间的对比

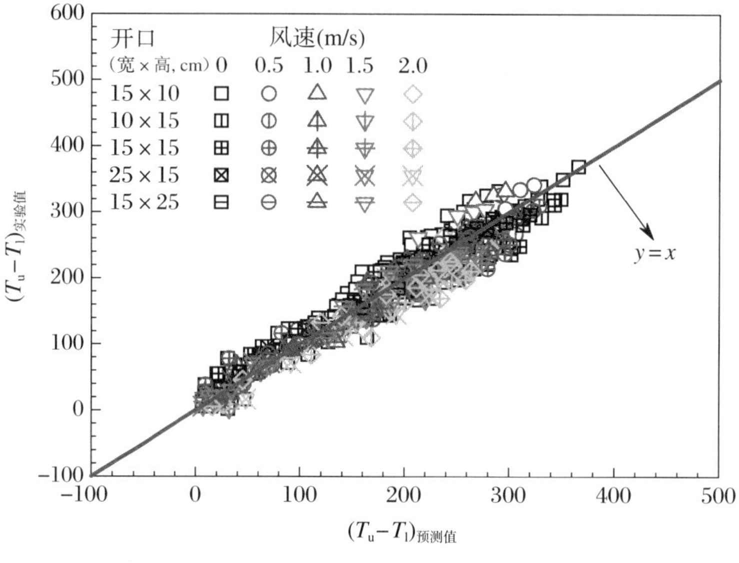

(b) 预测值与实验值整体对比

续图 2-44

参 考 文 献

[1] Friedman R. A survey of knowledge about idealized fire spread over surfaces[J]. Fire Research Abstracts and Reviews,1968,10(1):1.

[2] Yamada T, Takanashi K I, Yanai E, et al. An experimental study of ejected flames and combustion efficiency[C]. Fire Safety Science-Proceedings of the 7th International Symposium,2003,7:903-914.

[3] Lee Y P. Heat fluxes and flame heights on external facades from enclosure fires[D]. Belfast: University of Ulster,2006.

[4] Lee Y P, Delichatsios M A, Silcock G W H. Heat fluxes and flame heights in facades from fires in enclosures of varying geometry[J]. Proceedings of the Combustion Institute,2007,31(2):2521-8.

[5] 川越邦雄.耐火構造内の火災性情(その 1)[C].日本火災学会論文集,1952,2(1):16-18.

[6] Kawagoe K. Fire Behaviour in Room[R]. BRI Report,1958,27.

[7] Heselden A J M, Thomas P H, Law M. Burning rate of ventilation controlled fires in compartments[J]. Fire Technology,1970,6(2):123-125.

[8] Ohmiya Y, Tanaka T, Wakamatsu T. Burning rate of fuels and generation limit of the external flames in compartment fire[J]. Fire Science and Technology,1996,16(1& 2):1-12.

[9] Ohmiya Y, Tanaka T, Wakamatsu T. A room fire model for predicting fire spread by external flames[J]. Fire Science and Technology,1998,18(1):11-21.

[10] Delichatsios M A, Silcock G W H, Liu X, et al. Mass pyrolysis rates and excess pyrolysate in fully developed enclosure fires[J]. Fire Safety Journal,2004,39(1):1-21.

[11] Utiskul Y, Quintiere J G. An application of mass loss rate model with fuel response effects in fully-developed compartment fires[C]. Fire Safety Science - Proceedings of the 9th International Symposium, 2008,9:827-838.

[12] Heselden A J M. Fully-developed fires in a single compartment part Ⅱ: Experiments with town gas fuel and one small window opening[J]. Fire Research Note,1964,568.

[13] Quintiere J G, Mccaffrey B J, Braven K D. Experimental and theoretical analysis of quasi-steady small-scale enclosure fires[J]. Symposium(International)on Combustion, 1979, 17(1): 1125-1137.

[14] Tu K M, Babrauskas V. The calibration of a burn room for fire tests on furnishings[M]. Department of Commerce, National Bureau of Standards, 1978.

[15] Mccaffrey B J, Rockett J A. Static pressure measurements of enclosure fires[J]. Journal of Research of the National Bureau of Standards, 1977, 82(2): 107-117.

[16] Hagglund B, Jansson R, Onnermark B. Fire development in residential rooms after ignition from nuclear explosions[R]. Försvarets Forskningsanstalt, 1974.

[17] Alpert R L. Influence of Enclosures on Fire Growth: Vol 1; Test Data, Test 7[R]. Report No OAOR2, Factory Mutual Research Corporation, Norwood, Massachusetts, USA, 1977.

[18] Steckler K D, Baum H R, Quintiere J G. Fire induced flows through room openings: Flow coefficients[R]. NBSIR 83-2801, National Bureau of Standards Washington, DC., 1984.

[19] Emmons H W. The prediction of fires in buildings[J]. Symposium(International)on Combustion, 1979, 17(1): 1101-1111.

[20] Mccaffrey B J, Quintiere J G, Harkleroad M F. Estimating room temperatures and the likelihood of flashover using fire test data correlations[J]. Fire Technology, 1981, 17(2): 98-119.

[21] Nilsson L. The effect of porosity and air flow on the rate of combustion of fire in an enclosed space[R]. Bulletin. U.S. Department of Commerce/National Bureau of Standards, 1971.

[22] Steckler K D, Baum H R, Quintiere J G. Fire induced flows through room openings-flow coefficients[J]. Symposium(International)on Combustion, 1984, 20(1): 1591-1600.

[23] Foote K L, Pagni P J, Alvares N J. Temperature correlations for forced-ventilated compartment fires[C]. Fire Safety Science - Proceedings of the 1st International Symposium, 1985, 1: 139-148.

[24] Beyler C L. Analysis of compartment fires with overhead forced ventilation[C]. Fire Safety Science - Proceedings of the 3rd International Symposium, 1991, 3: 291-300.

[25] Peatross M J, Beyler C L. Thermal environment prediction in steel-bounded preflashover compartment fires[C]. Fire Safety Science - Proceedings of the 4th International Symposium, 1994, 4: 205-216.

[26] Law M. Fire safety of external building elements: The design approach[J]. Engineering Journal, 1978, 15:59-74.

[27] Magnusson S E, Thelandersson S. A discussion of compartment fires[J]. Fire Technology, 1974, 10(3): 228-246.

[28] Matsuyama K, Fujita T, Kaneko H, et al. A simple predictive method for room fire behavior[J]. Fire Science and Technology, 1998, 18(1): 23-32.

[29] Babrauskas V. Estimating room flashover potential[J]. Fire Technology, 1980, 16(2): 94-103.

[30] Babrauskas V. A closed-form approximation for post-flashover compartment fire temperatures[J]. Fire Safety Journal, 1981, 4(1): 63-73.

[31] Thomas P H, Heselden A J M. Fully developed fires in single compartments: A cooperative research programme of the conseil internationale du batiment [R]. CIB Report No. 20, Building Research Establishment Borehamwood, 1972.

[32] Delichatsios M A, Lee Y P, Tofilo P. A new correlation for gas temperature inside a burning enclosure[J]. Fire Safety Journal, 2009, 44(8): 1003-1009.

[33] Tang F, Hu L, Delichatsios M A, et al. Experimental study on flame height and temperature profile of buoyant window spill plume from an under-ventilated compartment fire[J]. International Journal of Heat and Mass Transfer, 2012, 55(1-3): 93-101.

[34] 唐飞.不同外部边界及气压条件下建筑外立面开口火溢流行为特征研究[D].合肥:中国科学技术大

学,2013.

[35] Deal S, Beyler C L. Correlating preflashover room fire temperatures[J]. Journal of Fire Protection Engineering,1990,2(2):33-48.

[36] Thomas P H,Law M. The projection of flames from burning buildings[J]. Fire Research Note,1972:921.

[37] Law M. Fire safety of external building elements: The design approach[J]. Engineering Journal American Institute of Steel Construction,2nd Quarter,1978:59-74.

[38] Oleszkiewicz I. Fire exposure to exterior walls and flame spread on combustible cladding[J]. Fire Technology,1990,26(4):357-375.

[39] Quintiere J G,Cleary T G. Heat flux from flames to vertical surfaces[J]. Fire Technology,1994,30(2):209-231.

[40] Ohmiya Y,Hori Y,Safimori K,Wakamatsu T. Predictive method for properties of flame ejected from an opening incorporating excess fuel[C]. Proceedings of the 4th Asia - Oceania Symposium on Fire Science and Technology,2000,4:375-386.

[41] Hakkarainen T, Oksanen T. Fire safety assessment of wooden facades[J]. Fire and Materials,2002,26(1):7-27.

[42] Asimakopoulou E M K,Kolaitis D I,Founti M A. Evaluation of fire engineering design correlations for externally venting flames using a medium-scale compartment facade fire experiment[C]. Proceedings of the 9th Mediterranean Combustion Symposium,2015:7-11.

[43] Asimakopoulou E M K, Kolaitis D I, Founti M A. Geometrical characteristics of externally venting flames: Assessment of fire engineering design correlations using medium-scale compartment-facade fire tests[J]. Journal of Loss Prevention in the Process Industries,2016,44:780-790.

[44] Zukoski E E. Development of a stratified ceiling layer in the early stages of a closed-room fire[J]. Fire and Materials,1978,2(2):54-62.

[45] Backovsky J,Foote K L,Alvares N J. Temperature profiles in forced-ventilation enclosure fires[C]. Fire Safety Science - Proceedings of the 2nd International Symposium,1989,2:315-324.

[46] Sugawa O,Kawagoe K,Oka Y,Ogahara I. Burning behavior in a poorly - ventilated compartment fire - ghosting fire[J]. Fire Science and Technology,1989,9(2):2_5-2_14.

[47] Sugawa O,Kawagoe K,Oka Y. Burning behavior in a poor-ventilation compartment fire-ghosting fire[J]. Nuclear Engineering and Design,1991,125(3):347-352.

[48] 黎昌海.船舶封闭空间池火行为实验研究[D].合肥:中国科学技术大学,2010.

[49] Li C,Lu S,Yuan M,Zhou Y. Studies on ghosting fire from pool fire in closed compartments[J]. Journal of University of Science and Technology of China,2010,40(7):751-756.

[50] Mounaud L G. A parametric study of the effect of fire source elevation in a compartment[D]. Blacksburg:Virginia Polytechnic Institute and State University,2004.

[51] 张佳庆.考虑开口与火源位置影响的船舶封闭空间火灾动力学特性模拟研究[D].合肥:中国科学技术大学,2014.

[52] Huggett C. Estimation of rate of heat release by means of oxygen consumption measurements[J]. Fire and Materials,1980,4(2):61-65.

[53] Wakatsuki K. Low ventilation small - scale compartment fire phenomena: ceiling vents[D]. City of College Park:University of Maryland,2001.

[54] He Q,Ezekoye O A,Li C,Lu S. Ventilation limited extinction of fires in ceiling vented compartments[J]. International Journal of Heat and Mass Transfer,2015,91:570-583.

[55] Ding Y,Lin F,Lu S,et al. The effect of azeotropic blended fuel on combustion characteristics in a ceiling vented compartment[J]. Fuel,2017,189:1-7.

[56] Tatem P A, Williams F W, Ndubizu C C, Ramaker D E. Influence of complete enclosure on liquid pool fires[J]. Combustion Science and Technology, 1986, 45(3-4): 14.

[57] Quintiere J G, Rangwala A S. A theory for flame extinction based on flame temperature[J]. Fire and Materials, 2004, 28(5): 387-402.

[58] Takeda H, Akita K. Critical phenomenon in compartment fires with liquid fuels[J]. Symposium (International) on Combustion, 1981, 18(1): 519-527.

[59] Takeda H, Kawaguchi T, Akita K. Unstable behavior in small scale compartment fires[J]. Bulletin of Japan Association for Fire Science and Engineering, 1981, 31(2): 49-54.

[60] Foote K L. 1986 LLNL enclosure fire tests data report[R]. Lawrence Livermore National Lab., CA (USA), 1987.

[61] Kim K I, Ohtani H, Uehara Y. Experimental study on oscillating behaviour in a small-scale compartment fire[J]. Fire Safety Journal, 1993, 20(4): 377-384.

[62] Utiskul Y, Quintiere J G, Rangwala A S, et al. Compartment fire phenomena under limited ventilation[J]. Fire Safety Journal, 2005, 40(4): 367-390.

[63] Utiskul Y, Quintiere J G. Theoretical and experimental study on fully-developed compartment fire[D]. City of College Park: University of Maryland, 2007.

[64] Coward H F, Jones G W. Limits of flammability of gases and vapors[M]. US Government Printing Office, 1952.

[65] Simmons R F, Wolfhard H G. Some limiting oxygen concentrations for diffusion flames in air diluted with nitrogen[J]. Combustion and Flame, 1957, 1(2): 155-161.

[66] Zabetakis M G. Flammability characteristics of combustible gases and vapors[R]. Bureau of Mines Washington DC, 1965.

[67] Beyler C L. Flammability limits of premixed and diffusion flames[M]//SFPE handbook of fire protection engineering. Springer, 2016: 529-553.

[68] Hu L, Ren F, Hu K, et al. An experimental study on temperature evolution inside compartment with fire growth and flame ejection through an opening under external wind[J]. Proceedings of the Combustion Institute, 2017, 36(2): 2955-2962.

[69] Ren F, Hu L, Zhang X, et al. Temperature evolution from stratified-to well-mixed condition inside a fire compartment with an opening subjected to external wind[J]. Proceedings of the Combustion Institute, 2021, 38(3): 4495-4503.

[70] Hu L, et al. Facade flame height ejected from an opening of fire compartment under external wind[J]. Fire Safety Journal, 2017, 92: 151-158.

[71] Sugawa O, Momita D, Takahashi W. Flow behavior of ejected fire flame/plume from an opening effected by external side wind[C]. Fire Safety Science - Proceedings of the 5th International Symposium, 1997, 5: 249-260.

第3章　建筑外墙火灾理论

建筑外墙火灾理论研究建筑物外墙在火灾条件下的热传导、热辐射和热对流等传热过程，以及火灾对建筑物外墙结构、材料性能和安全性能的影响。随着城市化进程的加快，高层建筑和大型公共建筑的数量不断增加，建筑外墙火灾安全问题日益突出。深入研究建筑外墙火灾理论，对于提高建筑物防火安全性能，减少火灾事故的发生具有重要意义。本章主要对建筑外墙火灾理论进行阐述。

3.1　外墙保温材料

为控制全球变暖的趋势，建筑行业需实行全面节能，建筑外墙保温材料是建筑节能的有效方法，其具有保温隔热性能好、质量轻、性价比高、施工方便等优点，不仅广泛应用于工业生产的工厂、车间，还在外墙保温、冷库建造、日常办公场所、家居环境等场所中广泛使用。然而，外墙保温材料大多为聚合物，多为可燃材料，易增加应用场所内的火灾载荷，一旦引燃而形成火灾，往往损失惨重。

通常而言，保温材料可以按照化学成分、使用温度、材料结构、材料密度等特性进行划分（表3-1）。按照加热过程中是否发生熔融滴落对保温材料进行分类，将保温材料分为热塑性材料和热固性材料两大类。

表3-1　常见的保温材料分类

分类方式	种　　类
化学成分	无机保温材料
	有机保温材料
	金属保温材料
使用温度	耐高温（700 ℃以上）
	中温（100～700 ℃）
	常温（0～100 ℃）
	耐低温（−30～0 ℃）
	超低温（−30 ℃以下）
材料结构	纤维（气孔与固体基质均连续分布）
	泡沫（固体基质连续但气孔离散分布）
	粉末（气孔连续）

续表

分类方式	种　　类
材料密度	重质(>350 kg/m^3)
	轻质(50～350 kg/m^3)
	超轻质(<50 kg/m^3)
压缩性能(压缩率)	硬质(<6%)
	半硬质(约30%)
	软质(>30%)

3.1.1 热塑性材料

热塑性材料(thermoplastics)主要是热塑性树脂成分,是通过添加各种助剂而配制成的塑料。一般热塑性塑料中的高聚物分子量可达到10^5～10^6,大分子链长度可达10^{-3} mm。这些大分子可以是线性的,如线形低密度聚乙烯(LLDPE)、高密度聚乙烯(HDPE);也可以是支化的,如低密度聚乙烯(LDPE)。大分子间相互纠缠,呈无序或相对有序排列,形成"聚集态结构"。热塑性塑料中树脂分子链都是线形或带支链的结构,分子链之间无化学键产生,加热时会产生软化流动现象。所以,热塑性材料的热加工过程仅仅只是一个物理变化的过程,加热后的熔融体在冷却时变硬,在反复加热冷却后,其性能并没有发生变化且可以重复多次。因此,热塑性材料可进行再塑化与再加工,其塑料制品还可重复回收。具有代表性的热塑性材料包括聚丙烯(PP)、聚乙烯(PE)、聚苯乙烯(PS)等。

聚丙烯(polypropylene,PP)的分子式为$(C_3H_6)_n$,重复单元由三个碳原子组成,其中两个碳原子在主链上,一个碳原子以支链的形式存在,是一种半结晶的热塑性聚合物。该种材料机械性质强韧,耐冲击性较高,抗多种有机溶剂和酸碱腐蚀,在工业界和日常生活中有着广泛的应用,是常见的高分子材料之一。

聚乙烯(polyethylene,PE)的单体为乙烯(化学式C_2H_4),乙烯亦可视为一对相互连接的亚甲基(化学式CH_2)。聚合反应产生的聚乙烯分子式为$(C_2H_4)_n$。聚乙烯可抗多种有机溶剂,并且耐多种酸碱腐蚀,本质上应该是透明的,但是在块状存在的时候由于其内部存在大量的晶体,会发生强烈的光散射而变为不透明。聚乙烯结晶的程度受其支链个数影响,支链越多,越难以结晶。聚乙烯晶体融化温度也同样受支链个数影响,大致分布于90～130 ℃的范围,支链越多融化温度越低。聚乙烯单晶通常可以通过把高密度聚乙烯在130 ℃以上的温度下溶于二甲苯中制备。聚乙烯在国内应用十分广泛,注塑制品、电线电缆、中空制品等都在其消费结构中,占有较大比例。

聚苯乙烯(polystyrene,PS)的分子式为$(C_8H_8)_n$,一般为头尾结构,主链为饱和碳链,侧基共轭苯环使分子结构不规整,也增大了分子的刚性,使PS成为非结晶性的线性聚合物。聚苯乙烯最重要的特点是熔融时的热稳定性和注射成型容易,成型收定性非常好,所以易成型加工,热缩率小,成型品尺寸稳定性也好,适合大量生产。由于苯环的存在,PS具有较高的玻璃态转化温度(80～105 ℃),容易被强酸强碱腐蚀,可以被多种有机溶剂溶解。聚苯乙烯质地硬而脆,无色透明,可以和多种染料混合,从而制备出不同颜色的材料。

不同于常见的晶体类物质材料温度升高时存在固定的熔融温度[1]，对于热塑性材料，在受热过程中当温度到达玻璃化温度时，材料发生软化变为高弹态，当温度持续上升时，材料将发生熔融流动，变化为黏流态，如图3-1所示。表3-2给出了各类典型热塑性材料的玻璃化温度点以及熔融温度点。然而，一般情况下，材料均存在部分结晶结构，因此熔融温度和玻璃化温度通常比较难以精确确定，常有超过10 ℃的误差。

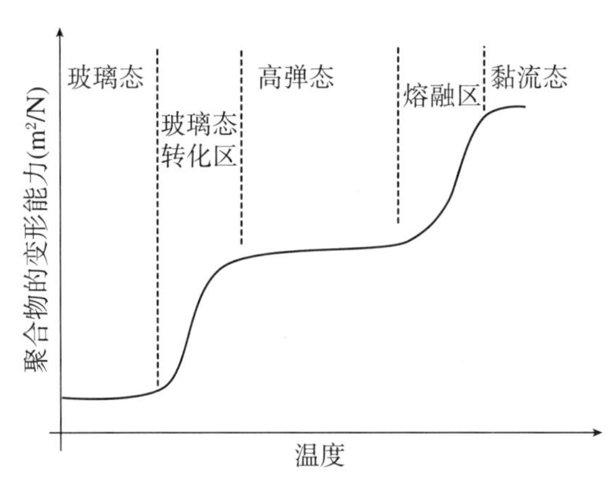

图3-1　热塑性材料受热升温状态演化过程

表3-2　热塑材料的玻璃化温度和熔融温度

聚　合　物	玻璃态转化温度(℃)	熔融温度(℃)
丙烯腈丁二烯苯乙烯 (acrylonitrile-butadiene-styrene)	91～110	15～181
聚丙烯腈 (polyacrylonitrile)	140	317
聚碳酸酯 (polycarbonate)	145～150	215～230
聚甲醛 (polyoxymethylene)	75～80	175～180
聚丙烯 (polypropylene)	65	170
聚苯乙烯 (polystyrene)	>80	130
聚砜 (polysulphone)	190	190
聚四氟乙烯 (polytetrafluoroethylene)	100～125	327
苯乙烯-丙烯腈 (styrene-acrylonitrile)	100～120	120
聚乙烯 (polyethylene)	-100～-78	115～135
高密度聚乙烯 (high-density polyethylene)	-125	130～135
低密度聚乙烯 (low-density polyethylene)	-25	109～125

受热过程中，热塑性材料除了宏观上的物理性质的改变外，还伴随有化学变化过程。受热熔融过程中，热塑性材料发生热分解反应。反映在分子层面，主要包括聚合物主链的随机断裂、非聚合物主链的一部分的原子或基团裂解，还可能伴随着聚合物链之间的交联等。已经有研究表明，火灾中聚合物有熔融现象的存在，会出现两种不同尺度的滴落现象[2]。通常聚乙烯（PE）和聚丙烯（PP）的玻璃化转变温度相对低于丙烯腈丁二烯苯乙烯（ABS）、聚甲基丙烯酸甲酯（PMMA）和聚苯乙烯（PS）等聚合材料，且受热分解的化学机理为随机裂解，并且相对分子量比较小，因此其受热过程中更易液化流动并形成较小尺寸的滴落。而对于聚苯乙烯（PS），其分解机理为始于链端的解聚反应，温升过程中平均分子开始快速下降，然后下降速率变小，可能出现较大尺度的熔融滴落现象。

与普通固体燃烧行为不同，热塑性聚合物燃烧和火蔓延过程中在火焰前锋区域往往形成熔融液相层，这种熔融液相层增加了此类材料燃烧的复杂性和危险性。

3.1.2　热固性材料

热固性材料（thermosetplastics）是配合各种必要添加剂通过交联固化过程成型为制品的塑料，主要成分为热固性树脂。硬化后的塑料化学结构会发生相应变化，分子间会形成共价键而成为体型分子。热固性材料硬化后之所以不能再回收利用，主要原因如下：热固性塑料制品的分子构造表现出网状形态，在一定的外部环境因素如温度、压力等条件影响下，加热时显示出非可逆变化，不会出现软化现象。热固性塑料的优点在于其硬度高，尺寸稳定，耐热性和刚性较好，有耐磨、隔热、耐高压电、绝缘等优良特性。

热固性材料中聚氨酯泡沫（PU）被广泛应用，可分为硬质聚氨酯泡沫和软质聚氨酯泡沫。另外，典型的热固性塑料还有酚醛、环氧、三聚氰胺甲醛、不饱和聚酯、有机硅、尿酸甲醛（CUF）和环氧树脂（ER）。

软质聚氨酯泡沫塑料（flexible polyurethane foam，简称聚氨酯软泡，FPU）是指具有一定弹性的一类柔软型聚氨酯泡沫塑料，它是用量最大的一种聚氨酯产品。产品主要有高回弹泡沫（HRF）、块状海绵、慢回弹泡沫、自结皮泡沫（ISF）和半硬质吸能泡沫等。聚氨酯软泡的泡孔结构多为开孔的。软质聚氨酯泡沫（FPU）具有以下优点：（1）密度低；（2）弹性恢复好；（3）吸音；（4）透气；（5）保温。其主要用作家具垫材、交通工具座椅垫材、各种软性衬垫层压复合材料。工业和民用上也把软泡用作过滤材料、隔音材料、防震材料、装饰材料、包装材料及隔热保温材料等。

硬质聚氨酯泡沫塑料（rigid polyurethane foam，简称聚氨酯硬泡）在聚氨酯制品中的用量仅次于聚氨酯软泡，其消耗量占到聚氨酯泡沫的40%～50%，用于建筑行业的约占50%以上。硬质聚氨酯泡沫塑料是以多官能团聚醚或聚氨酯及多次甲基多苯基多异氰酸酯为主要原料，以浇铸或者喷涂工艺生产的硬质泡沫塑料，其密度可从大于10 kg/m^3到小于1 100 kg/m^3，属于密度低但交联度高的网状泡沫结构体。大多数聚氨酯硬泡均属于闭孔泡沫结构，微孔互不相通。硬质聚氨酯泡沫塑料具有以下优点：（1）尺寸稳定性好，比强度高，质量轻；（2）保温隔热性能好；（3）黏结性能好；（4）不易老化，使用年限长；（5）制备用的原材料化学反应速率快。

硬质聚氨酯泡沫塑料主要用于建筑、工业绝热材料以及包装、交通运输材料；反应注射成型和浇铸PU则主要用作汽车内饰配件材料。另外,还可用于农业、采矿、体育等器械上。

3.1.3 聚合物的火灾危害性

保温材料因其优越的性能而被广泛应用于高层建筑中,目前的建筑外墙保温材料均属于有机高分子聚合物,实际火灾场景中,有机高分子保温材料被点燃后会进行迅速的火蔓延传播,并且燃烧过程中会释放出大量有毒有害气体。有机高分子聚合物的燃烧虽然因为材料性质不同而表现出不同的燃烧行为,但是它们具有一些共同特点:

(1) 火焰温度高。大多数有机高分子聚合物保温材料的燃烧火焰温度可高达1 500 ℃,燃烧过程中聚合物保温材料的火焰温度随着燃烧热的增大而变高。

(2) 放热量高。大多数有机高分子聚合物保温材料的放热量比一般固体材料,如木材的放热量要高很多,燃烧过程中会释放出更多的热量。

(3) 产烟量大。有机高分子聚合物燃烧过程中会释放出大量的烟气,主要是因为其化学分子结构中含碳量相对其他材料较高,这将会增加消防队员的救援难度,主要是因为大量烟气使得救援过程中的能见度下降。

(4) 燃烧产物危害性大。有机高分子聚合物燃烧过程中会消耗大量的氧气,使得火场内部的人员缺氧窒息,另外将会产生大量有毒气体,上述两个方面都将会使得火场中的人员受到极大的人身伤害。

表3-3所示为近年来因有机高分子聚合保温材料被点燃而导致的典型火灾案例事故统计数据。

表3-3　典型火灾事故统计

时　间	地点	建筑名称	事　故　原　因
2005年12月	上海	汤臣一品	违章施工产生的火花引燃外保温层造成火灾
2008年10月	哈尔滨	“经纬360度”公寓	违章施工产生的火花引燃天棚上的保温层
2009年4月	南京	中环国际广场	电焊焊渣滴落引燃楼下空调外机井壁的挤塑聚苯板保温层
2009年2月	北京	央视新址北配楼	违规燃放礼花引燃屋面保温材料
2010年11月	上海	静安区教师公寓楼	违规电焊作业引燃外墙保温材料
2011年2月	沈阳	皇朝万鑫国际大厦	燃放烟花引燃室外平台地面塑料草坪继而引燃外墙保温材料,引发立体式火灾
2017年6月	伦敦	格伦费尔塔	外墙保温材料被引燃
2019年5月	南京	新街口金鹰中心	违规动火作业引燃外墙保温材料
2020年1月	重庆	渝北区加州花园	阳台起火,火苗成立体状燃烧,引燃外墙保温层及雨棚
2021年1月	大连	西岗区居民楼	杂物起火引燃空调外机和外墙保温材料
2021年3月	石家庄	众鑫大厦	保温材料被引燃,火从底部蔓延至顶部
2021年8月	大连	凯旋国际大厦	电动车充电起火引燃衣柜等,而后蔓延至外墙保温材料
2022年4月	新疆	某医院外科楼	六楼的保温材料起火
2022年9月	长沙	中国电信大楼	空调外机起火引燃墙体保温材料

有机保温材料的火灾危害性已经引起了人们的普遍关注，尤其热塑性材料发生火灾危害时的熔融滴落特性会导致火灾危害性进一步加大，对此类火灾事故的防范问题是火灾安全领域必须予以高度重视的课题。

3.1.4　固体可燃物表面火蔓延理论模型

1. 非碳化材料火蔓延模型

根据材料导热性质及厚度，将其划分为热薄与热厚两种材料，基于能量守恒方程，建立相应的火蔓延模型。但该模型并没有考虑下列因素的影响：

（1）熔融：包括熔滴流淌、融化与蒸发吸收。

（2）变形：表现为卷曲、伸长、撕裂、收缩等。

（3）碳化：形成碳化层。

（4）不均匀性。材料多孔性及对火焰辐射的透射、吸收等影响。

在外部热流或火焰热反馈作用下，有机高分子聚合物材料受热后发生热解反应，热解产生的可燃气体通过形成气泡等方式从材料内部传输至材料表面进而再析出到外界环境中。随后热解释放出的可燃性气体与空气混合形成可燃预混气，经点燃后会在材料表面发生燃烧化学反应并产生火焰。燃烧释放的热量一部分用来加热燃烧产物，一部分主要通过热辐射散失到环境中，另一部分则通过对流、辐射和热传导的方式反馈回材料表面以提供燃烧的汽化热和对未燃材料进行预加热。未燃材料被加热后发生热解将进一步释放出热解可燃气体以维持气相燃烧，如此不断循环进而形成材料表面持续的火蔓延过程。与传统碳化材料（如纸张、木材等）不同，非碳化材料在热解过程中碳层相对较少甚至没有，因此不会阻碍外部热流对材料的预加热，其热解速率也要远大于碳化材料的热解速率。此外，材料的熔融和流动特性也会增加材料的火蔓延速率。

图3-2为背面绝热、厚度为d的热薄固体燃料表面火蔓延示意图，同时适用于顺流和逆流火蔓延情况。其表面火蔓延速度可定义为

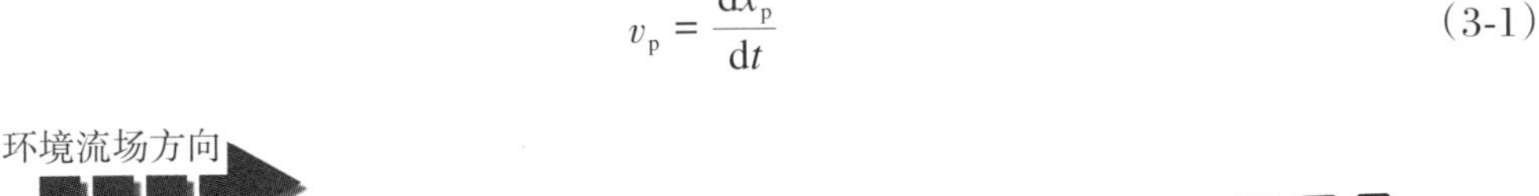

$$v_{\mathrm{p}} = \frac{\mathrm{d}x_{\mathrm{p}}}{\mathrm{d}t} \tag{3-1}$$

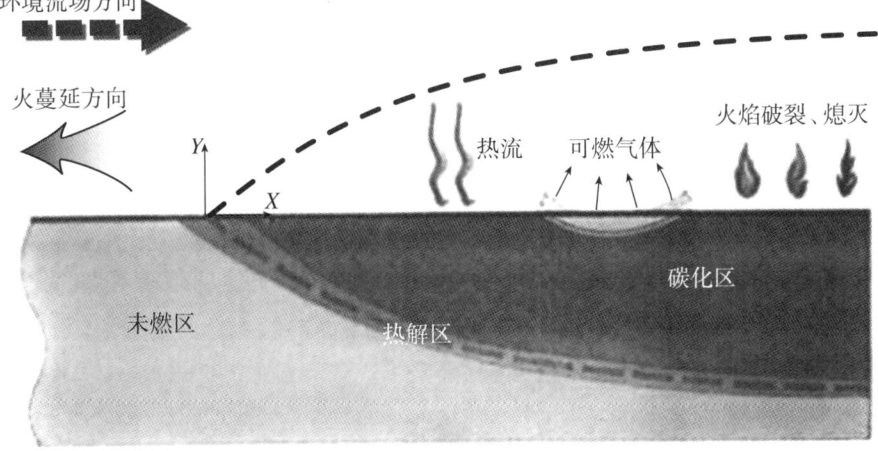

图3-2　热薄固体表面火蔓延示意图

控制体在 $x = x_p$ 处接收到的热量主要由以下几个部分组成：首先是来自火焰区的辐射与热流对流 $\dot{q}''_f$，其次是来自热解区的固相热传导 $\dot{q}''_{k,p}$，然后是控制体向 T_s 处的热传导 $\dot{q}''_{k,\infty}$，最后为固体表面初始温度，且 T_s 为常数，则进而有 $\dot{q}''_{k,\infty} = 0$。

许多学者曾评估过热解区域的热传导 $\dot{q}''_{k,p}$ 的重要性。鉴于保温材料的良好保温性能，此处固体内部的热传导 $\dot{q}''_f$ 通常可以忽略不计。同时，即使在传播速度缓慢的逆流火蔓延中，占主导地位的依然是火焰的辐射传热。对热解区域前方控制体部分使用能量守恒方程，有

$$d\rho c_p \nu_p (T_{ig} - T_s) = \int_{x_p}^{x_p + \delta_f} \{\dot{q}''_f(x) - \sigma [T^4(x) - T^4_\infty]\} \mathrm{d}x \tag{3-2}$$

因为火焰辐射远远大于辐射热扩散，$\dot{q}''_f \gg \sigma [T^4_{ig} - T^4_\infty]$，所以可忽略非线性温度项。此外据微积分函数的中值定理，此处为有效加热长度 δ_f 定义了一个平均热流强度 $\dot{q}''$：

$$\dot{q}''_f \delta_f = \int_{x_p}^{x_p + \delta_f} \dot{q}''_f(x) \mathrm{d}X \tag{3-3}$$

δ_f 的物理意义是从未燃区到着火点的火焰扩展长度(d)，对于连续函数 $\dot{q}''_f(x)$ 而言，联立式(3-2)与式(3-3)可得

$$\nu_p = \frac{\dot{q}''_f \delta_f}{\rho c_p d (T_{ig} - T_s)} \tag{3-4}$$

为进一步揭示火蔓延机理，还可将其变换为另一种形式：

$$\nu_p = \frac{\delta_f}{t_f} \tag{3-5}$$

$$t_f = \frac{\rho c_p d (T_{ig} - T_s)}{\bar{\dot{q}}''_f} \tag{3-6}$$

式(3-6)中，t_f 为着火时间。因此，在热输运占主导地位的火蔓延中，火蔓延速度可表示为火焰扩展长度与材料着火时间之比。

反观热厚材料的火蔓延过程(图 3-3)，与热薄材料的分析相类似，在模型建立前做如下假设：

(1) 整个 δ_f 区间 $\dot{q}''_f$ 为不等于 0 的常数。

(2) 忽略表面热损失。

(3) $y = \delta_f$ 时，$\dot{q}'' = 0, T = T_\infty$。

(4) 初始和火焰上游温度均为 T_∞。

(5) 稳态火蔓延，ν_p 为常数。

图 3-3 指示出控制体跨越火焰扩展长度 δ_f，并扩展到 δ_T，控制体相对 P 点固定，t_f 为 P 点温度由 T_∞ 升温至 T_{ig} 所需时间，也是火焰穿过 δ_f 和温度梯度扩展到 δ_T 所需时间，这里有

$$\delta_f = \int_0^{t_f} v_p \mathrm{d}t = v_p t_f \tag{3-7}$$

而控制体内能量守恒方程为

$$\rho cpvp \int_0^{\delta_T} (T - T_\infty) \mathrm{d}y = \dot{q}''_f \delta_f \tag{3-8}$$

接着将温度曲线近似为

$$\frac{T - T_\infty}{T_{ig} - T_\infty} = \left(1 - \frac{y}{\delta_T}\right)^2 \tag{3-9}$$

同时满足边界条件：

(1) $y=0$时，$T=T_{ig}$。

(2) $y=\delta_T$时，$T=T_\infty$且$\dfrac{\partial T}{\partial y}=0$。

由此，可进行积分：

$$\int_0^{\delta_T}(T-T_\infty)\mathrm{d}y=(T_{ig}-T_\infty)\delta_T/3 \tag{3-10}$$

且热穿透厚度的合理近似为

$$\delta_T=C\sqrt{\left(\frac{k}{\rho c_p}\right)t} \tag{3-11}$$

式中C的取值范围为1～4，在此取$C=2.7$。由此可将式(3-8)化简：

$$\rho c_p v_p\frac{\left(T_{ig}-T_\infty\right)}{3}2.7\sqrt{\left(\frac{k}{\rho c_p}*\frac{\delta_f}{v_p}\right)}\approx\dot{q}'\delta_f \tag{3-12}$$

$$v_p\approx\frac{\left(\dot{q}_f''\right)^2\delta_f}{0.81\left(k\rho c_p\right)\left(T_{ig}-T_\infty\right)^2} \tag{3-13}$$

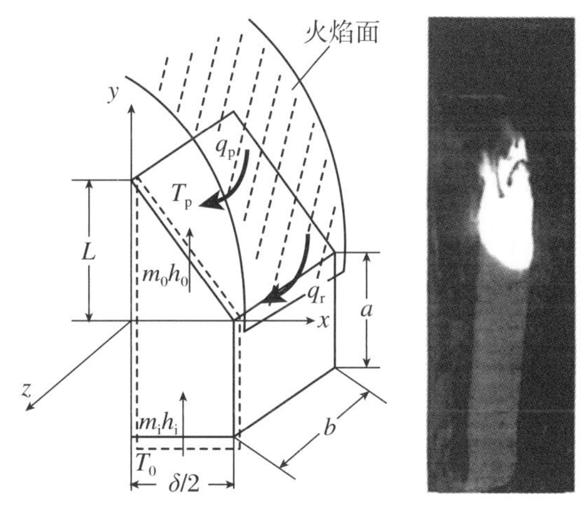

图3-3 热厚材料竖直向下火蔓延示意图

2. 碳化固体火蔓延模型

实际燃烧过程中，对于多数硬质聚氨酯泡沫而言，板材表面会形成碳化层区域。可碳化的材料在火蔓延过程中由于碳化层的存在，化学反应动力学与传热传质过程均会受到一定影响，使得其火蔓延行为相对非碳化材料而言变得更为复杂。图3-2为Atrey给出的半无限厚碳化固体材料表面火蔓延示意图，火焰向后延展，热解区位于碳化层与未燃材料之间，在图中用虚线表示。坐标原点固定在火焰前锋处，燃料以恒定速度进入火焰区，随着碳化层厚度的逐渐增加以及热解气的消耗减少，将导致下游火焰破碎进而熄灭。

以上过程的气相控制方程为

$$\frac{\partial}{\partial_x}(\rho\mu)+\frac{\partial}{\partial_x}(\rho v)=0 \tag{3-14}$$

$$\rho\mu\frac{\partial_z}{\partial_x}+\rho v\frac{\partial_z}{\partial_y}=\frac{\partial}{\partial_x}\left(\rho D\frac{\partial_z}{\partial_x}\right)+\frac{\partial}{\partial_y}\left(\rho D\frac{\partial_z}{\partial_y}\right) \tag{3-15}$$

同时,控制方程(固相未燃区域)可描述成

$$\rho_w V c_{pw} \frac{\partial T_w}{\partial x} - \lambda_w \left(\frac{\partial^2 T_w}{\partial x^2} + \frac{\partial^2 T_w}{\partial y^2} \right) = 0 \tag{3-16}$$

$$\rho_c V c_{pc} \frac{\partial T_c}{\partial x} - \lambda_c \left(\frac{\partial^2 T_c}{\partial x^2} + \frac{\partial^2 T_c}{\partial y^2} \right) = 0 \tag{3-17}$$

再引入质量流函数$\varphi(x,y)$,有

$$\frac{\partial \varphi}{\partial y} = \rho\mu, \quad \frac{\partial \varphi}{\partial x} = -\rho v \tag{3-18}$$

对于碳层与气相交界面以上$x > 0$区域,有

$$T_g(x,0) = T_c(x,0) = T_s \tag{3-19}$$

而对于$x < 0$区域,则有

$$T_w(x,0) = T_g(x,0) \tag{3-20}$$

$$\lambda_g \frac{\partial T_g}{\partial_y}(x,0) = \lambda_w \frac{\partial T_w}{\partial_y}(x,0) = 0 \tag{3-21}$$

对流场进行Oseen流近似,最终联立各式可得

$$V = U_\infty \frac{\lambda_g \rho_g c_{pg}}{\lambda_c \rho_c c_{pc}} \left[\left(\frac{T_f - T_g}{T_s - T_p} \right) \mathrm{erf} \left(\sqrt{\frac{\delta_c}{2} c} \right) \right]^2 \tag{3-22}$$

3. 竖直向下火蔓延模型

向下火蔓延的热反馈及燃烧主控机制与向上火蔓延有较大差异,图3-3为Ayani提出的针对碳化材料的竖直向下火蔓延模型,由于燃烧的几何特点将造成热解区与竖直垂面呈一定角度。如图3-3所示,试样板材厚度为σ,宽度为b,坐标系与火焰前锋相对静止,燃料沿y轴方向以速度V进入火焰燃烧区,且在$y = -\infty$处温度为T_0,热解区表面温度为T_p,进入控制体的燃料质量为m_i、焓值为h_i,而离开控制体的燃料质量为m_0、焓值为h_0,控制体接收到火焰的热流为q_{tot}。根据能量守恒方程,可得

$$q_{tot} + m_i h_i - m_0 h_0 = 0 \tag{3-23}$$

对于稳态火蔓延,有

$$m_i = m_0 = bV\rho\delta/2 \tag{3-24}$$

设热解焓为h_{de},则气相与固相燃料的焓值分别如下所示:

$$h_i = C(T_0 - T_{ref}) \tag{3-25}$$

$$h_o = C(T_p - T_{ref}) + h_{de} \tag{3-26}$$

如忽略火焰辐射影响(对于向下火蔓延是合理的),控制体接收到的能量包含热解斜面及预热区表面接收到的能量:

$$q_{tot} = q_s + q_p \tag{3-27}$$

假设q''_s与q''_p在表面均匀分布,热解区角度为α,则有

$$q_s = baq''_s \tag{3-28}$$

$$q_p = \frac{b\delta}{2\sin(\alpha/2)} q''_p \tag{3-29}$$

联立式(3-23)至式(3-29),推导出向下火蔓延速率计算公式如下:

$$V=\frac{2aq''_{\mathrm{s}}}{\delta\rho\left[C\left(T_{\mathrm{p}}-T_0\right)+h_{\mathrm{de}}\right]}+\frac{q''_{\mathrm{p}}}{\sin\left(\alpha/2\right)\rho\left[C\left(T_{\mathrm{p}}-T_0\right)+h_{\mathrm{de}}\right]} \tag{3-30}$$

按研究区域的不同可将向下(逆流)火蔓延模型划分为W类和H类:固相模型、气相模型和数值计算模型。其中不考虑固相的热解过程,气相模型主要从气相传输过程出发,热解气与空气混合气体的燃烧速率的快慢,可能是按照有限快的反应速率,也可能是按照无限快的反应速率进行。若按照有限速率进行反应,边界层假设认为可燃气体顺流方向的扩散过程,比沿火焰厚度方向的扩散过程要小很多,可以忽略不计。薄层火焰假设则认为火焰面为二维层面,与板材表面之间并无空气介质,周围环境并无板材释放的热解气。

4. 竖直向上火蔓延模型

图3-4为Fernandez-pello关于自然对流状态下的竖直向上火蔓延模型示意图,坐标原点固定在燃料表面热解前锋处,燃料W以速度V沿x负轴方向进入热解区,燃尽区、热解区与火焰区的长度依次为l_{b}、x_{b}、x_{f},燃料厚度为$2L$,热解区单位面积的热解速率为m'',燃料在温度T_{v}时直接转化为气体,有效气化潜热为L_{v},此外μ、v分别为气相燃料沿x轴和y轴的运动速度,而固相与气相导热系数分别为λ与λ_{g},气相扩散系数为D_{g}。

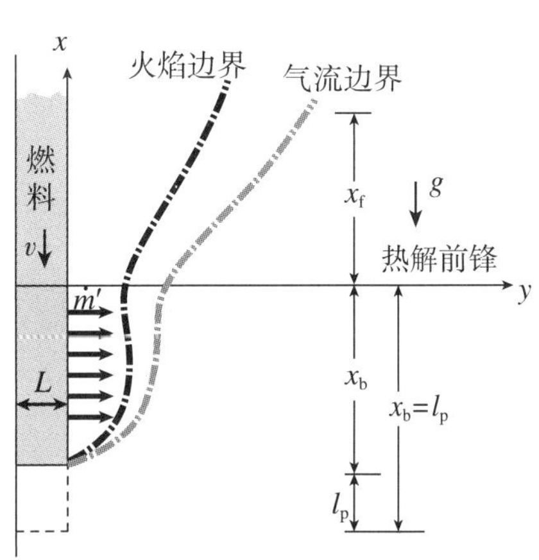

图3-4 自然对流状态下竖直向上火蔓延示意图

气相方程可描述为

$$\frac{\partial\rho_{\mathrm{g}}\mu}{\partial x}+\frac{\partial\rho_{\mathrm{g}}\nu}{\partial y}=0 \tag{3-31}$$

$$\rho_{\mathrm{g}}\mu\frac{\partial u}{\partial x}+\rho_{\mathrm{g}}v\frac{\partial u}{\partial y}=g\left(\rho_{\mathrm{g},\infty}-\rho_{g}\right)+\frac{\partial\left(\mu_{\mathrm{g}}\frac{\partial u}{\partial y}\right)}{\partial y} \tag{3-32}$$

$$\rho_{\mathrm{g}}\mu\frac{\partial h_{\mathrm{g}}}{\partial x}+\rho_{\mathrm{g}}v\frac{\partial h_{\mathrm{g}}}{\partial y}=\frac{\partial}{\partial y}\left(\frac{\lambda_{\mathrm{g}}}{c_{\mathrm{p}}}\frac{\partial h_{\mathrm{g}}}{\partial y}\right)+\dot{q}''' \tag{3-33}$$

$$\rho g\mu\frac{\partial Y_{\mathrm{i}}}{\partial x}+\rho_{\mathrm{g}}v\frac{\partial Y_{\mathrm{i}}}{\partial y}=\frac{\partial\left(\rho_{\mathrm{g}}D_{\mathrm{g}}\frac{\partial Y_{\mathrm{i}}}{\partial y}\right)}{\partial y}+\dot{m}''' \tag{3-34}$$

$$\rho_{\mathrm{g}}T_{\mathrm{g}}=\rho_{\mathrm{g},\infty}T_{\mathrm{g},\infty} \tag{3-35}$$

而固相能量方程为

$$\lambda\frac{\partial^2 T_{\mathrm{c}}}{\partial x^2}+\lambda\frac{\partial^2 T_{\mathrm{c}}}{\partial y^2}=-\rho cV_{\mathrm{p}}\frac{\partial T_{\mathrm{c}}}{\partial x}+\rho Q_{\mathrm{c}}A_{\mathrm{c}}\mathrm{e}^{-E_{\mathrm{c}}/(RT_{\mathrm{c}})} \tag{3-36}$$

热解动力学推导出燃料热解速率为

$$\dot{m}'''=\int_{-L}^{0}\rho A_{\mathrm{c}}\mathrm{e}^{-E_{\mathrm{c}}/RT_{\mathrm{c}}}\mathrm{d}y \tag{3-37}$$

燃尽区内关系式可表示为

$$\rho L=\int_{-x_{\mathrm{b}}}^{0}\left(\dot{m}''/V_{\mathrm{b}}\right)\mathrm{d}x \tag{3-38}$$

固相与气相交界面存在以下关系式:

$$\lambda\left(\frac{\partial T_{\mathrm{c}}}{\partial y}\right)_{\mathrm{w}}=\lambda_{\mathrm{g}}\left(\frac{\partial T_{\mathrm{g}}}{\partial y}\right)_{\mathrm{w}} \tag{3-39}$$

$$\dot{m}''=\left(\rho_{\mathrm{g}} v Y_{\mathrm{F}}\right)_{\mathrm{w}}-\left(\rho_{\mathrm{g}} D_{\mathrm{g}} \partial Y_{\mathrm{F}} / \partial y\right)_{\mathrm{w}} \tag{3-40}$$

$$\left(\rho_{\mathrm{g}} v Y_{\mathrm{i}}\right)_{\mathrm{w}}=\left(\rho_{\mathrm{g}} D_{\mathrm{g}} \partial Y_{\mathrm{i}} / \partial y\right)_{\mathrm{w}} \tag{3-41}$$

联立以上各式,可推出热厚材料的向上(顺流)火蔓延速率为

$$V_{\mathrm{p}}=\left(\frac{L_{\mathrm{v}} B}{c_{\mathrm{p}} T_{g,\infty}}\right)^{5/2} \times \frac{g^{1/2} \rho_{\mathrm{g},\infty} \lambda_{\mathrm{g},\infty}^{2} F'(0)^{2} \Gamma_{\Lambda}^{2} x_{\mathrm{p}}^{1/2}}{2\pi u_{\mathrm{g},\infty} \rho c \lambda\left(T_{\mathrm{v}}-T_{\mathrm{c},\infty}\right)^{2}}=A_{1} x_{\mathrm{p}}^{1/2}=A_{1}^{2} t / 2 \tag{3-42}$$

3.2 低压环境下地下建筑聚氨酯保温材料逆流火蔓延特性研究

数十年来,由于全球对高海拔地区建筑防火的关注,对次大气压下的燃烧行为进行了持续的研究。通过对各种燃料(如可燃气体)的大量实验研究,证明压力对燃烧特性有明显的影响[3,4],如液态烃燃料[5-7]、木纤维材料[8,9]等聚合物。

同时,De Ris等人提出了两种具有指导意义的理论模型[10,11],即压力模型和辐射火灾模型,他们通过尺度或量次分析揭示了压力对火灾传播和传热的影响。

由于地下建筑或高海拔处温度相对较低,大规模高分子保温材料被广泛应用于节能,以防止热量散失到周围环境[12]。为了应对消防安全工程的挑战,近年来人们越来越关注用于家具填料和墙体(或立面)保温层的保温材料的火灾动力学问题。事实上,根据目前已存在的理论和以往的实验研究,在不同的边界条件下(如燃烧尺度、传播方向、倾斜度等)[13-18],火焰在聚合物表面的传播规律是非常清晰的。但是,当涉及压力时,这就不是一个容易解决的问题了,压力对火灾的蔓延行为和相关的燃烧机制产生了全面的影响。

一个关于压力与火焰在小规模的有机聚合物(聚苯乙烯、聚四氟乙烯等)中蔓延速度的早期实验结果报告了由Magee等人提出的压力的2/3幂定律[19],并由De Ris通过压力建模证实[20]。因为该模型是使用尺寸参数建立的,所以必须澄清其局限性,即除非考虑详细的燃烧和传热机理,否则难以直接应用于复杂的燃烧场景。1997年,Wieseretal等人在4个不同海拔高度对聚氨酯(PU)泡沫进行了防火测试,发现了类似的结果。2011年,Zhang等人研究了压力和燃烧尺度对火焰在挤压聚苯乙烯(XPS)板上水平蔓延的综合影响,从经验上报道了压力对不同燃料尺寸下蔓延速度的分段影响。此外,实验还研究了在压力降低的情况下,火焰在柔性聚氨酯(FPU)泡沫上以多个倾角向下蔓延的情况。结果表明,在壁面结构的限制下,压力对燃烧过程的影响在各种热反馈机制的支配下发生了显著变化。

地下或下沉式建筑设计的另一种典型结构是玻璃幕墙或隔墙,其火灾发生在玻璃墙与内部可燃面(包括隔间家具、窗帘或装饰板等)之间的夹层内,由高分子材料覆盖。2015年7月,青海省西宁市一条商业步行街(平均海拔2 200 m)发生火灾,造成地下商场和上层严重受损。在这次事故中,玻璃幕墙结构在火灾蔓延过程中发挥了重要作用。相关研究表明,夹层间距对火灾发展也有复杂的非线性影响,两个重要的影响分别来自相对表面的额外辐射

和板间流动引起的流场。然而,在亚大气压下,幕墙(特别是玻璃材料幕墙)对建筑保温聚合物上火焰传播影响的进一步研究仍然不足。到目前为止,关于低压和玻璃幕墙限制影响的研究还没有相关报道。

本节研究了在降低压力条件下,受玻璃幕墙影响的火焰在FPU板上向下蔓延的行为。选取3种不同压力和6种不同幕墙间距,对FPU燃烧特性进行了现象学研究,包括热解锋面演化、具体熔滴行为、燃烧速率、火焰传播速度、火焰高度和脉动频率等的单独和联合影响。选择70～100 kPa的压力代表世界上大多数高海拔城市的压力环境。

同时,根据我们之前的研究确定了4.5～14.0 cm(非幕墙为∞)的幕墙间距。在理论分析的基础上,对燃烧速率和扩散速度的经验关系式进行了推导和解释。建立的传热机理和火焰图像变化规律有助于更好地判断火灾的传播情况,并为地下建筑火灾救援或探测工程提供指导。

实验采用自行设计的设备在QR0-12低压实验室内进行,如图3-5所示。该腔室能够提供26～101 kPa的压力。因为燃烧室的体积很大,因此内部空气绝对足够支撑燃料燃烧,避免了O_2浓度的显著下降或内部空气压力的增加等影响。采用3种压力(70 kPa/85 kPa/100 kPa)研究压力对带幕墙FPU板火焰向下蔓延的影响。预设腔内初始温度(20±2.0 ℃)和湿度(50%±5%),以确保一致性和重复性。

FPU板安装在3 cm厚的垂直硅酸钙板(SC板)上,由框架1#固定。在SC板的正前方,在框架2#上设置了3 mm厚的平行玻璃幕墙。框架1#和框架2#间距可调,竖直方向的石膏板选取了6种间距条件:s = 4.5,6.0,8.5,11.0,14.0(单位:cm)和∞(非幕墙)。在FPU板下方的石膏板上设置了一个滴水槽,用于收集熔化和滴水过程中的燃料滴。这里所选用的背衬材料SC板和玻璃幕墙都广泛应用于耐火建筑。

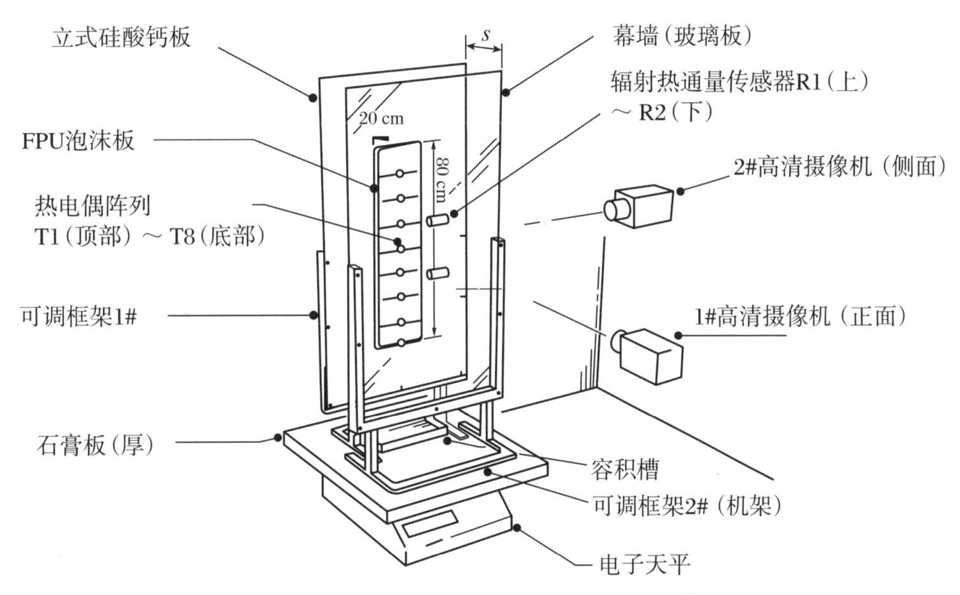

图3-5　实验设备透视图草图(QR0-12室内)

使用电子天平(MettlerToledo的Excellence-Plus XP)记录FPU燃烧过程中的质量损失,精度为0.01 g。使用索尼公司的高清数码相机(FDR-AX100E)从正视图(1#)和侧视图(2#)角度监测火焰蔓延过程。为了更好地观察,在FPU表面每隔10 cm画网格线。近场火焰温度测量采用K型热电偶阵列(T1～T8,每个直径为0.5 mm),间距为10 cm,距FPU表面2 mm。热电偶的另一个重要功能是计算火焰传播后期的火焰传播速度,特别是在产生浓烟时,此时热解前端的视频信息失效。此外,为了估计各种辐射热反馈,采用了热流通量传感器(R1～R2,Tecfront公司的GardonSTT-25-50-R/WF水冷辐射计)。通过反复测试,获得了多个测量位置,包括FPU上边缘下玻璃前后的一些特定点,以比较玻璃壁热堵的影响。利用随热解锋面移动的R2记录预热区瞬时辐射强度。

FPU板、SC板和幕墙的主要性能见表3-4。实验过程中,用电热丝从上沿直线点燃FPU,燃烧后将SC板表面的炭渣清理干净后再开始下一次实验。此外,每个方案重复多次,以确保结果的准确性和可重复性。结果表明,燃烧速率、蔓延速度和火焰物理特性的平均标准差在8%以内。

表3-4 材料的主要性能

尺寸(cm)	FPU板	SC板	幕墙
	80×20×2	120×50×3	120×5×0.3
导热系数(W/(m·K))	0.037	0.025(20 ℃以下),0.098(600 ℃以下)	1.1
密度(kg/m³)	415	330	2 700
透光率(%)	/	/	87～91
密度(%)	/	/	8～9

3.2.1 火焰向下蔓延过程与热解锋面演化

根据实验观察,火焰向下蔓延的热力学过程如图3-6所示。在FPU板顶部形成一个倾斜的热解区,即分解后的聚合物熔融燃烧层(扩散速度几乎恒定,并伴有间歇性滴落),随后是一个较长的预热区。与我们之前研究报道的自由燃烧或蔓延不同,热解区和预热区的热反馈和流体状态都受到幕墙的影响。例如,辐射反射(通过镜像中等效虚拟原点的点源辐射简化)和幕墙的自辐射会增强热反馈。在较小的间距下,夹带和对流会受到限制,导致燃烧不足,而在较大的间距下,由于烟囱效应,夹带和对流会得到增强。幕墙的耦合效应将在后面详细讨论。

此外,热解前沿或前缘的发展也是一个值得关注的问题,这与火焰的传播速度和传播趋势有关。其代表性特征是热解锋面剖面呈倒"V"形(即在板侧扩展速度较快),其中顶角θ由Gong等人通过简化理论推导解释为多次换热和热解区倾斜的结果[21]。然而,在我们的实验中发现,在稳定燃烧阶段,所有情况下的角度都是相对恒定的。我们认为,除换热外,向上夹带的气流与火焰蔓延方向相反,速度分布不均匀(图3-6,FPU前视图,最大速度为由向上夹带和两侧对称夹带导致的中间速度),以及FPU自身的热黏度(类似热塑性塑料)也应该是形成倒"V"形的重要原因。此外,根据平板流动理论,层间向上夹带气流的湍流强度一般随垂直流动距离的增加而增加,其行为比无幕墙的情况更为复杂。

记录热解锋面的整个演化过程,以了解火灾的蔓延过程,如图3-7所示(以间距4.5 cm、压力100 kPa为例)。一开始,热解锋面呈线性扩展(前位x在0～10 cm),而两侧的传播速度很快变快,形成一个反"U"形,然后以图中接近水平方向的横线的中点为顶点,以左右两点为端点相互连接,即形成一个倒"V"形,该夹角即为我们判断的标准。

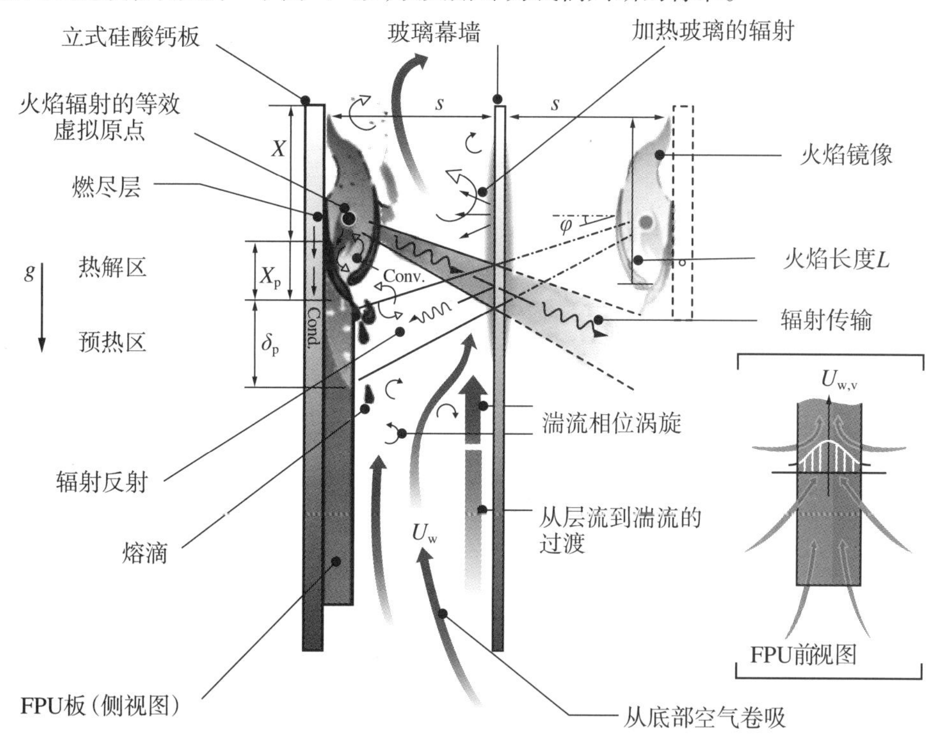

图3-6 幕墙条件下火焰在FPU板上向下蔓延的热力学过程

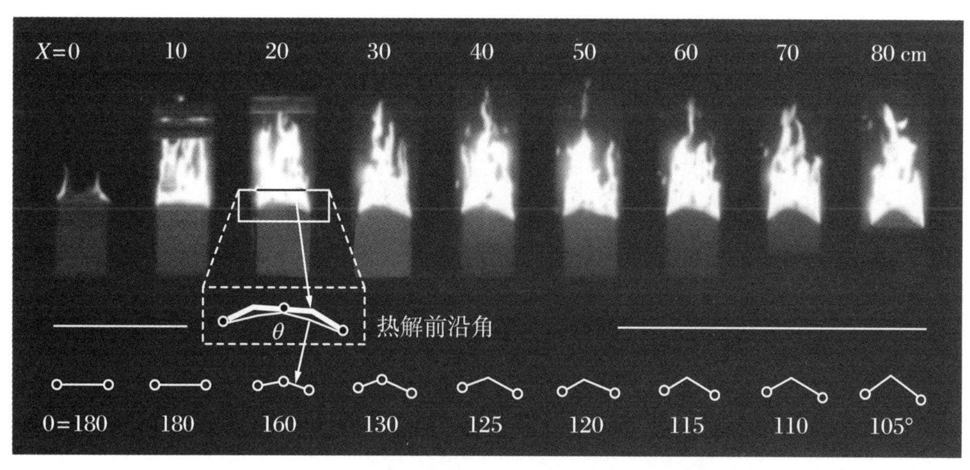

图3-7 $s = 4.5$ cm时,沿板不同扩散距离x下的热解前沿角

此外,图3-8所示为在不同幕墙间距和压力下,每10 cm段20幅瞬态图像的θ平均值。3个阶段分别为火焰发展阶段(第1阶段)、准稳态燃烧阶段(第2阶段)和衰减阶段(第3阶段)。如图3-8(a)所示,在准稳态阶段θ保持在115°~125°,对间距s不敏感。有趣的是,θ在第3阶段变得更尖锐,这是由于SC板与幕墙间层入口相对稳定和快速的向上夹带气流所致。压力对θ的影响如图3-8(b)所示,最大差值为10%,平均差值小于5%。倒"V"形在低压下似乎略显尖锐,这主要是由于较高的火焰温度[22]。在燃烧后期,热积累和向上夹带对θ的影响会减弱T_f的作用,因此最大。差异出现在早期(如距离30 cm)。总之,从统计学角度可以得出,压力效应不显著,可以忽略不计。

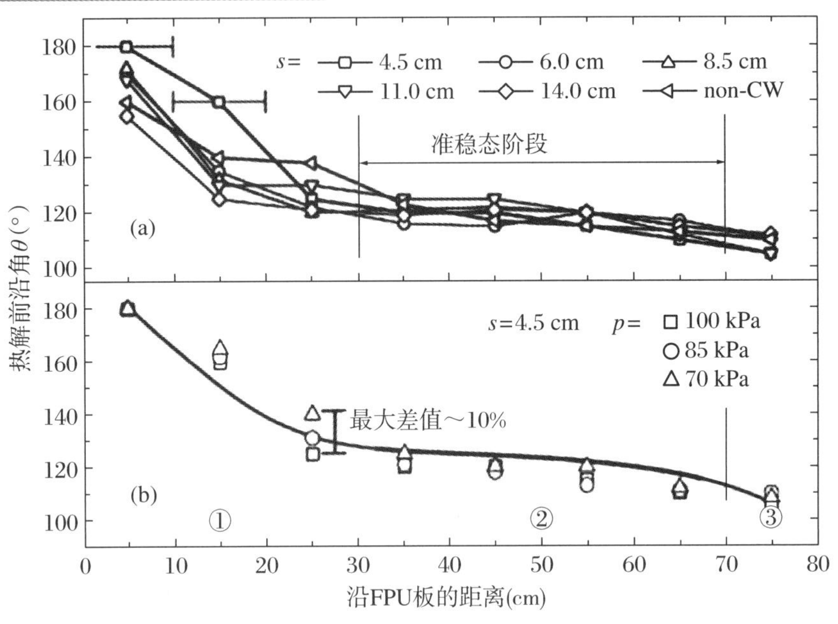

图3-8 各10 cm段热解锋面在不同间距(a)及不同压力(b)下的平均角度

3.2.2 熔滴行为

熔融FPU聚合物在燃烧过程中的滴落是二次火源发生的关键因素，会引起建筑火灾的跳跃式发展，值得关注。图3-9(a)给出了间隔4.5 cm、压力100 kPa条件下典型滴落过程的序列图像。从图3-9(b)可以看出，在整个火焰蔓延过程中，滴落是间歇性发生的，其初始位置和大小具有显著的随机性。事实上，发现了三种不同形态的燃料滴。除了图3-9(a)和图3-9(b)所示的正常滴落形成外，偶尔还会出现另外两种情况：(1) 底部熔化导致燃料块坍塌，规模较大，如图3-9(c)所示。(2) 熔融燃料泡(FPU是带有气泡池的人工多孔介质)破裂导致的燃烧小颗粒飞溅，喷射角度随机，速度通常比自由落体快，如图3-9(d)所示。

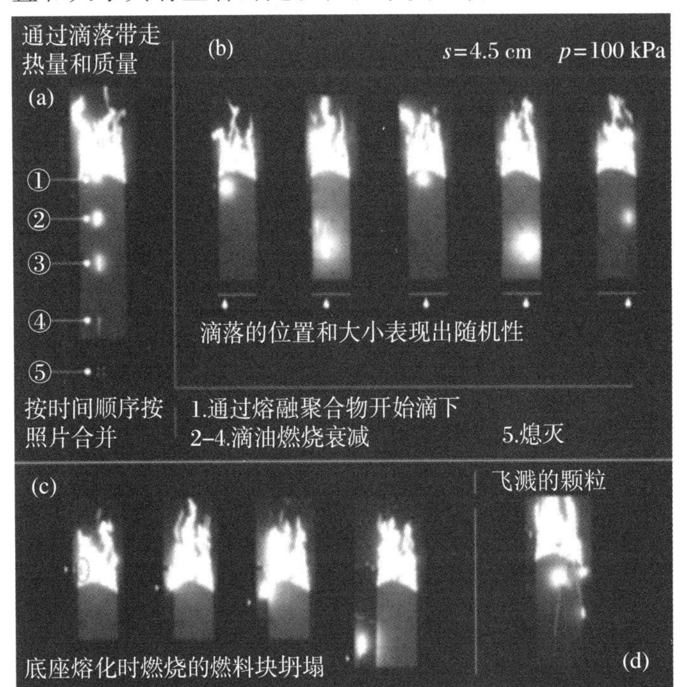

图3-9 典型的连续滴落图像

由于周围空气的相对运动而迅速冷却，大部分燃烧的熔融燃料滴在空气中熄灭。而在较低高度的火焰蔓延后期，一些燃料滴可以继续燃烧直到落入滴槽，但也会在与滴槽接触后因传导损失热量而立即熄灭。

根据高清视频信息(不考虑

视频中小于5像素的非常小的颗粒,这些颗粒很少,大多是火花而不是燃料滴),在各种条件下,通过程序计算得到每10 cm段的平均熔融燃料滴数,如图3-10所示。总体而言,如图3-10(a)所示,燃料滴的数量随着s的减小而增加,这与幕墙增强了热量积累有关,因为滴落现象强烈依赖于热解区吸收的热量。

滴数在每次试验中逐渐增大,直至扩散后期,以①区和②区隔开。看起来很像图3-8中所示的第③阶段,夹层底部入口的向上夹带气流相对上部温度较低且更加稳定,通过冷却作用减缓了滴落过程。在压力对滴落行为的影响方面,如图3-10(b)所示,压力减小时滴落数增大。其结果也是在低压条件下火焰温度较高,空气冷却效果较差(密度较低)。

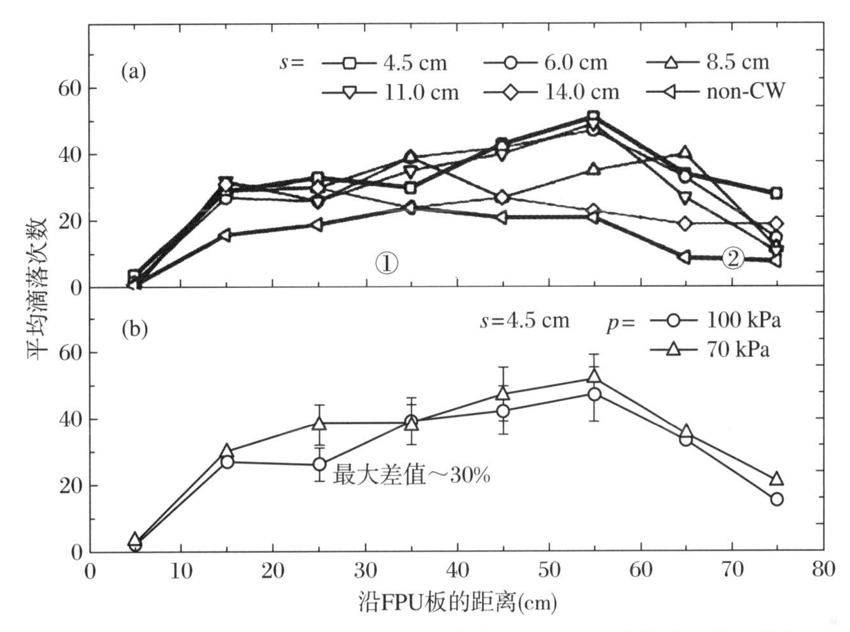

图3-10 在不同间距(a)、不同压力(b)条件下每10 cm段的平均燃油滴数

3.2.3 燃烧速率和火焰蔓延速度

所有测试用例在准稳态燃烧阶段测量的FPU燃烧速率和火焰传播速度V_p如图3-11所示。

与压力效应相比,s对V_p的影响较小。为了更全面地理解幕墙效应,图3-12给出了不同传热分量的物理过程示意图以及热反馈的变化趋势。

如图3-12(a)所示,热解控制体积的热平衡区域和预热区可由下式给出:

$$\dot{q}'_{\mathrm{pyr}} < \tau < x_{\mathrm{p}} = \dot{q}'_{\mathrm{f,rad}} + \dot{q}'_{\mathrm{CW,rf-rad}} + \dot{q}'_{\mathrm{CW,rad}} + \dot{q}'_{\mathrm{f,conv}} + \dot{q}'_{\mathrm{FPU,conv}} + \dot{q}'_{\mathrm{SC,cond}} \quad (3\text{-}43)$$

$$\dot{q}'_{\mathrm{p\,xp}} < \tau < x_{\mathrm{p}} + \delta_{\mathrm{p}} = \dot{q}'_{\mathrm{CW,rf-rad}} + \dot{q}'_{\mathrm{CW,rad}} + \dot{q}'_{\mathrm{f,conv}} + \dot{q}'_{\mathrm{FPU,cond}} + \dot{q}'_{\mathrm{SC,cond}} \quad (3\text{-}44)$$

需要注意的是,因为火焰向下传播时,对预

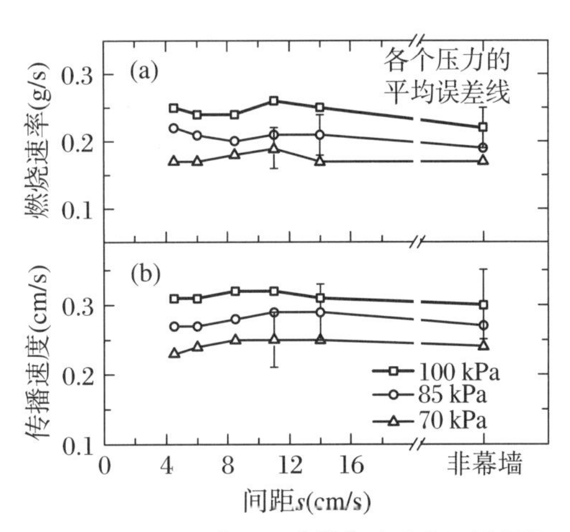

图3-11 不同压力下平均燃烧速率和不同间距下火焰蔓延速度的实验数据

热区火焰辐射的配置因子可以忽略不计，所以在式(3-44)中去除了辐射热反馈 $\dot{q}'_{\mathrm{f,rad}}$。另外，虽然采用了辐射强度均匀的点源火焰假设，但幕墙对控制体积的辐射反射和自发射仍然是定向的。从虚拟原点的球形辐射假设出发，火焰对幕墙的辐射(仅对进一步控制体积有贡献的部分)可近似表示为

$$\dot{q}'_{\mathrm{fCW,rad}} \approx \frac{\cos\varphi}{\pi(s/\cos\varphi)^2} \approx \frac{\cos^3\varphi}{s^2} \tag{3-45}$$

式中，φ 为虚拟原点镜像 $\dot{q}'_{\mathrm{fCW,rad}}$ 的水平交角。考虑到幕墙玻璃的反射、透射和吸收，给出

$$\dot{q}'_{\mathrm{fCW,rad}} = \dot{q}'_{\mathrm{CW,rf-rad}} + \dot{q}'_{\mathrm{CW,tr-rad}} + \dot{q}'_{\mathrm{CW,ab}} \tag{3-46}$$

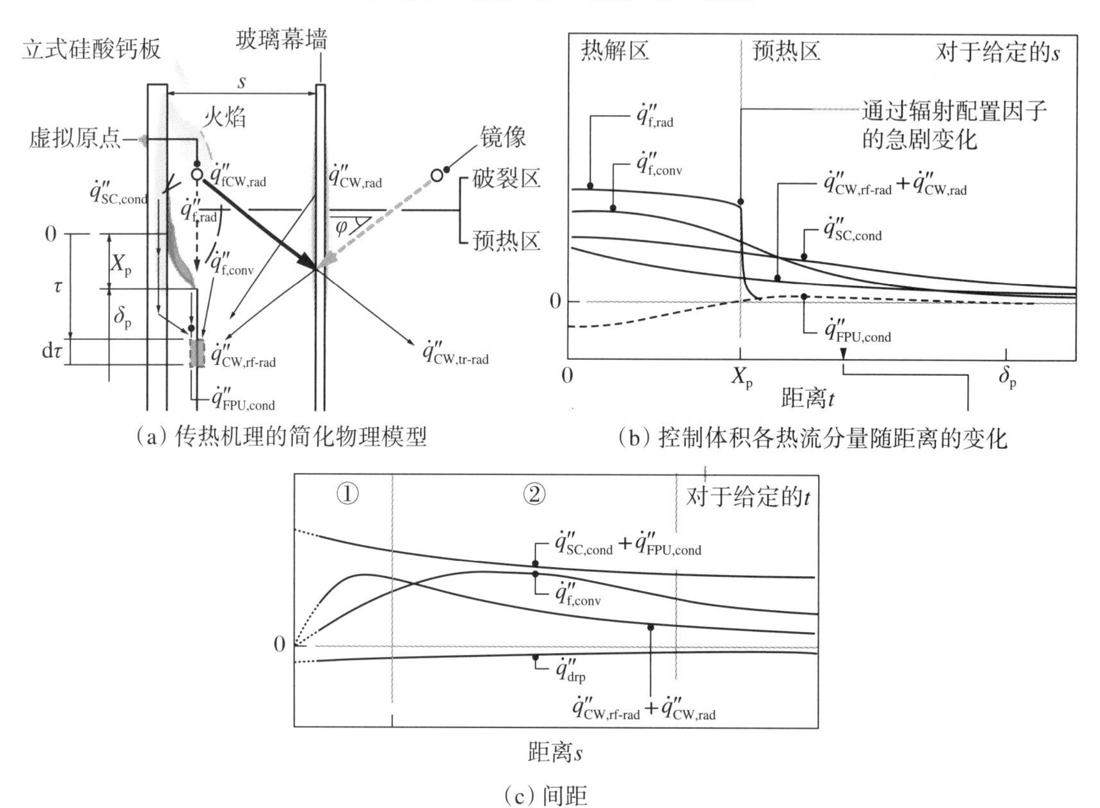

(a) 传热机理的简化物理模型

(b) 控制体积各热流分量随距离的变化

(c) 间距

图3-12 不同传热分量的物理过程示意图以及热反馈的变化趋势

进一步，结合所选幕墙玻璃的透射特性，其辐射反射率为

$$\dot{q}'_{\mathrm{CW,rf-rad}} \approx \dot{q}'_{\mathrm{fCW,rad}}/12 \tag{3-47}$$

对于火焰的直接热反馈，首先，辐射热反馈仅对热解区有意义：

$$\dot{q}'_{\mathrm{f,rad}} = \sigma T_{\mathrm{f}}^4\left[1 - \exp(-\kappa_{\mathrm{s}} L)\right] \tag{3-48}$$

式中，κ_{s} 为烟尘吸收系数，L 为火焰平均束长。其次，由于对流换热系数的不同，热解区对流热反馈的数值 $\dot{q}'_{\mathrm{f,conv}} h \approx R \approx \mathrm{e}^{a}$ 也大于预热区。

对于固相传导，导致高温熔融层热损失的 $\dot{q}'_{\mathrm{FPU,cond}}$ 对热解区 $\dot{q}'_{\mathrm{SC,cond}}$ 的贡献相反。另一个事实是，根据FPU的燃烧规模，直接火焰热反馈机制在该区域内的主导地位(即 $\dot{q}'_{\mathrm{f,rad}}$、$\dot{q}'_{\mathrm{f,conv}}$ 与 $\dot{q}'_{\mathrm{SC,cond}}$ 之间的竞争)正处于从对流控制向辐射控制的过渡转换中[23,24]。基于以上对每个热流密度分量的理论火动力学分析和辐射传感器或热电偶的实验测量，可以大致评估沿燃料板

热反馈发展的总体趋势，如图3-12(b)所示。热解区和预热区控制体积的总热反馈均表现为正相关，燃烧速率与扩散速度的关系如图3-11所示。

$$\dot{m} = \int_0^{x_p} \dot{q}'_{\text{pyr}} \mathrm{d}\tau / \Delta H_g \tag{3-49}$$

$$V_p \approx \left(\dot{q}''_p\right)^2 \frac{4\delta_p}{\pi k \rho_{\text{FPU}} c_p \left(T_{\text{ig}} - T_\infty\right)^2} \tag{3-50}$$

考虑到间距s的影响，在给定距离τ下，热反馈的变化趋势如图3-12(c)所示，其中包括两个特定区域。在幕墙相对靠近SC板的区域①，由于空间狭窄的燃烧和受限火焰附壁，导热反馈会增强。然而，由于构型因子的变化以及幕墙与火焰直接燃烧的不同，幕墙的辐射($\dot{q}'_{\text{CW,rf-rad}}$和$\dot{q}'_{\text{CW,rad}}$)随着$s$的增大呈现先快速增加后减小的趋势，导致$\dot{q}'_{\text{CW,rad}}$减小。在区域②(即对流增强区)，在烟囱效应等多种作用下，适当的间距可以诱导更稳定、更快的平行板流动，从而导致更大的对流换热。另外，滴落行为的热损失(负轴)用曲线$\dot{q}'_{\text{drip}}$表示，实验观察发现，随着s的增加，$\dot{q}'_{\text{drip}}$值减小。最后，当s足够大时，所有构件趋于恒定，几乎不需要幕墙。

对于压力效应，3种压力下归一化燃烧速率$\dot{m}_d/\dot{m}_0$与扩散速度$V_{p,d}/V_{p,0}$的指数关系如图3-13所示，其平均趋势为各s的积分，其中下标“d”和“0”分别表示降压和常压(100 kPa)。

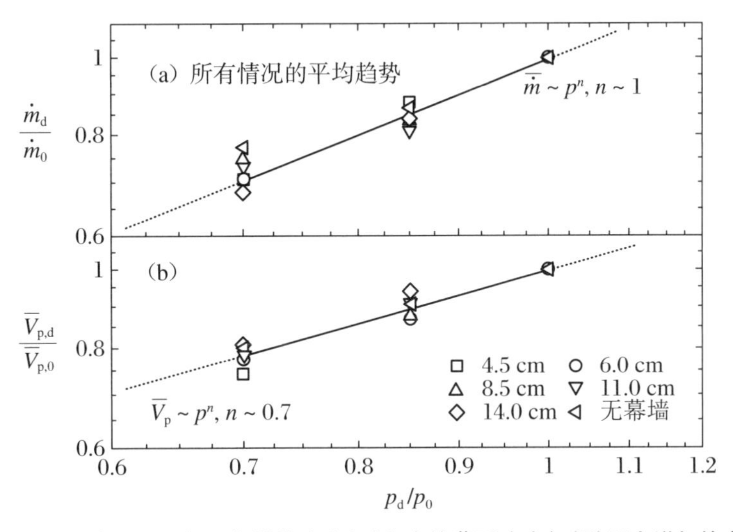

图3-13 不同幕墙间距下归一化燃烧速率(a)和火焰蔓延速度(b)随压力增加的变化关系

De Ris等式中的k_s与p^2的关系表明，这里燃烧尺度下的火焰辐射热反馈为

$$\dot{q}'_{\text{f,rad}} \propto p \tag{3-51}$$

另一方面，对于形状较窄的火焰，压力对对流热反馈的影响可能为

$$\dot{q}'_{\text{f,conv}} \propto p^{1/2} \tag{3-52}$$

如上所述，在这种燃烧尺度下，直接火焰热反馈并没有得到完全的辐射控制，这意味着$\dot{q}'_{\text{f,rad}}$不会比$\dot{q}'_{\text{f,conv}}$大很多。图3-13(a)中的$\dot{m} \sim p$的原因可以推测为幕墙的额外辐射，包括$\dot{q}'_{\text{CW,rf-rad}}$和$\dot{q}'_{\text{CW,rad}}$，这进一步增加了总辐射热反馈的比例，如图3-12所示。随后，图3-13(b)中的关系$V_p \propto p^{0.7}$也不奇怪。值得注意的是，实验中FPU的规模可以代表建筑火灾早期的典型燃烧现象。进一步的实验工作将以更大的燃料尺寸进行，以达到完全发展的阶段。

3.2.4 火焰物理形态

因为受幕墙的限制，火焰图像特性会发生变化，根据Zukoski等人的定义，通过数字图像处理计算火焰高度（长度）和脉动变化，分别如图3-14和图3-15所示。该方法将动态面积算法与快速傅里叶变换（FFT）相结合，具有较高的检测精度。

经典火焰动力学理论发现火焰高度与弗劳德数成正比：

$$L_f \propto \sqrt{\mathrm{Fr}} \propto \frac{u}{\sqrt{g}} \propto \frac{\dot{m}}{p\sqrt{g}} \tag{3-53}$$

式中，u为自由燃烧时燃料蒸气在热解表面的垂直流速。然而，在有幕墙的墙体火灾条件下，u会显著加速，在我们的实验中用u'表示（$u' > u$）。忽略线性型墙体火灾的夹带因子EF的变化，结合图3-13中得到的相关系数（m），则实际火焰高度为

$$L_f \propto \frac{u'}{\mathrm{EF}^{2/3}\sqrt{g}} > \left(\frac{u}{\mathrm{EF}^{2/3}\sqrt{g}} \propto \frac{\dot{m}}{p\sqrt{g}} \propto p^0\right) \tag{3-54}$$

式（3-54）表明火焰高度随压力的增加而增加，但速度缓慢，这与图3-14所示的数据吻合得很好。

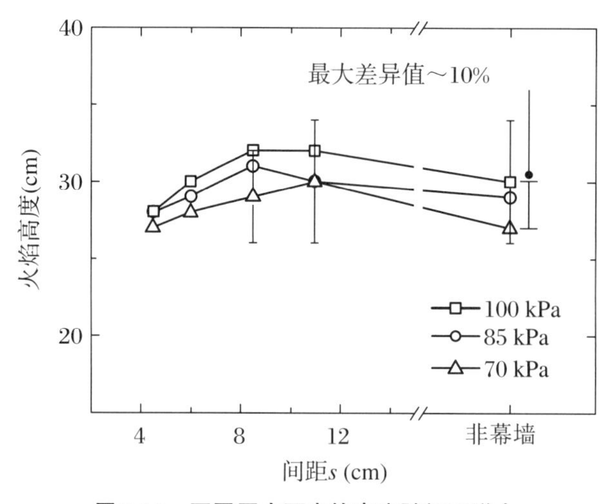

图3-14　不同压力下火焰高度随间距增大

从图3-15可以看出脉动频率随s的增加呈非单调趋势，主要表现在3个区域。在s较小条件下，如区域①，火焰与幕墙直接接触，形成阻尼板间流动，热羽流与硅酸钙板和玻璃墙固体表面之间的黏性力使脉动速度减慢。对于s较大的区域②，f随着s的增大而减小，可能是由于图3-14中向上气流的变化，可以用Cetegen等的关系式对矩形热羽脉动做进一步解释：

$$f \propto (1 - \rho_f/\rho_\infty)^{0.45} u^{0.1} \tag{3-55}$$

在幕墙条件下：

$$f \propto (1 - T_\infty/T_f)^{0.45} u'^{0.1} \tag{3-56}$$

由式（3-56）可知，在图3-15中区域②所示的一定间距范围内，由于幕墙的限制，羽流速度的加速会加剧火焰的膨化。此外，压力降低还可以通过火焰温度升高而引起的更强浮力

来提高f,这在图3-15中再次得到证实。

最后阶段区域③存在衰减壁效应,脉动趋于恒定,且不受间距影响。

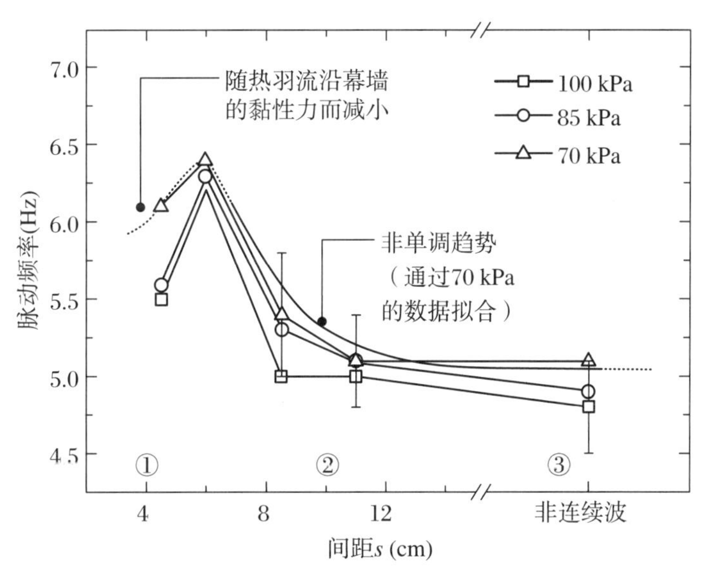

图3-15 不同压力下火焰脉动频率随间距的变化

参 考 文 献

[1] SFPE. Handbook of fire protection engineering[M].Springer,2015.

[2] Sherratt J O, Drysdale D D. Theeffectofthemelt flow processon the fire behaviou softher moplastics[C]. 9th International Fire Scienceand Engineering Conference(Interscience Communiations2001),2001:12.

[3] Most J M, Mandin P, Chen J, et al. Influence of gravity and pressure on pool fire-type diffusion flames[J]. Proc.Combust,1996,26:1311-1317.

[4] Tang F, Hu L H, Wang Q, et al. An experimental investigation on temperature profile of buoyant spill plume from under-ventilated compartment fires in a reduced pressure atmosphere at high altitude[J]. Heat Mass Transf,2012,55:5642-5649.

[5] Wieser D, Jauch P, Willi U. The influence of high altitude on fire detector test fires[J]. Fire Safety J., 1997,29:195-204.

[6] Hu L H, Tang F, Wang Q, et al. Burning characteristics of conduction controlled rectangular hydrocarbon pool fires in a reduced pressure atmosphere at high altitude in Tibet[J]. Fuel,2013,111:298-304.

[7] Tang F, Hu L H, Wang Q, et al. Flame pulsation frequency of conduction-controlled rectangular hydrocarbon pool fires of different aspect ratios in a sub-atmospheric pressure[J]. Int. J. Heat Mass Transfer,2014,76:447-451.

[8] Li Z H, He Y P, Zhang H, et al. Combustion characteristics of n-heptane and wood crib fires at different altitude[J]. Proc. Combust. Inst,2009,32:2481-2488.

[9] Feng R, Tian R H, Zhang H, et al. Experimental study on the burning behavior and combustion toxicity of corrugated cartons under varying sub-atmospheric pressure[J]. J. Hazard. Mater,2019,379:120785.

[10] De Ris J L, Kanury A M, Yuen M C. Pressure modeling of fires[J]. Proc. Combust. Inst,1973,14:1033-1042.

[11] De Ris J L,Wu P K,Heskestad G. Radiation fire modeling[J]. Proc. Combust. Inst,2000,28:2751-2759.

[12] Yu W B,Lu Y,Han F L,et al. Dynamic process of the thermal regime of a permafrost tunnel on Tibetan Plateau[J]. Tunn. Undergr. Sp. Tech,2018,71:159-165.

[13] Ma X,Tu R,An W G,et al. Experimental study of interlayer effect induced by building facade curtain wall on downward flame spread behavior of polyurethane[J]. Appl. Therm. Eng.,2019:114694.26

[14] Sakkas K,Panias D,Nomikos P P,Sofianos A I. Potassium based geopolymer for passive fire protection of concrete tunnels linings[J]. Tunn. Undergr. Sp. Tech,2014,43:148-156.

[15] Quintiere J G. A simplified theory for generalizing results from a radiant panel rate of flame spread apparatus[J]. Fire Mater,1981,5:52-60.

[16] Hasemi Y. Thermal modeling of upward wall flame spread[J]. Fire Saf. Sci.,1986,1:87-96.

[17] Huang X,Gollner M J. Correlations for evaluation of flame spread over an inclined fuel surface[J]. Fire Saf. Sci.,2014,11:222-233.

[18] Luo S F,Xie Q Y,Tang X Y,et al. A quantitative model and the experimental evaluation of the liquid fuel layer for the downward flame spread of XPS foam[J]. J. Hazard. Mater,2017,329:30-37.

[19] Magee R S,McAlevy R F. The mechanism of flame spread[J]. J. Fire Flamm,1971,2:271-297.

[20] Lee Y P,Delichatsios M A,Ohmiya Y,et al. Heat fluxes on opposite building wall by flames emerging from an enclosure[J]. Proc. Combust. Inst,2009,32:2551-2558.

[21] Gong J H,Zhou X D,Li J,et al. Effect of finite dimension on downward flame spread over PMMA slabs: Experimental and theoretical study[J]. Int. J. Heat Mass Tran,2015,91:225-234.

[22] Tu R,Fang J,Zhang Y M,et al. Effects of low air pressure on radiation-controlled rectangular ethanol and n-heptane pool fires[J]. Proc. Combust. Inst,2013,34:2591-2598.

[23] Tu R,Zeng Y,Fang J,et al. Low air pressure effects on burning rates of ethanol and n-heptane pool fires under various feedback mechanisms of heat[J]. Appl. Therm. Eng.,2016,99:545-549.

[24] Drysdale D.An Introduction to Fire Dynamics[M]. 2nd ed. John Wiley and Sons,Chichester,1998.

第4章　建筑外墙火灾实验研究

随着城市化进程的加快，高层建筑的数量越来越多，随之而来的是火灾风险隐患的进一步提升。加之社会对高层建筑的立面美观要求越来越高，新型建筑材料以及独特新颖的立面设计层出不穷，建筑立面一旦发生火灾，外部环境和立面结构将会直接影响火势和烟气的蔓延。因此不同外部环境和建筑立面结构下火蔓延的研究需求日益迫切。本章通过自行搭建的实验台研究不同常低压条件和幕墙条件下的逆流和顺流行为，在前人大量固体火蔓延研究理论和高层建筑立面火灾研究理论的基础上，分析外部环境和幕墙结构对建筑立面火灾的影响。本章主要对建筑外墙火灾实验研究进行阐述。

4.1　建筑外墙常低压环境下火灾特性

不同立面构型火蔓延特性与立面的结构和材料尺寸有关，其火蔓延特征参数随着耦合因素的变化而发生变化。与通常在建筑立面中使用并产生滴落和熔化现象的固体燃料（例如PMMA、XPS和EPS）相比，聚氨酯泡沫板表现出更为复杂的“熔融-滴落”行为，使建筑立面的安全性设计变得复杂。另外，常低压条件对建筑外墙火灾特性表现也有影响。本节主要研究不同环境气压、试样宽度和立面倾斜角度对燃烧速率（由质量损失确定）、平均火焰温度和火焰长度的影响。

4.1.1　建筑外墙常低压环境下逆流火蔓延特性研究

1. 不同倾角逆流火蔓延行为

实验设备透视图如图4-1所示。本实验在QR0-12低压实验室内进行，尺寸为3 m长、2 m宽、2 m高，如图4-2所示。实验箱压力范围为26～101 kPa，由可编程逻辑控制器（PLC）和真空泵控制。为了保证密封性，内部仪表的电信号电缆通过架空插头连接到外部控制面板上。采用70 kPa、85 kPa和100 kPa三种不同低压条件，精确研究了压力对多倾角FPU泡沫板火势蔓延的影响。设备内温控模块和干燥模块设定相同的初始温度（20±1.0 ℃）和湿度（40%±2%）。

FPU泡沫板安装在可调节的硅酸钙板（SC板）上，SC板通过铰链与下面的支架相连。SC板具有良好的防火性能，广泛用于建筑的隔墙和装饰墙，因此我们在实验中选择SC板作为背衬材料。

SC板或FPU板的倾角由支架侧面的金属量角器校准。选取了4个具有代表性的火灾蔓延实验倾角，分别为0°、30°、60°、90°。支架放置在石膏板上（通过四个角的螺旋旋钮使支架保持水平)，在石膏板下，使用电子天平(瑞士梅特勒-托莱多的Excellence-Plus XP)记录质量损失，精度为0.01 g。

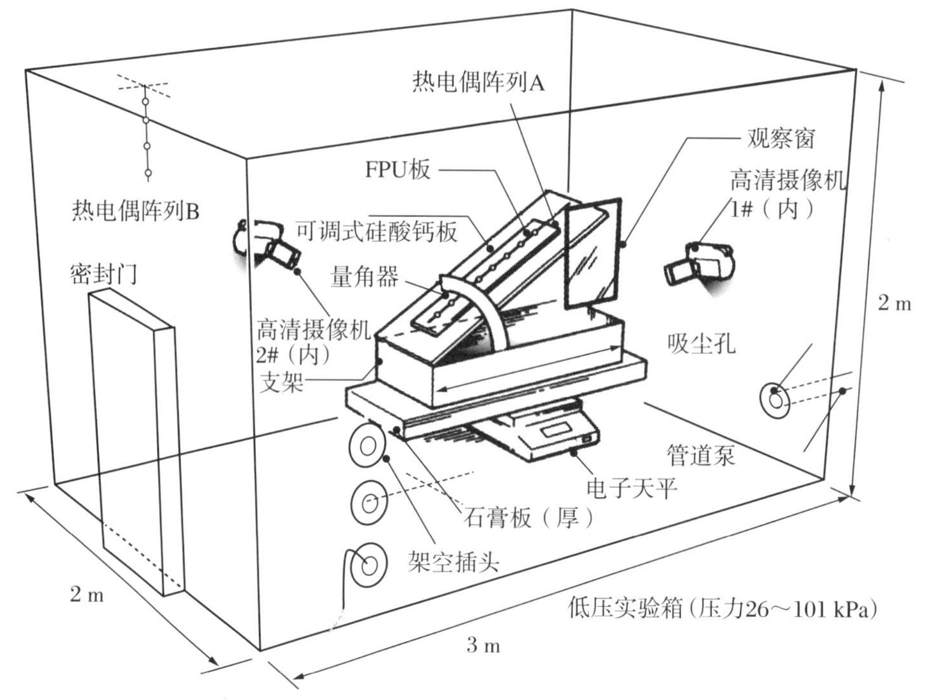

图4-1 实验设备透视图

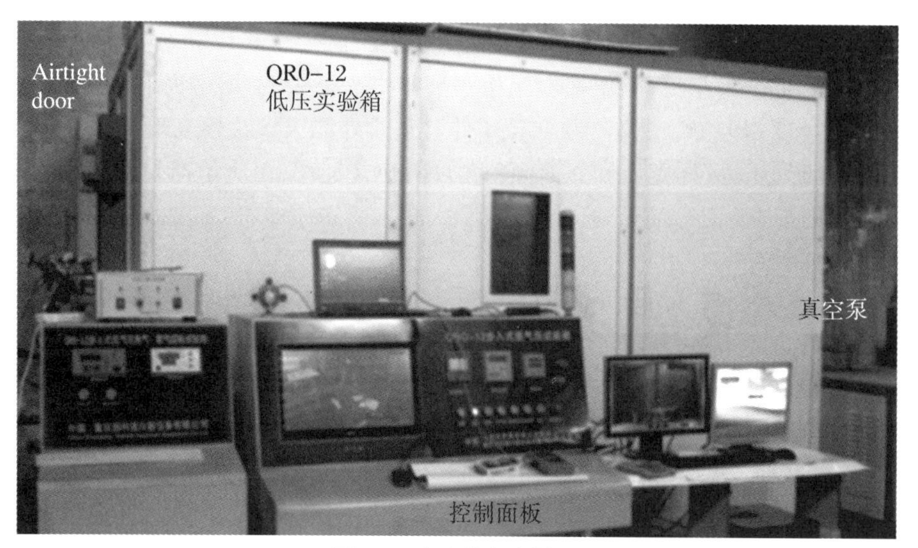

图4-2 实验设备实景图

FPU泡沫板的参数如表4-1所示。研究发现，SC板的导热系数随温度变化较大。为了更好地观察，在FPU板表面沿长度方向每隔10 cm的距离绘制网格线。使用两台频率为30 f/s的高清数码相机从侧视图(1#)和前视图(2#)角度监测火灾或火焰蔓延行为。火焰温度和烟雾温度分别由直径0.5 mm的K型热电偶阵列A和B测量，不确定度为0.75%。此外，热电偶阵列A(T1～T7)沿着FPU泡沫板的中心线设置，间距为10 cm，距离FPU板上表面2 mm，避免接触。

表4-1　FPU泡沫性能参数

分子结构	$CH_{1.8}O_{0.30}N_{0.05}$
密度(kg/m³)	41.5
尺寸	长80 cm,宽20 cm,厚2 cm
导热系数(W/(m·K))	约0.037
点燃温度(℃)	420

FPU板材表面火蔓延的热解前缘呈现为准一维(相对稳定燃烧阶段),但实际上在厚度方向上发生了更为复杂的传热传质,可以通过热厚判据得到证实:

$$\delta_{\mathrm{T}} \approx \frac{k(T_{\mathrm{ig}} - T_{\infty})}{\dot{q}''} \ll d \tag{4-1}$$

根据热厚型FPU泡沫板的参数,其热穿透δ_{T}应在毫米尺度内,意味着物理厚度d远大于δ_{T}的尺度。

逆流火蔓延的热力学过程示意图如图4-3所示。图4-3(a)所示为主要区域和传热机制的总体视图。未燃烧固体燃料的预热包括辐射、火焰对流、FPU热解区和加热的SC板传导。预热区长度为δ_{p}。根据热厚固体火焰传播的基本方程,关键参数传播速度为

$$V_{\mathrm{p}} \approx (\dot{q}''_{\mathrm{p}})^2 \frac{4\delta_{\mathrm{p}}}{\pi k\rho c_{\mathrm{p}}(T_{\mathrm{ig}} - T_{\infty})^2} \tag{4-2}$$

$$\dot{q}''_{\mathrm{p}} = \dot{q}''_{\mathrm{f,rad}} + \dot{q}''_{\mathrm{f,conv}} + \dot{q}''_{\mathrm{FPU,cond}} + \dot{q}''_{\mathrm{SC,cond}} \tag{4-3}$$

图4-3(b)所示为随倾斜角增大的火灾行为。未燃烧FPU泡沫板的火焰倾斜角和夹角变化明显,对蔓延过程有重要影响。图4-3(b)1所示的水平蔓延,表明上游和下游的卷吸气流几乎是对称的,由于传播速度适中,空气卷吸的倾斜角很小。在θ增加的过程中,如图4-3(b)2和3所示,卷吸变得越来越不对称,从下方(上游)来的气流更强,火焰倾斜角φ首先增大(图4-3(b)2),随后下降(图4-3(b)3)。在卷吸强度、FPU泡沫板(上游)或SC板(下游)诱导的流动方向以及SC板的物理限制的综合作用下,火焰与未燃烧的FPU板表面的夹角$\varphi + \theta + 90°$随θ增大而不断增大,表明火焰辐射的夹角系数减小,因此对流预热也随之减小。相反,递减角$90° - \varphi - \theta$在火焰与SC板之间可以增强SC板的传导预热,在$\theta = 90°$时达到最大,如图4-3(b)4所示。

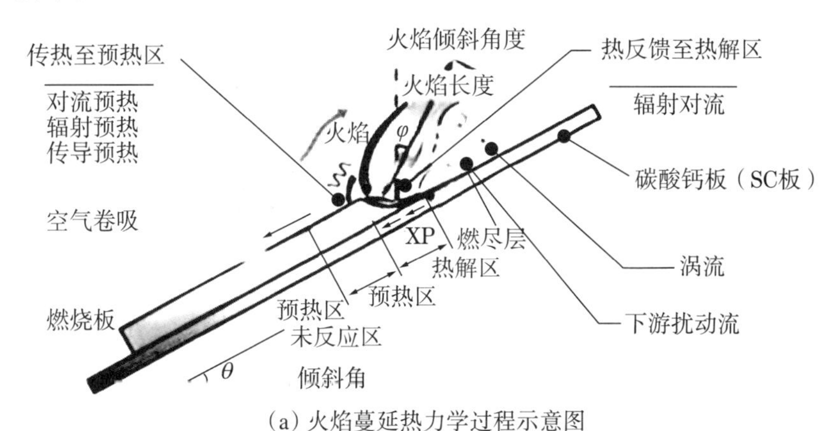

(a) 火焰蔓延热力学过程示意图

图4-3　FPU泡沫板上逆流火蔓延的热力学过程示意图和不同倾斜角的传热过程

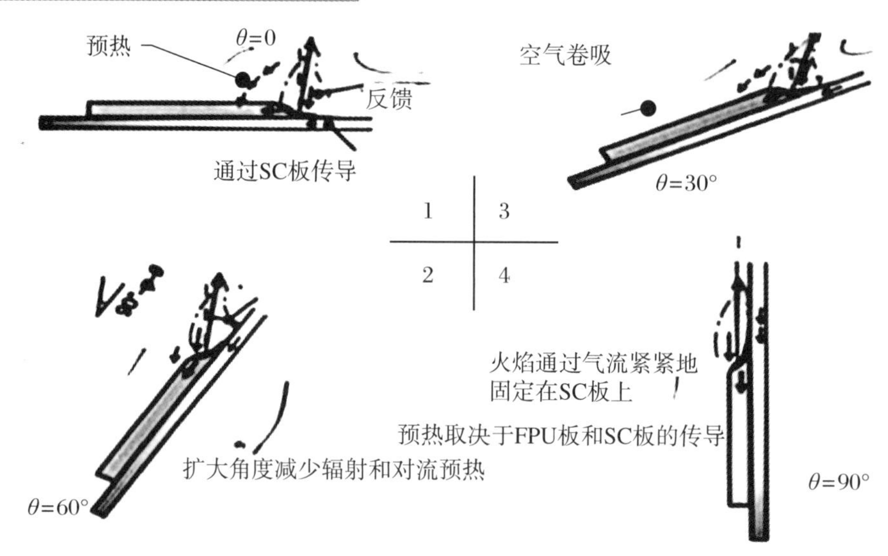

(b) 不同角度火焰蔓延传热过程示意图

续图4-3

2. 火焰物理形态特征

利用1#高清摄像机记录的视频信息,采用数字图像处理技术,从侧面获得准确的火焰形状。火焰发生轮廓线根据Zukoski等人[7]的定义计算,如图4-4所示(以100 kPa条件为例),可以直观地比较火焰倾斜角和倾斜度增加时的形状。火蔓延过程是移动和发展的,为了避免干扰,截取了特定位置(每10 cm)持续3 s的火焰视频进行数字计算。

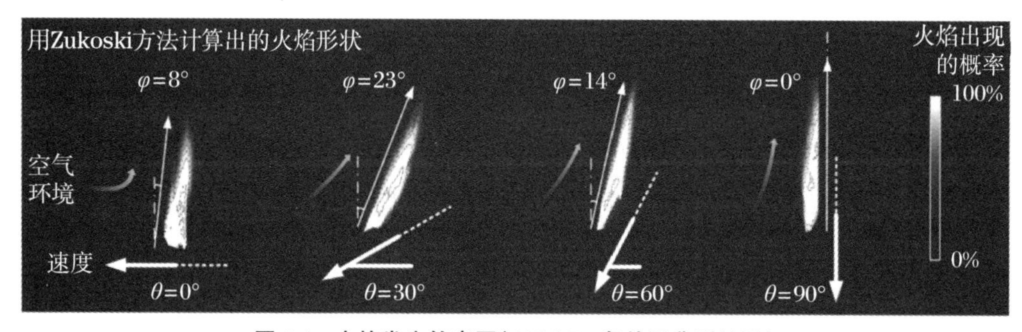

图4-4 火焰发生轮廓图(100 kPa条件下典型结果)

图4-5所示为不同压力下火焰倾斜度与倾斜角增大时火焰的变化情况。可以看出,压力对倾角的影响不明显,实线强调了φ与θ的总体趋势,虚线表示在一定的倾角范围内应该存在一个峰值。因为环境气流的方向部分受倾斜角影响,所以火焰倾斜角与横气流的经验关系$\cos(\varphi) \propto 1\Big/\sqrt{U_{w}/(g\dot{m}'')^{1/3}}$[2]不再适用于此。正因为如此,在气流动量、垂直浮力和SC板约束的耦合作用下,拉伸后的火焰长度也会随着θ呈现出特殊的变化趋势。

考虑到FPU热解前沿火蔓延后期的平缓加速行为,在整个过程中火焰长度L_f略有增加,如图4-6(a)所示,特别是在倾斜条件下。因此,本书采用30～70 cm范围内相对稳定燃烧阶段的平均L_f进行分析。图4-6(b)给出了不同压力下平均火焰长度随倾斜度的变化情况,与火焰倾斜度相比,平均火焰长度随角度θ的变化趋势几乎相反。L_f先随θ减小,然后在临界倾角后增大。

对这一现象的定性解释是，随着倾斜角的增大，上游的卷吸气流可以分解成使火焰形状倾斜的水平分量 $U_{w,h}$ 和使火焰形状伸展的垂直分量 $U_{w,h}$。Thoma[3]的经典模型表明，当角 θ 足够小时，卷吸主要是横向气流，对火焰长度的影响减弱[8]。

$$L_f \propto \left(\frac{\dot{m}''}{\rho_\infty\sqrt{g}}\right)^\eta \cdot (U_{w,h}/\sqrt{g})^b \quad (\text{忽略燃烧区宽度差}) \tag{4-4}$$

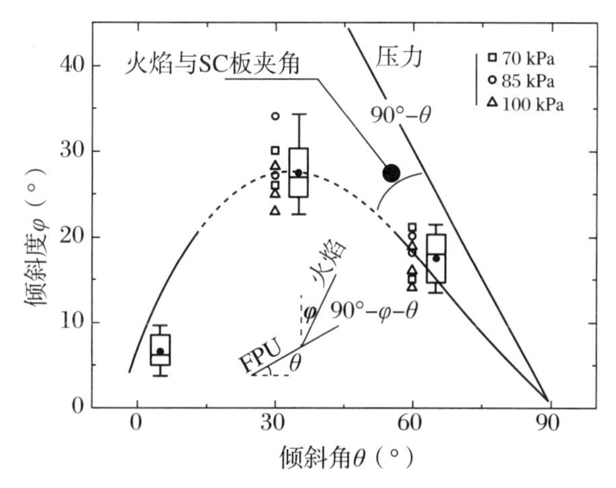

图4-5　火焰在不同压力条件下呈多角度倾斜

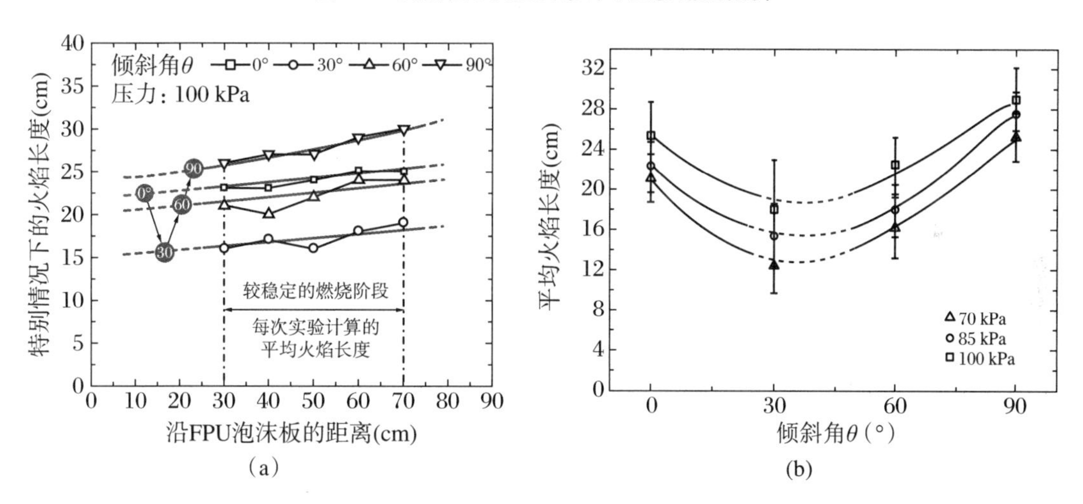

图4-6　100 kPa条件下随倾斜角增大的典型火焰长度和不同压力下火焰长度随倾斜角增大的总体趋势

3. 压力和倾斜角对火蔓延速度的耦合影响

在FPU板表面每10 cm距离的段内，通过火焰锋面穿过两个热电偶的时间来测量或计算火蔓延速度，实际为段内的平均值，如图4-7所示。在火蔓延后期，由于火羽流的波动发展对温度的干扰较大(部分温度曲线难以发现峰值)，利用2#高清摄像机的视频辅助计算 V_p。进一步选取30～70 cm距离内的速度，得到准稳态燃烧下的最终平均火蔓延速度，如图4-8所示。

图4-8所示为三种压力下火蔓延速度随倾斜角的"U"形变化趋势。首先，对于倾斜角效应，提出了考虑不同传热过程的"U"形趋势分析，如图4-9所示。图4-9(a)总结了每个特征角的综合变化，包括火焰倾斜角 φ、火焰与未燃烧的FPU板之间的角度($\varphi+\theta+90°$)和火焰与SC板之间的角度($90°-\varphi-\theta$)。这些角度将决定预热机制的火蔓延，如图4-9(b)所示。

因为FPU板的导热系数小，热解面积也相对较小，所以其导热预热 $\dot{q}''_{FPU,cond}$ 最终保持较低（与 $\dot{q}''_{SC,cond}$ 相比），最后可以得到 V_p 的"U"形趋势，如图4-9(c)所示。其次，对于压力效应，与图4-6(b)中的趋势类似，V_p 显示出随着环境压力的增加而增强。

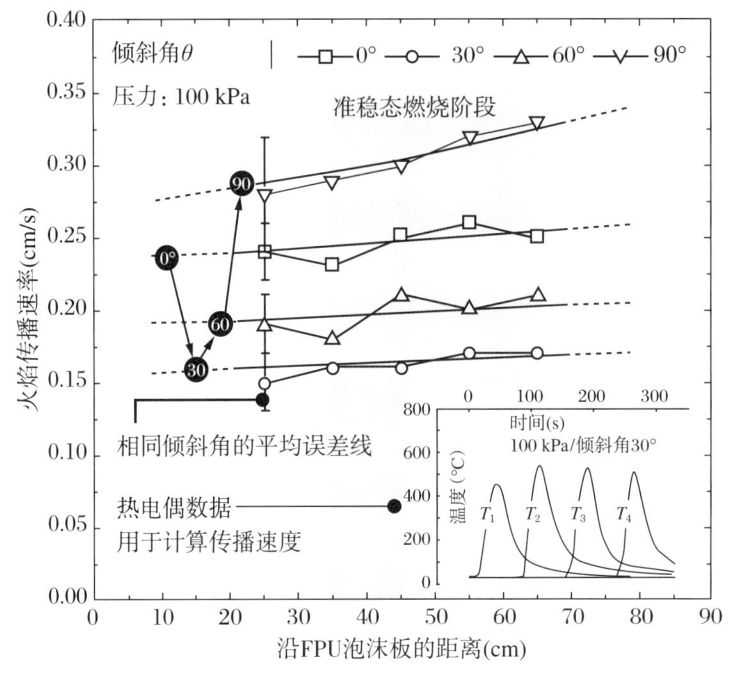

图4-7　压力为100 kPa时，随着倾斜角增大，火焰在各段内的传播速度（每10 cm距离的平均值）

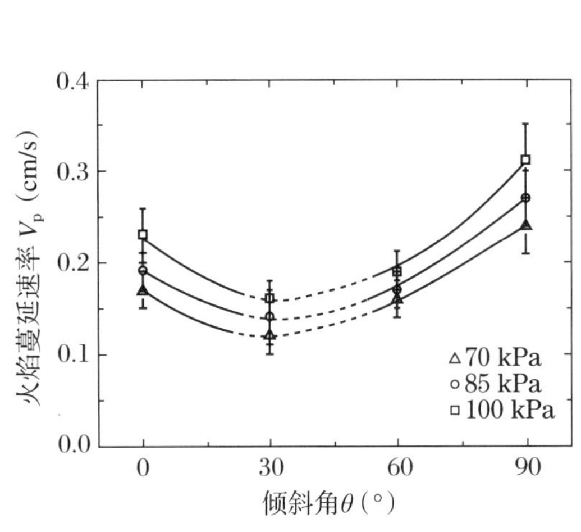

图4-8　不同压力条件下火焰平均传播速度随倾斜角的增大而增大

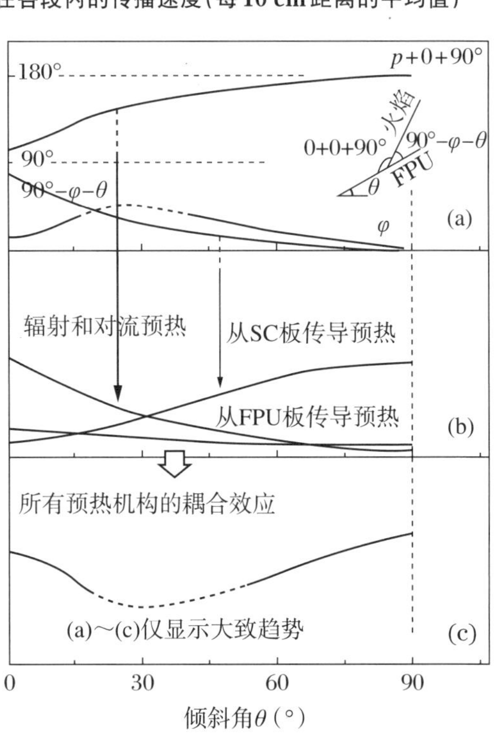

图4-9　各特征角、预热传热、火蔓延速度随倾斜角增大的变化趋势

4. 燃烧速率和火蔓延速度

燃烧速率是影响火焰倾斜度、长度等的关键共同因素，热反馈（主要通过热辐射、热对流和热传导三种方式实现）和热解区的面积大小与火蔓延速度成正比：

$$\dot{m}'' \propto \frac{\dot{q}''_{rad} + \dot{q}''_{conv}}{\Delta H_g} \propto \frac{dx_p}{dt}\rho \propto V_p \tag{4-5}$$

式中，$\dot{q}''_{rad}$、$\dot{q}''_{conv}$为辐射和对流热反馈，ΔH_g为覆盖热塑性类FPU材料复杂相变的总气化潜热。这意味着燃烧速率与火蔓延速度有相似的趋势，如图4-8所示。$\dot{m}''$与压力呈正相关关系，验证了图4-6的结果。

理论上，根据式(4-5)的热平衡和图4-9(b)的趋势，热厚FPU泡沫板的火蔓延速度可以在边界条件下简化：

$$V_p \propto (\dot{q}''_p)^2\delta_p \propto \begin{cases}(\dot{q}''_{f,rad} + \dot{q}''_{f,conv})^2\delta_p, & \theta = 0° \\ (\dot{q}''_{FPU,cond} + \dot{q}''_{SC,cond})^2\delta_p, & \theta = 90°\end{cases} \tag{4-6}$$

式中，$\dot{q}''_{f,rad} \propto p$，$\dot{q}''_{f,conv} \propto p^{1/2}$[4]，如Ya等人[5]对窄形火的推导，$\dot{q}''_{FPU,cond} \propto k(T_{ig} - T_\infty)$，它很小，几乎与压力无关。其中，$\dot{q}''_{SC,cond}$最初来源于火焰与SC板之间的对流和辐射换热，所以，当θ相对较小（火焰与SC板之间有一定距离）时，与压力的近似关系为：$\dot{q}''_{SC,cond} \propto p^\alpha$，$\alpha = 0.5 \sim 1$。当倾斜角增大，火焰均匀附着在SC板上时，SC板近火温度迅速升高，新的关系为$\dot{q}''_{SC,cond} \propto T_f \cdot L_f$。

与池火燃烧在火底直径超过20 cm时变为火焰辐射控制不同，在火底直径20 cm以内，池火的对流换热仍占主导地位。FPU板火焰宽度为20 cm[6]，在$\theta = 0°$时，即$V_p \sim (\dot{q}''_{f,conv})^2 \sim p$，这里选取的FPU板尺度能够代表真实建筑火灾早期保温材料的典型燃烧现象，对早期火灾探测和救援具有一定的指导意义。然而，实验室环境也存在一定的局限性，特别是对于完全发展的火灾条件（真实火灾场景的中后期），燃烧规模要大得多，通常主要受火焰辐射控制。进一步的研究工作将在不同的海拔高度下进行大尺寸的实验。

将火蔓延速度与气压归一化（比值）定义为$V_p/V_{p,0}$和p/p_0，可以更直观地比较压力对火蔓延速度的影响，如图4-11所示，其中$V_{p,0}$为相同倾斜角条件下100 kPa时的火蔓延速度，p_0 =100 kPa。根据式(4-6)，所得结果与上述分析吻合较好。

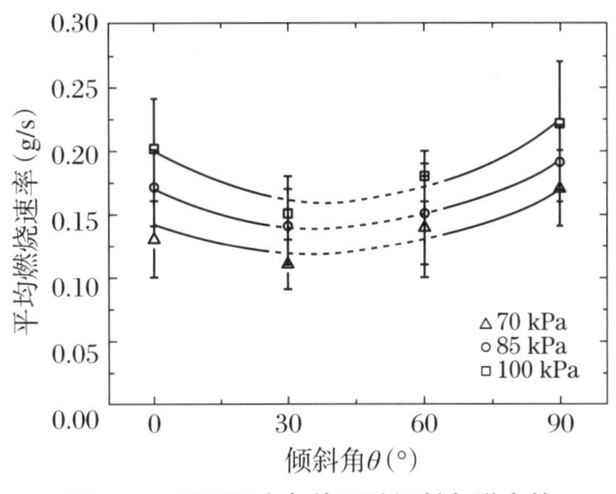

图4-10 不同压力条件下随倾斜角增大的平均燃烧速率

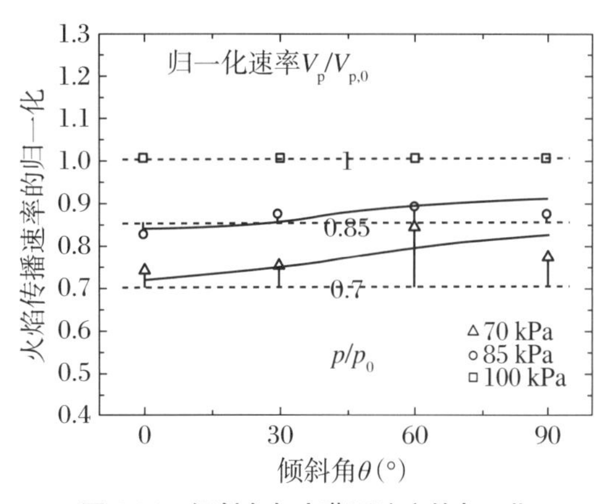

图4-11 倾斜角与火蔓延速度的归一化

4.1.2 建筑外墙常低压环境下顺流火蔓延特性研究

过去几十年里，随着对建筑节能的需求增加，柔性聚氨酯（FPU）泡沫因其优异的保温性能和较低的成本在建筑行业得到了广泛应用。FPU泡沫具有一些热塑性性能，所以可以被认为是类热塑性材料，特别是与刚性聚氨酯（RPU）相比，这是一种热固性材料[9]。同时，近些年也发生了数起由于大型热塑性保温材料被点燃而引起的火灾，如2017年伦敦格伦费尔塔火灾、2011年沈阳万信酒店火灾和2009年北京电视文化中心火灾。当暴露于立面的泡沫板被点火源点燃时，顺流火灾的蔓延速度非常快。以往的研究表明，FPU在燃烧过程中出现的"熔融-流动"特性为建筑消防系统设计带来了各种挑战。此外，外部环境压力的变化会导致FPU的燃烧动力学和燃烧特性完全不同，包括燃烧速率、火焰扩散、火焰形态和火焰温度的变化。涂然等人[9]预测了压力对FPU泡沫燃烧行为的影响，并定量分析了燃烧速率、烟尘浓度和压力之间的关系。马鑫等人基于经验关系对FPU向下燃烧过程中的火焰高度和火焰脉动进行了研究，发现使用池火理论预测的值与实验结果一致。因此，对FPU在高海拔地区的燃烧行为的实验分析可以提供数据依据，用以协助制定对应的消防策略。

理论模型和实验研究都表明，环境压力对固体燃料的燃烧有影响。经验推导的相关性$\dot{m}'' \propto p^n$描述了这种关系[9]，其中n已被证明在四个范围内变化。

$$\dot{m}'' \propto p^n \approx \begin{cases} <0 & （传导控制） \\ 0\sim1 & （转变） \\ 1\sim2 & （对流控制） \\ 1\sim1.7 & （辐射控制） \end{cases} \tag{4-7}$$

Kleinhenz等人[10]提出的压力-重力模型指出顺流火蔓延速率与实际燃烧速率成正比。Deris基于量纲分析了辐射控制低压、一维固相火蔓延之间的关系：

$$m \propto \dot{m}''\cdot v \propto p^{2/3} \tag{4-8}$$

此外，涂然等人[1]确定了水平火焰在二维FPU板上扩散时的压力和燃烧速率之间的简化关系，并提出了燃烧速率与p成正比（4:3）。龚俊等人研究了低大气压对火焰在不同高度的厚聚甲基丙烯酸甲酯（PMMA）板上火焰向下扩散的影响，发现燃烧速率与p成正比（9:5）。以往的研究也考察了燃料源的角度和宽度对火蔓延的影响。Tsai分析了燃料宽度对热固型材料燃烧产生的湍流火蔓延的影响，结果表明，火蔓延速率和燃料宽度之间的关系可概括为$V_f \propto 0.35$，研究还提出了样品宽度与无量纲火焰高度之间关系的表达式：

$$\frac{H}{W} \propto W^n \tag{4-9}$$

预测重力辅助火焰会根据角度方向扩散，并确定了总火焰的热通量与样品倾斜度之间的关系，表示为

$$\dot{q}''_f = C_{q,L} BL(\sin\theta L)^{2/5} x_p^{1/5} \tag{4-10}$$

研究人员还研究了低压下试样宽度和倾斜角对膨胀聚苯乙烯（EPS）表面火焰扩散的影响[11]，发现无量纲最大火焰高度随试样宽度的变化而变化[12]：

$$H \propto w\cdot n \quad (0.7 < n < 0.9) \tag{4-11}$$

此外,火蔓延速率与倾斜角之间存在非线性相关关系:

$$v_f = ce^{-p\sin^q(\alpha/2)} \tag{4-12}$$

尽管前人已开展了上述工作,但在燃料宽度有限、环境空气压力低(由于高度)或建筑具有不同的立面倾斜度的情况下,现有的模型对于预测FPU上的火焰向上扩散速率是不准确的。本研究通过比较实验,研究了FPU泡沫板在不同压力条件下火焰向上扩散时的燃烧行为。这些实验分别在合肥(海拔40 m,气压99.8 kPa)和拉萨(海拔3 650 m,气压66.5 kPa)进行,研究了气压对FPU泡沫板燃烧速率、火焰蔓延特性、火焰温度、火蔓延速率、垂直火焰高度和火焰频率的影响。研究过程中对相关的传热机理进行了分析。

实验分析了低气压环境对建筑立面保温材料柔性聚氨酯(FPU)燃烧行为的影响。比较燃烧实验是在合肥和拉萨的两个类似的EN54火灾实验室中进行的。房间宽7 m、长10 m、高4 m。这个房间的大小足以让人忽略燃烧实验中房间内氧气的减少。该实验装置由电动平衡器、FPU板架、传感器和测量系统组成,如图4-12所示。将一块FPU泡沫板样品(2 cm厚、80 cm长、5 cm或20 cm宽)安装在FPU板支架上的绝缘石膏板上。FPU板由底部用乙醇浸泡的灯芯点燃,以实现线性点火,并提供一个不受限制的顺流蔓延火焰。可以调整泡沫板的倾斜角,只允许FPU泡沫板的上表面燃烧。手动调整FPU泡沫板(或绝缘石膏板)的角度,并使用放置在侧面的量角器来测量倾斜度。测试了四个立面倾斜角($\theta = 0°$、30°、60°、90°)。实验所选的FPU泡沫板参数见表4-2。

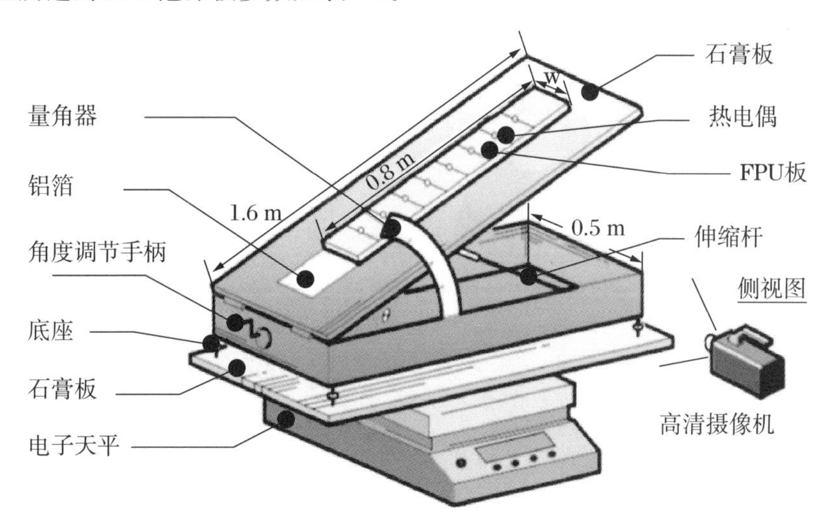

图4-12 用于研究FPU板的燃烧行为,同时模拟各种立面倾斜度的实验装置

表4-2 FPU泡沫材料性能参数

分子结构	密度(kg/m³)	比热(kJ/(kg·K))	导热系数(W/(m·K))	热解温度(℃)	燃烧热(MJ/kg)
$CH_{1.8}O_{0.3}N_{0.05}$	41.5	1.5	0.037	440	30

FPU板支架放置在第二厚石膏板上,石膏板置于精度0.01 g的电子天平上,以便监测燃料质量随时间的变化。使用两个高清摄像机,从侧视和俯视两个角度,以30帧/秒的速度记录燃烧实验。在FPU板的顶部以10 cm的增量绘制参考线,以便对火焰扩散进行可视化分析,7个热电偶(T1~T7)位于FPU表面的中线上。热电偶位于板表面上方约2 mm处,当调整板的倾斜度时可以重新定位。

所有实验均在恒定的空气温度和湿度下进行（合肥：22±2.0 ℃，55%±4%相对湿度；拉萨：20±2.0 ℃，50%±4%相对湿度），以更好地观察气压的影响。所有的温度和燃料质量数据都以1 Hz的频率记录下来。每个实验重复三次，直到结果可重复。

1. 在FPU板上的向上燃烧行为

图4-13所示为火焰分散在5 cm和20 cm宽的FPU板上，倾斜角为30°，环境压力为66.5 kPa（在拉萨）的情况。在5 cm宽的样品中，火焰只需要20 s就可以移动50 cm，形成一个线性燃烧区域，如图4-13(a)所示。较宽的(20 cm)板显示了热解前沿从线性到三角形的转变，如图4-13(b)所示。图4-13所示窄板的燃烧前部以近似一维的方式展开，相比之下，较宽的样品有一个不规则的燃烧前部和一个呈倒"V"形的热解前锋，表明为二维火焰扩散。这一结果表明，增加燃料的宽度也增加了空气夹带的程度，产生更大规模的燃烧。由于两侧

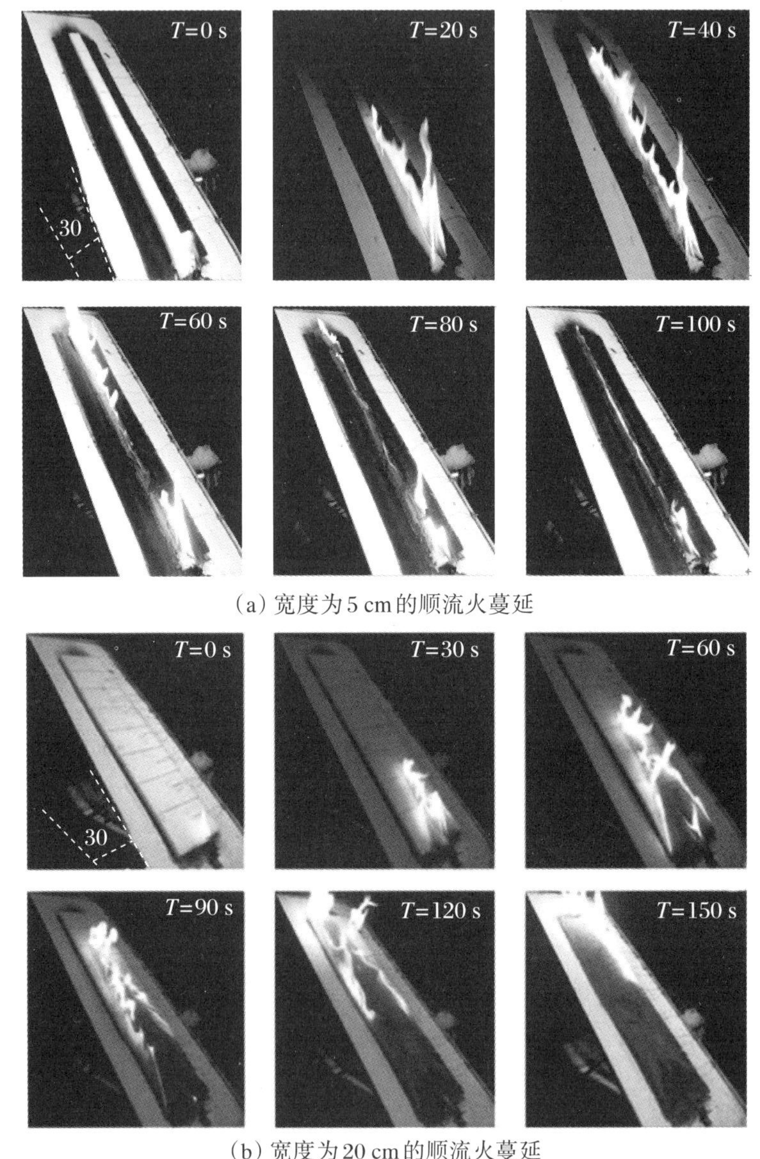

(a) 宽度为5 cm的顺流火蔓延

(b) 宽度为20 cm的顺流火蔓延

图4-13 66.5 kPa条件下火焰蔓延图像

的空气夹带增强，加上热解区气体动量的增加，火焰底座向前移动，形成倒“V”形状，由于浮力效应，火焰的长度被拉长。

当FPU板燃烧时，观察到一种独特的现象，即火焰在燃烧板的中部熄灭60 s，而燃烧板的下部继续燃烧。这种“双端”燃烧归因于在测试中板材出现的“熔融滴落”行为。在实验过程中，观察到熔融的FPU在燃料燃烧区域形成，并逐渐向下流向板材的下部，导致间歇性火焰。在80～100 s的燃烧时间跨度内，火焰的上部几乎熄灭，而下部继续燃烧。这种“双端”燃烧现象可能会对消防安全策略产生重大影响。尽管在燃烧过程中形成了碳质残留物层，但熔融FPU的燃烧特性与液体池火灾相似，这已在许多研究中描述过[13,14]。热力学原理如图4-14、图4-15所示。在这种传热机制中，热量通过燃烧区的固相传输、气相辐射以及火焰、热气流的对流传递到试样的预热区域。随着倾斜角的增加，火焰由于向上的空气夹带而被拉伸，这反过来又加强了在预热区的燃料热量供应，并加速了燃烧过程。

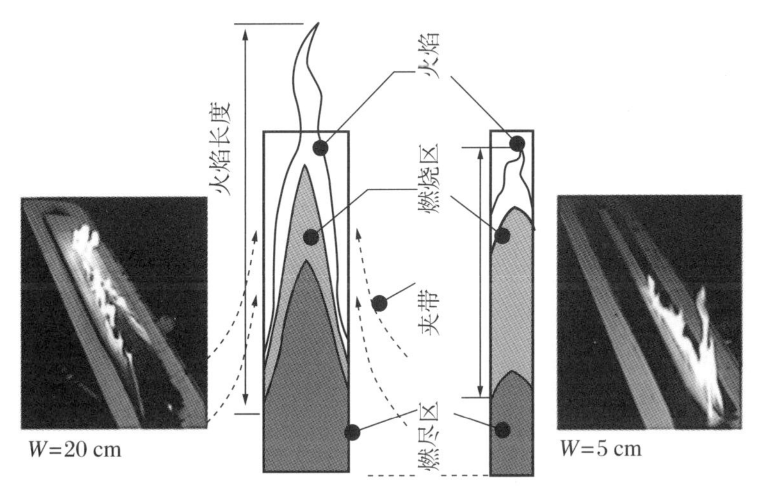

图4-14　连续图像显示火焰在FPU板上蔓延(66.5 kPa,拉萨)

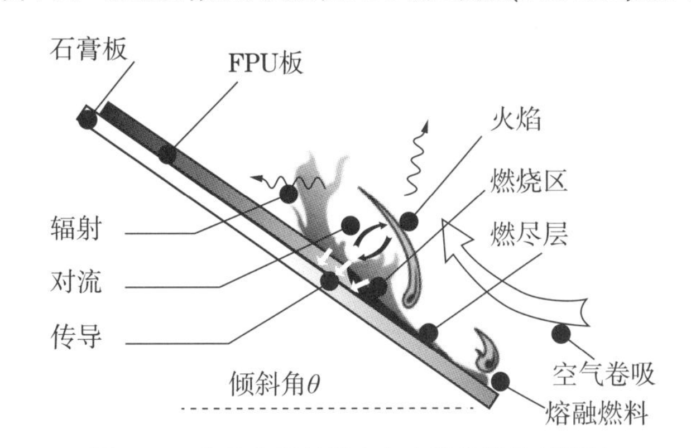

图4-15　火焰在倾斜板上向上扩散行为(卷吸)

2. 燃烧速率

主要选取FPU板在相对稳定燃烧阶段的燃烧速率进行比较。如图4-16所示，通过对一个20 cm宽的FPU板的质量损失数据应用线性拟合得到平均燃烧速率。图4-17比较了不同压力和倾斜角条件下的燃烧速率。结果表明，低压环境下的燃烧速率普遍低于高压环境下的燃烧速率，特别是对在较大倾斜度下较宽的试样。随着倾斜角的增加，燃烧速率大大提高。压力对较窄样品的水平火焰扩散的影响可以忽略不计。然而，在一些实验中，增加角度会增加燃烧速率比。在30°倾斜角宽20 cm的板上获得了最高的燃烧率。这一结果可能是由于其传热机制，可总结为

$$\dot{m} \propto (\dot{q}''_{con} + \dot{q}''_{conv} + \dot{q}''_{rad})/\Delta H_g \tag{4-13}$$

式中，“$\dot{q}''$”为热通量，下标“con”“conv”和“rad”分别表示传导、对流和辐射热反馈。当使用窄板时，传递到未燃烧区域的热量受到传导和对流的控制，压力的变化主要影响辐射对传热的贡献程度。随着倾斜角的增加，火焰与板之间的夹角减小，使火焰更接近板表面，板材的未燃烧区域将受到更强的火焰辐射热反馈。因此，当倾斜角或基板宽度达到一个临界值时，受压力影响的辐射机制将变得越来越显著。

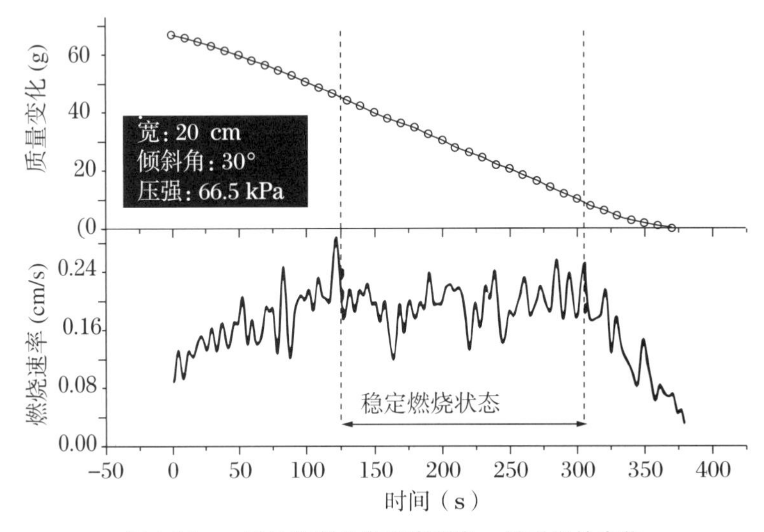

图4-16　质量的变化和燃烧速率 $\boldsymbol{m}$ 随时间的变化

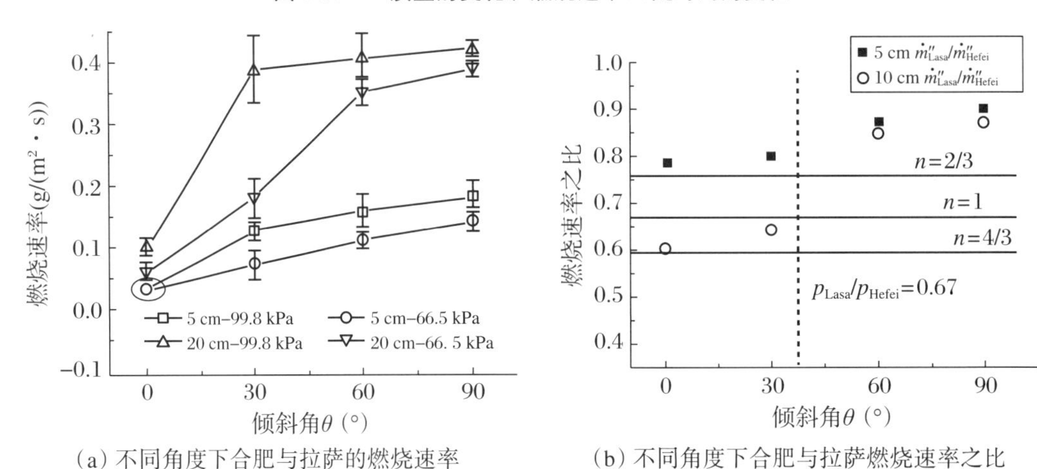

(a) 不同角度下合肥与拉萨的燃烧速率　　(b) 不同角度下合肥与拉萨燃烧速率之比

图4-17　燃烧速率的比较

低压对燃烧速率的影响(不管倾斜角的影响如何)可表达为

$$\dot{m} \propto C_r p^n \tag{4-14}$$

式中，“C_r”是一个与环境压力无关的常数。在实验中，低气压对FPU燃烧速率的影响明显受到角度和宽度之间的耦合影响。如图4-18所示，使用20 cm的小倾斜板，火焰扩散近似为二

维，导致在低压下燃烧速率要慢得多。在较大的倾斜角下，燃烧速率意外增加。图4-19表明压力效应在某种程度上得到了补偿。这种现象是由于火焰的拉伸，它显著地扩大了预热区域。与水平火焰扩散相比，燃烧过程在较大的倾斜角下很容易转变为大范围的燃烧。这种转变将导致FPU板完全燃烧，进而使扩散过程复杂化。

图4-18绘制出了log(m)对log(p)的图像，给出了不同角度的压力指数。气压与燃烧速率之间的关系可以描述如下：

$$\dot{m}'' \propto p^n, \quad n \approx \begin{cases} 0.61 & (\theta = 0°) \\ 1.39 & (\theta = 30°) \\ 0.89 & (\theta = 60°) \\ 0.63 & (\theta = 90°) \end{cases} \tag{4-15}$$

在30°倾斜角下，这种关系与涂然的理论相一致，即传热是由辐射控制的。当倾斜角超过一个特定的值时，由于通过石膏板传递了大量热量，热反馈机制变为受热传导控制。在90°时，热传导的相对比例较大，热反馈的比例减少，导致指数突然衰减($n = 0.63$)。

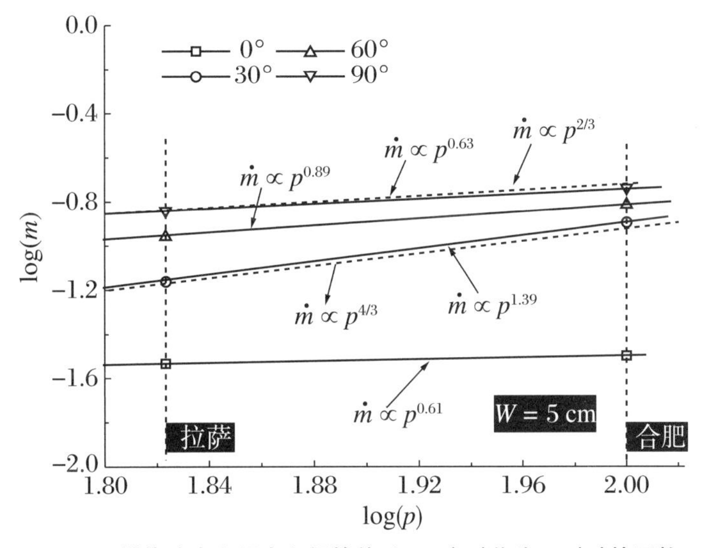

图4-18　燃烧速率和压力之间的关系：log(m)作为log(p)的函数

3. 垂直火焰高度

较大的火焰高度意味着较大的火灾风险。因为火焰在扩散过程中的高度变化显著，即使在上述相对稳定的状态中也是如此，因此火焰高度是一个重要的参数，它被定义为火焰顶和火焰根之间的垂直长度(垂直于FPU板)。利用垂直火焰高度监测FPU燃烧的物理形态。因为火焰高度因脉动而发生周期性变化，所以我们使用MATLAB软件包进行数字图像处理来计算垂直火焰高度。其中计算的数据是从稳定燃烧阶段超过30 s跨度的连续火焰图像中获得的(图4-19)。由于倾斜角对火焰前部非线性向上扩散的影响，Zukoski所描述的经典火焰高度关系不能用于本工作。相反，火焰高度是由式(4-16)给出的：

$$H/D = 3.7\dot{Q}^{*2/5} - 1.02 \tag{4-16}$$

式中，H和D分别对应火焰高度和直径，Q^*表示无量纲的热释放速率。火焰的高度也可以被描述为

$$H \propto Q'^{m_0} \tag{4-17}$$

另外,热排放率也可以写为

$$Q' = \dot{m} \cdot \Delta H_c \tag{4-18}$$

式中,ΔH_c是燃烧焓。

图4-19给出了在不同倾斜角和压力下的实验垂直火焰高度的比较。较低压力下的火焰高度略小,可能是因为燃烧速率和燃烧面积的不同。这可以用Burke-Schumann的火蔓延方程表示:

$$H \propto \frac{\mu}{\alpha + \varepsilon} \tag{4-19}$$

式中,μ为燃料的扩散速度(挥发物的主要速度),α为分子扩散系数,ε为涡流扩散系数。火焰经历层流低环境压力和α与压力呈正相关。火焰高度随压力的增加而增加,如图4-19所示,FPU试样在99.8 kPa(合肥)和66.5 kPa(拉萨)压力下的垂直火焰高度是倾斜角的函数。

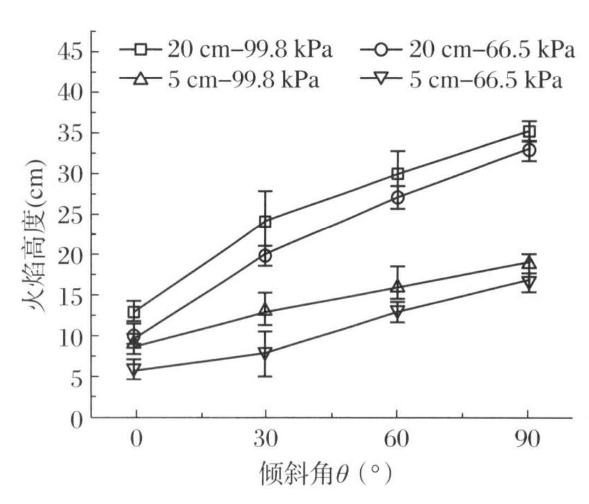

图4-19 FPU试样在99.8 kPa(合肥)和66.5 kPa(拉萨)压力下垂直火焰高度随倾斜角的变化

图4-20(a)所示为对数火焰高度log(H)与对数压力log(p)的关系图,图4-20(b)为压力指数值与角度之间的关系。图4-20表明,垂直火焰高度也受到角度和板宽度的影响,随着角度和宽度增加,垂直火焰高度H变得更大。这些结果与以往的池火火焰高度分析结果不同。由图还可看出,随着压力的增加,火焰高度也随之增加,但随着倾斜角的变大,火焰高度增加的幅度逐渐变小。由图4-20(a)可知,火焰高度与角度存在某种线性关系,说明角度的变化会影响火焰高度。因此,火焰的高度可以被描述为

$$H \propto p^{0.631-0.06\theta} \tag{4-20}$$

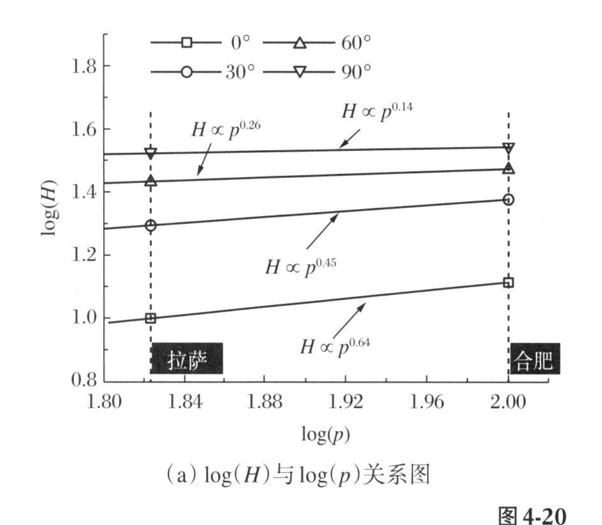

(a) log(H)与log(p)关系图

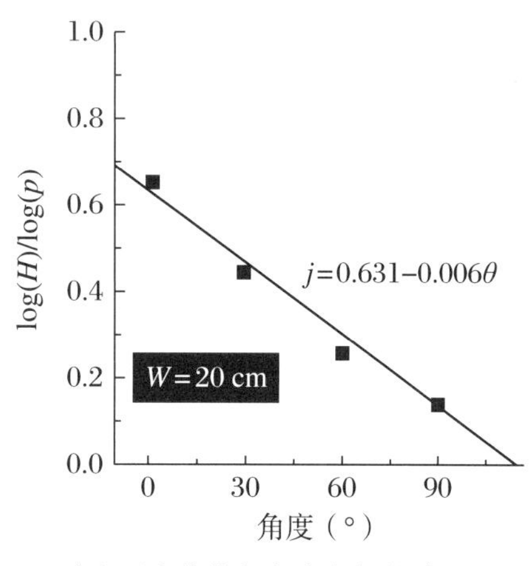

(b) 压力指数与角度之间的关系

图4-20

在倾斜角增加的情况下,产生的空气动量增加,加上扩展的热解区域,预计会产生更高的蒸发燃料流量。这反过来又会助长浮力和倾斜气体流动的分流拉伸火焰。但是,当角度

超过一定值时，它会以不同的方式影响火焰高度。在较大倾斜角下，压力对垂直火焰高度的影响较小，主要是由于在较大的倾斜角下的高火焰扩散速度导致FPU的表面燃烧引起的。在这种情况下，两种空气压力下火焰燃烧表面积的差异要小得多。

4. 火焰脉动频率

由环境空气夹带引起的火焰脉动频率f是决定火焰物理形态的关键因素，并被广泛用作火灾探测技术的标准之一。根据各燃烧场景的视频记录，计算了在相对稳定的燃烧状态下的火焰脉动频率。对时域曲线中的火焰高度的时间序列数据进行傅里叶变换，将时域信号转化为频域信号来计算火焰脉动频率。频率比值f/f_0在不同压力下(99.8 kPa和66.5 kPa)随角度的变化如图4-21所示。这里，下标"0"表示在0°角下。

对于同一FPU板，低气压下的f比高气压下的f稍大。这一现象可以用燃烧面积的增加来解释[6]：

$$f \approx C\sqrt{\left(\frac{\rho_\infty}{\rho_{\mathrm{m}}}-1\right)\frac{g}{D}} \propto \sqrt{\frac{\Delta T}{T_\infty}\cdot\frac{g}{D}} \tag{4-21}$$

式中，C是一个比例因子，ρ_∞是空气密度，ρ_{m}是火焰气体密度，$\Delta T = T_{\mathrm{f}} - T_\infty$，$T_{\mathrm{f}}$和$T_\infty$分别表示火焰温度和环境温度，$D$是水利直径，定义为$D = S/A$，其中$S$和$A$分别为燃烧区的面积和周长。对于空气压力的影响，由于在较高的温度下有更强大的浮力对流值，高压环境下脉动频率值略低于低压环境，而与燃料类型无关。倾斜角的影响主要是因为D的变化，减小燃烧面积随其内部面积的增加而迅速增加夹紧角度。因此，脉动频率f随着D的增大而增大。

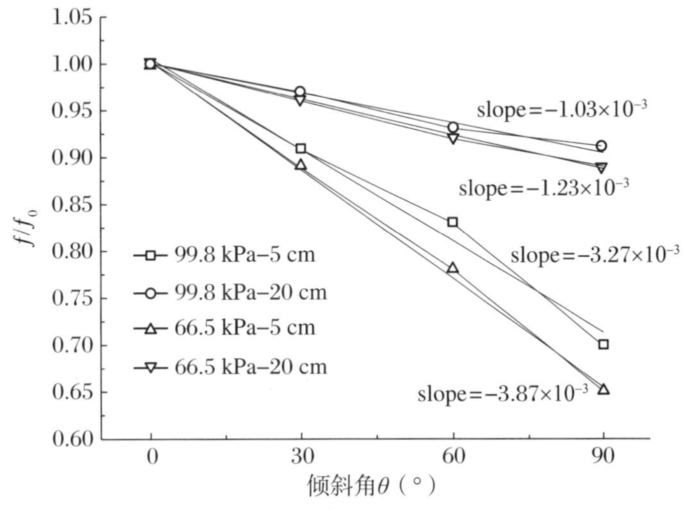

图4-21　f/f_0作为倾斜角的函数

5. 火焰温度和火焰蔓延速度

图4-22描述了5 cm和20 cm宽度的两块FPU板在99 kPa(合肥)和66.5 kPa(拉萨)压力下的火焰蔓延速率。火焰的蔓延速率是通过燃烧早期阶段的录像和后期阶段火焰变厚时的热电偶温度变化来确定的。沿着热电偶阵列上升的温度标志着火焰尖端的到达时间。当火焰变厚时，在这些位置的火焰扩散速度可以描述为

$$V_i = \frac{L}{\Delta t} = \frac{X_i - X_{i-1}}{T_i - T_{i-1}} \tag{4-22}$$

式中，i、$i-1$分别表示第i个和第$i-1$个热电偶，V_i表示第$i-1$个热电偶至第i个热电偶之间火焰的平均扩散速度，L是相邻两个热电偶的距离（10 cm），Δt为火焰从第$i-1$个热电偶到达第i个热电偶的时间，X_i、X_{i-1}分别表示第i、$i-1$个热电偶的位置，T_i、T_{i-1}分别表示火焰到达第i、$i-1$个热电偶的时间。图4-22表明，压力降低减缓火蔓延速度，而增加倾斜角显著提高火焰扩散速度。与空气压力对燃烧速率的影响相似，在较大的倾斜角下，压力对火蔓延速度的影响被最小化。由于来自火焰的热量直接传递到板上部的未燃烧部分，蔓延过程加快。如图4-23所示，在较低的气压下，99.8 kPa和66.5 kPa时测得火焰峰值温度分别为1 075 K和1 138 K。这种差异很大程度上是因为火焰受到较低的压力时辐射热损失减少，较低的空气密度降低了环境空气卷吸冷却。由辐射引起的与温度测量相关的误差主要是使用Luo描述的方法确定的，该方法基于以下方程：

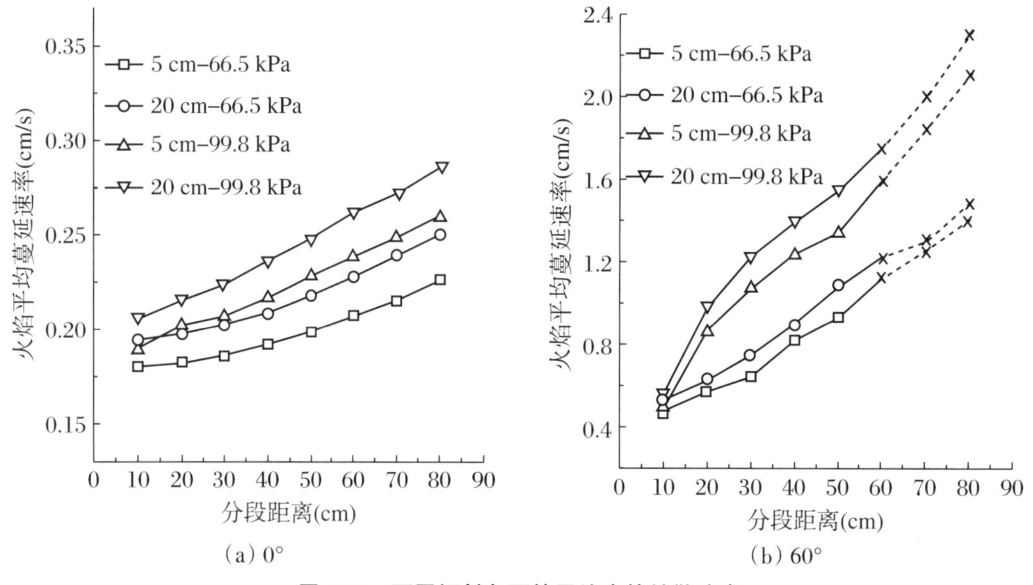

图4-22 不同倾斜角下的平均火焰扩散速率

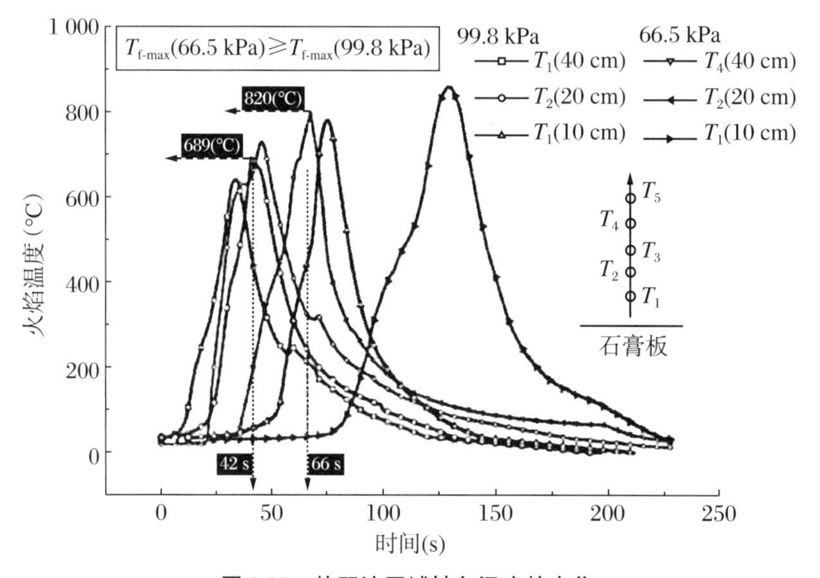

图4-23 热羽流区域轴向温度的变化

$$\Delta T = T_f - T_{th} = \frac{\sigma \varepsilon_{th}(1 - \varepsilon_f)T_f^4}{h + 4\sigma \varepsilon_{th} T_f^3} \tag{4-23}$$

式中，ε是辐射发射率，h是对流传热系数，下标th和f分别表示热电偶和火焰。基于此方法，我们实验的火焰温度误差小于3%。

实验分析了低气压和变化倾斜角结构对建筑保温材料FPU的燃烧和火灾扩散特性的耦合影响。结论总结如下：(1) 随着FPU板宽度的增加，热解锋面由一维变为不规则的"V"形，这在央视建筑火灾、格伦费尔塔火灾等实际火灾事故中也可以观察到。同时，还发生了由于熔融滴落燃烧引起的二次火灾，这种现象可能会对消防救援行动产生重大影响。(2) 较低的空气压力导致了板材燃烧速率的降低。在不同倾斜角和板材宽度下，压力与燃烧速率的关系为$\dot{m} \propto p^n (0.61 < n < 1.39)$。(3) FPU板上的垂直火焰高度是由不同的因素决定的。当板材的倾斜角增加时，垂直火焰高度增大。相比之下，气压对火焰高度的影响相对较小。(4) 火蔓延速率随环境压力的增加而增大。然而，倾斜角的增加显著提高了火焰的扩散速度，抑制了高倾斜角下压力的影响。虽然实验中的火蔓延速率由于规模较小，远低于实际火灾事故，但也能为实际火灾的预测提供参考。(5) 较低气压下的火焰温度略高于正常气压下的火焰温度，导致空气卷吸引起的火焰脉动速度加快。随着燃烧尺度的增加，随着倾斜角或板宽度的增加，火焰脉动逐渐减弱。

4.2　建筑外墙典型构型下火灾特性

不同外墙立面构型将对立面火灾蔓延特性产生重要影响，尤其是目前流行的幕墙结构，烟气在受限空间的流动会随着幕墙结构的不同设计而发生变化。本节主要通过自行搭建的实验台研究不同幕墙距离条件下逆流火蔓延特性，通过分析火势蔓延、烟气流动、温度辐射变化，对高层建筑幕墙结构进行设计优化，并对火灾救援提供参考意见。

4.2.1　建筑外墙典型构型下逆流火蔓延特性研究

1. 不同幕墙条件下FPU板向下燃烧行为的实验装置

该实验是在自行搭建的实验装置上进行的，如图4-24所示。实验均在恒定的初始空气温度(22±2.0 ℃)和相对湿度(55%±4%)下进行。所有的温度和燃料质量数据都以1 Hz的频率记录下来。每个实验至少重复三次，直到结果被确认是可重复的。实验选择的FPU泡沫板和幕墙的参数见表4-3。

天平以0.01 g的精度监测燃料质量的变化。底部的滴槽，可以收集由熔化FPU产生的熔滴液体的质量。将一块FPU泡沫板样品(厚2 cm，长80 cm，宽20 cm)安装在FPU板支架上的绝缘石膏板上。FPU板由一根长水平电加热线点燃，以实现线性点火和逆流火焰蔓延。两台数字摄像机(SONY，FDR-AX100E)分别被放置在火焰的正面和侧面。为了获得更多关于火蔓延行为和火焰结构的细节，使用了两组热电偶序列，位于板表面上方约2 mm，间隔为10 cm。K型超细热电偶的精度为0.1 ℃，其最大测量温度值为1 000 ℃。一个阵列热电偶

(T_0～T_4)位于FPU表面的中心线上，另一个阵列(T_5～T_9)位于侧面。

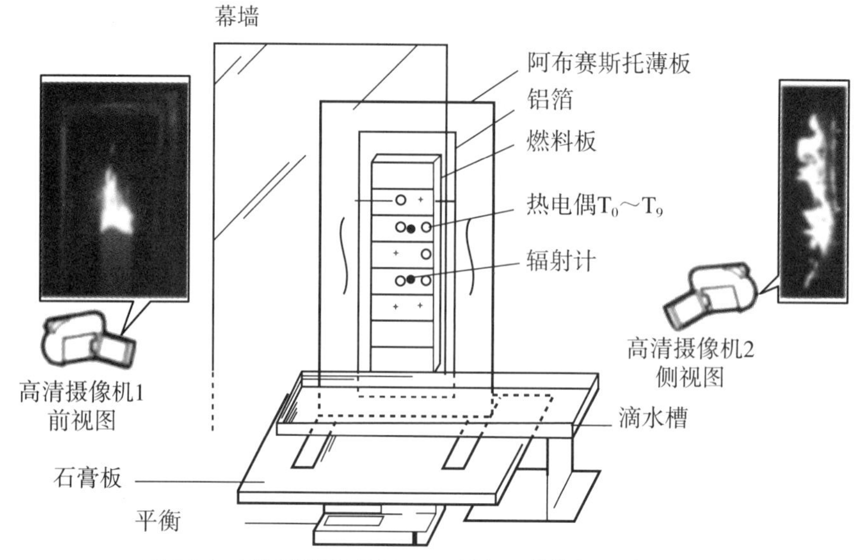

图4-24　不同幕墙条件下FPU板向下燃烧行为的实验设置

表4-3　PU泡沫板和幕墙参数

分子结构	$CH_{1.8}O_{0.30}N_{0.05}$
密度(kg/m³)	41.5
比热(kJ/kg·K)	1.5
导热系数(W/(m·K))	约0.037
热解温度(℃)	440
燃烧热(kJ/kg)	30
尺寸(高度×宽度×厚度,cm)	80×20×2
幕墙透射率(%)	87～91

2. 不同幕墙与隔板距离逆流火火焰扩散行为

FPU泡沫的燃烧，本质上是分裂的小分子液链的燃烧，最后的燃烧过程是在热解区液体蒸气的燃烧，这与池火极为相似。由于夹层与烟囱之间存在向上平行气流，火焰长度和形态与无幕墙条件不同，之后将进行比较分析。以幕墙间距D = 6 cm条件为例，描述典型的形态向下燃烧情景，如图4-25(a)所示。在逆流火蔓延的过程中，由于空气从侧面和底部流动，FPU泡沫中间的上空气卷吸速度将高于两侧，导致较慢的火焰在中间蔓延，因此是一个倒V形结构。这一现象可以用Gollner的边界层理论来解释[15]，该理论基于燃料表面边界层的质量、动量和传热之间的关系，相关方程为

$$\frac{\tau_s}{u_\infty \nu^{2/3}} = \frac{\dot{m}_1''}{D^{\frac{2}{3}} In(1+B)} \tag{4-23}$$

在FPU板的中间，由于幕墙的限制作用，火焰受到限制，很难保持原来的燃烧状态。因此，板中间的蔓延速度相对于两侧慢。

同时可以看出，在扩散过程中，由材料的热塑性行为引起的局部性小尺度熔化滴会随机发生，如图4-25所示，这也是发生次要火灾点的一个重要原因。在幕墙和燃料板之间的夹层

中，熔滴的频率会增加。在火灾事故中，熔融的燃料会产生高温易燃材料，并脱离原来的位置，向下滴落，形成多个火灾现场，同时对周围的人、适当的纽带或相邻的建筑物造成热危害，最终使消防救援工作复杂化。

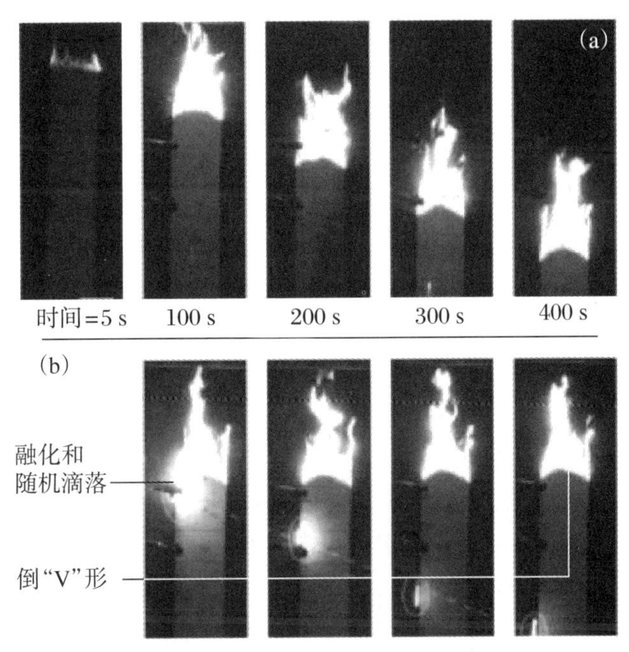

图4-25　间距 $D=6$ cm时FPU熔滴行为的向下火焰传播

如上所述，当幕墙存在时，燃烧过程中的夹带和传热变化显著，如图4-26所示。定义穿透深度用来判断材料是热薄的还是热厚的：$\delta \approx \sqrt{\alpha_s \tau}$[16]，式中 α_s 为样品材料的热扩散系数，τ 表示固体样品暴露在气相热下的特征时间。由于我们实验中使用的FPU板是热薄固体，燃烧速率的热平衡方程可以表示为[17]

$$V \approx (\overline{\dot{q}''})^2 \frac{4\delta_p}{\pi k \rho c_p (T_{ig} - T_\infty)^2} \tag{4-24}$$

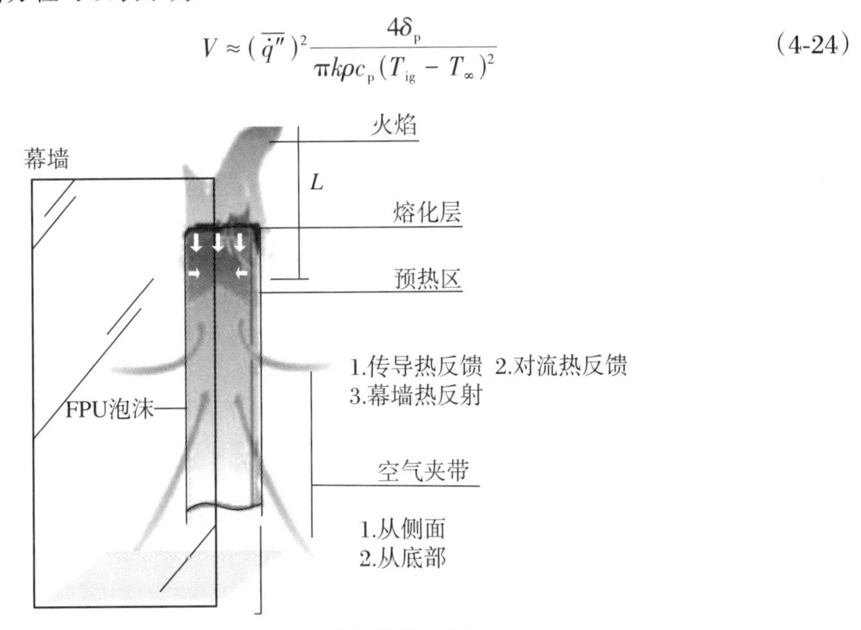

图4-26　传热和空气夹带示意图

随着沿板表面的热传导和对流传热的衰减，大部分的热交换集中在δ_p区域，即热穿透长度。此外，$\overline{\dot{q}''}$表示在热解和预热δ_p的主要区域接收到的平均热流密度。

当幕墙存在时，热平衡就变成了

$$\begin{cases} \overline{\dot{q}''} = \dot{q}''_{w,\ rad} + \dot{q}''_{f,\ conv} + \dot{q}''_{FPU,\ cond} \\ \dot{q}''_{w,\ rad} = \dot{q}''_{ref,\ rad} + \dot{q}''_{c,\ rad} \end{cases} \tag{4-25}$$

上式概括了FPU垂直热渗透区的主要传热情况，其中火灾的传播包括来自幕墙的辐射$\dot{q}''_{w,\ rad}$、在层间空间中的对流$\dot{q}''_{f,\ conv}$以及$\dot{q}''_{FPU,\ cond}$的热传导，对于第一项，幕墙的整体热反馈分为两个部分。来自火焰的直接热辐射热反馈对于垂直火焰的传播可以忽略不计。

火焰辐射会通过幕墙被反射到自身，进一步加强火焰辐射，因而加强了燃烧过程。此外，大部分的建筑幕墙（包括我们的实验）是由透明玻璃制成的，反射的辐射与幕墙透光率呈负相关关系。

夹层空间内的温度会随着火蔓延过程的增加而增加，但另一方面，底部上升的夹带流（增强冷却）也会增加。由于这两种相反的影响，在实验观测中没有明显的火灾蔓延加速。

图4-27给出了向下火焰蔓延期间质量损失数据变化与幕墙间距的影响。图4-27(a)所示为一个稳定的火焰传播过程，质量损失与时间呈近似线性关系。然而，当我们比较准稳态扩散阶段的平均燃烧速率时，发现质量损失与间距D之间存在复杂的关系。图4-27(b)显示当幕墙间距D为4.5 cm时，质量损失率出现峰值。同时可以看出，虽然燃烧速率的总体趋势随D的增加而降低，但它并不单调。原因是有一些热反馈也随着D的增加而有竞争。首先，随着D的增加，$\dot{q}''_{w,\ rad}$由于辐射透视系数与幕墙距离变化的耦合效应，会产生变化。其次，$\dot{q}''_{f,\ conv}$也由于向上气流的变化而变得更加复杂。此外，对于热塑性材料，熔融滴落现象将带走相当大的质量和相关的热量，从而降低燃烧速度。

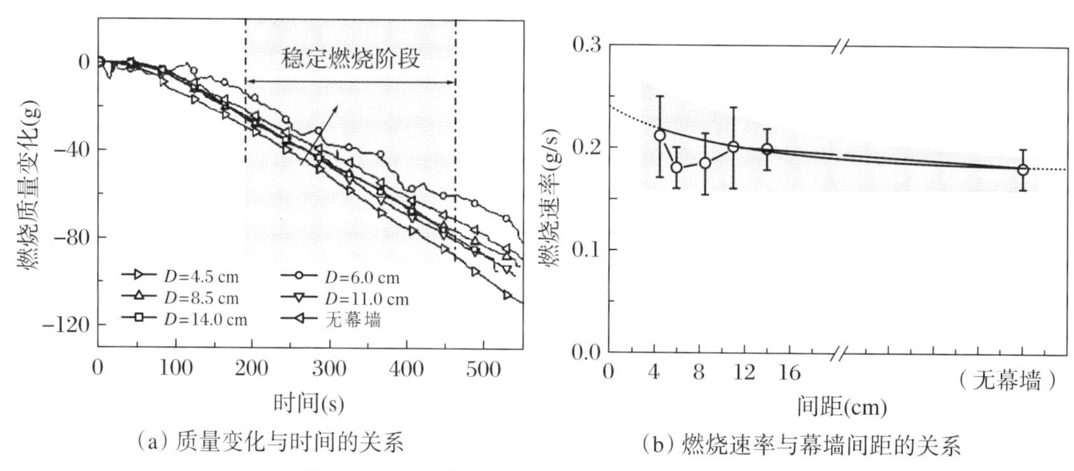

(a) 质量变化与时间的关系

(b) 燃烧速率与幕墙间距的关系

图4-27 不同幕墙条件下FPU板质量损失速率

为了更好地理解这一过程，我们具体测量了熔滴行为。FPU的熔滴行为η的程度，定义为$\eta = m_d/m_i$。式中，m_i是FPU泡沫板的初始质量（约210 g），m_d为滴落产物的质量。通过设置有无幕墙和幕墙间距来进行对照实验，测量不同情况下滴落产物的质量来判断幕墙对燃烧的影响。如表4-4所示，可以看到，无幕墙条件下，滴落产物质量最低，与描述的现象一致。当$D = 6$ cm时，滴落燃料的质量为最大值，这可能是传热机制竞争的结果，其中一个影响是幕墙能促进温度场从幕墙反馈到FPU。

表4-4 不同幕墙间距下FPU的熔滴度

D	4.5	6.0	8.5	11.0	14.0	∞
η	30	37.9	36.1	17.6	11.6	8.4

3. 不同幕墙与隔板距离对逆流火火焰高度的影响

实验中通过CCD相机记录相应图像序列，获得不同幕墙间距D下准稳态扩散阶段的火焰高度，如图4-28所示。采用CCD高速摄像机采集火焰形态的视频信息，采用Zukoski提出的概率法[18]，通过自编译的MATLAB程序获得各间距D条件下的平均火焰高度。初始阶段，由幕墙产生的烟囱效应引起的拉伸效应更大，导致火焰高度进一步增加。随后，随着大部分熔融FPU消耗和燃料供应减少，火焰高度下降。不同实验条件下的火焰高度如图4-29所示，可以看到平均火焰高度随间距D的增大先上升后下降，其中存在一个临界转折点D_c。

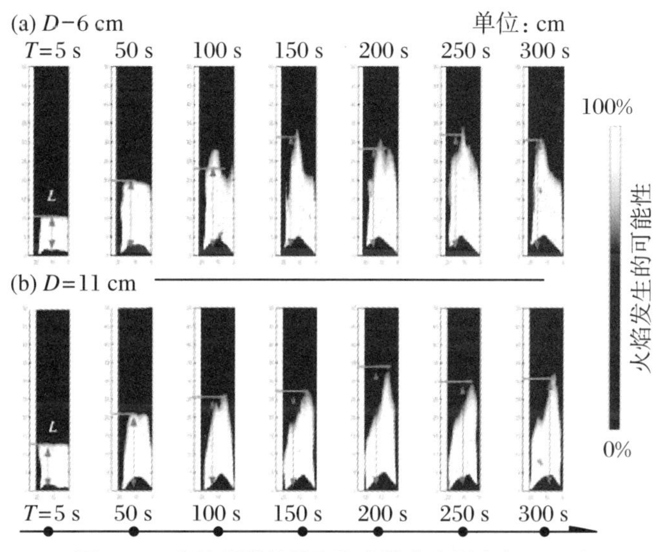

图4-28 火焰间歇性轮廓和火焰高度测定(I = 0.5)

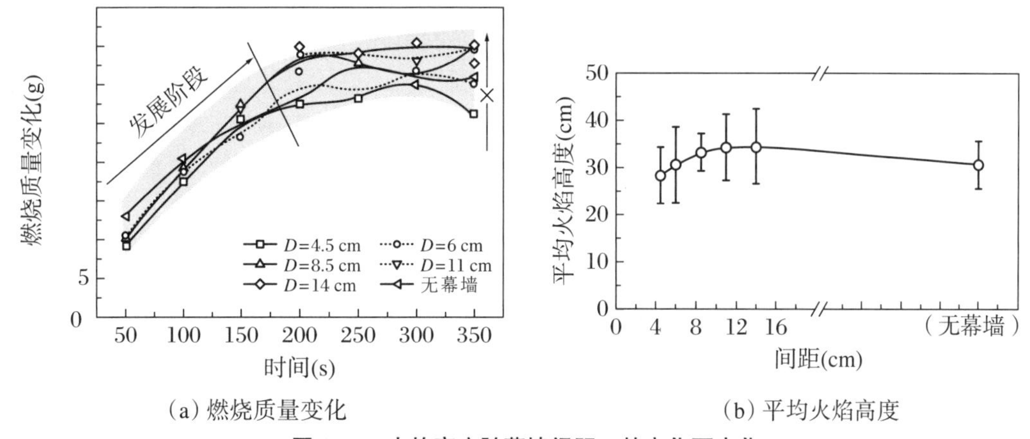

(a) 燃烧质量变化 (b) 平均火焰高度

图4-29 火焰高度随幕墙间距D的变化而变化

当$D \leqslant D_c$时，幕墙引起的烟囱效应显著，导致明显的火焰拉伸现象。但在非常小的D条件下，由于氧气不足导致的不完全燃烧和相关的热释放速率降低会降低火焰高度。当$D >$

D_c时，烟囱效应可能随着间距的增加而减弱，不再是主导因素。一个缓慢下降的火焰高度D将通过衰减的拉伸效应观察到。基于经典的火灾动力学和流体力学分析，根据Thomas的理论，火焰拉伸效应与燃烧速率及风速呈正相关。然而，由于燃烧和边界层的影响，幕墙和板材之间的气流是一种复杂的状态。如图4-29所示，向上的空气首先在层间入口呈现半层流状态，然后在一段距离后进入湍流。在经典理论中，用Re来表示流动过程中的转变：

$$\mathrm{Re} = \frac{D \cdot U_{w,v} \cdot \rho}{\mu} \tag{4-26}$$

式中，μ为黏度系数。当Re小于一个临界值（不燃烧的理想值约为2 000）时，边界流以层流为主。但幕墙和板材之间的气流由于燃烧和边界层的存在，如图4-30所示，向上的空气夹带首先在夹层入口处呈现半层流状态，然后在一段距离后过渡到湍流状态。

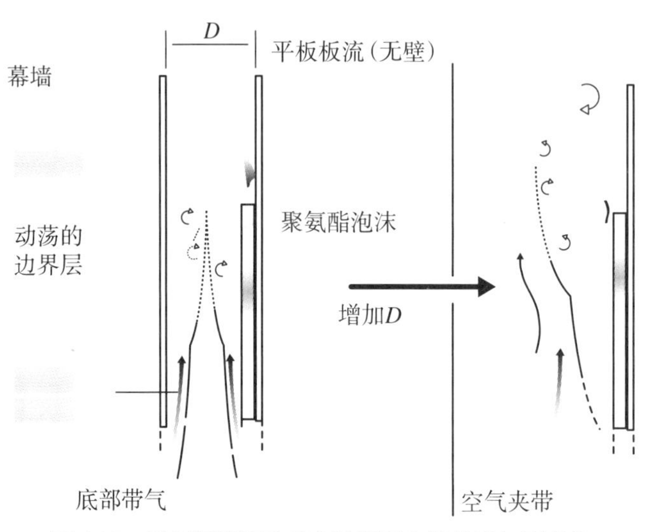

图4-30　板间气流流动状态随距离D值的增加而变化

需要注意的是，D越大，底部夹带对火焰的湍流扰动就越小。如图4-31所示，图中火焰的FPU脉动频率变化的结果进一步证实了这一点。因此，考虑向上夹带和火焰湍流强度的耦合效应（火焰区域的湍流越强，上升气流的拉伸效应越弱），由于这两种相反的作用，在后续分析的实验观测中，并没有出现火势蔓延明显加速的情况。

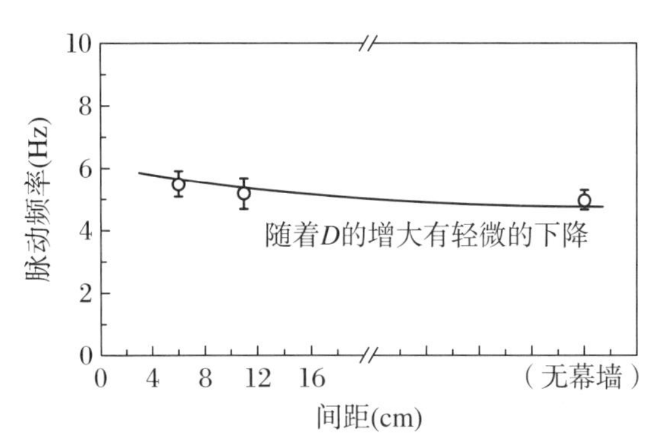

图4-31　脉动频率随间距的增加

4. 不同幕墙与隔板距离对逆流火温度场和火焰扩散速度的影响

火焰和热羽流温度场是影响传热[19]、质量损失率、火蔓延速率等的关键[20,21]。在幕墙间距$D=6$ cm条件下，位于中央和侧面的两组热电偶所记录的温度如图4-32所示。结果表明，横向温度普遍高于中心温度。随着幕墙间距D的变化，中间和两侧的温度场都会受到影响。对于向上供气有限的小间距，加强侧面通风，控制燃烧充分性。利用CFD方法模拟涡旋场的算法也验证了这一现象[22]。在安伟光等人的研究中，当幕墙间距变窄时，外部大型涡旋结构被撕裂，在中心线附近出现小的倒涡旋，最终导致沿中心线的温度停滞，两侧出现较高的温度区域，这与我们的实验结果一致。此外，当板间间距D增大时，火焰主要沿垂直方向发展，热量在两个板之间积聚，因此中间温度可以略有升高。当间距D足够大时，两块板的固定结构变成一个开放的单板结构，与无幕墙时中心线和侧边温度的变化相似。

图4-32所示为板表面附近高温温度场，两侧温度略高于中心温度。根据我们的测量结果，间距对温度的影响不明显，但也表现出非单调性。羽流温度主要由燃烧反应过程决定，因此我们认为间距D的效应主要是通过空气卷吸和空气冷却效应来起作用的，尽管这种效应是有限的。

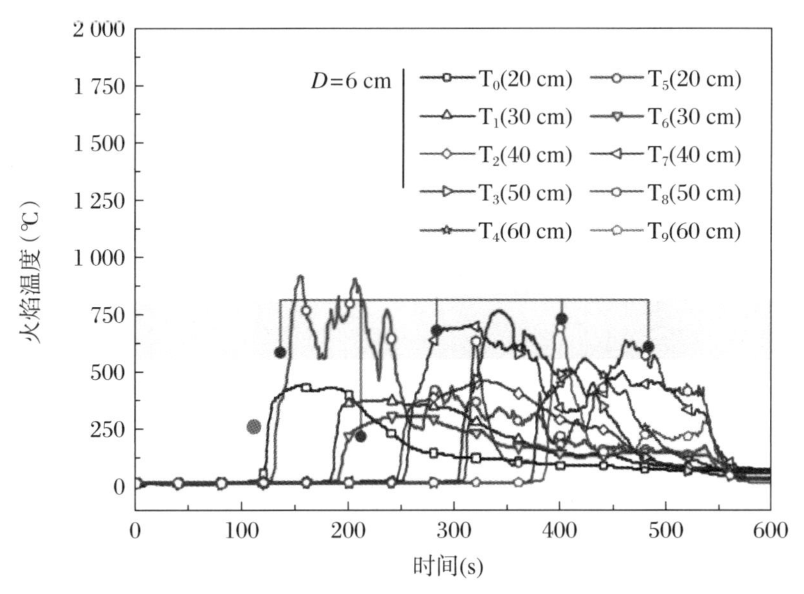

图4-32　幕墙间距$D=6$ cm时，中央和侧边的温度场

如图4-33所示，当$D=4.5$ cm，8.5 cm时，上部的辐射强度将略大于下部，原因是大量的烟气聚集，在火灾发展期间FPU材料燃烧，碳烟产生辐射强度的阻塞效应[23]。在火蔓延后期更为明显，底部辐射计记录的峰值较低。相反，没有幕墙情况下，下部辐射大于上部。这是因为火灾在完全发展状态下，火焰已蔓延到底部，且火焰高度和燃烧速率相对于早期的火焰状态都更高和更稳定。这一现象对建筑的防火及其控制具有实际意义。

$$\dot{m} \propto \frac{\dot{q}}{\Delta H_{g} + \rho c_{p}(T_{ig} - T_{\infty})} \sim V\rho \tag{4-27}$$

此外，火蔓延速度在理论上应与燃烧速率呈正相关，我们可以根据这个等式近似地得出火焰的变化趋势。当幕墙间距D较小时，幕墙和石膏板同时被火焰加热，在未燃烧区域接收到的热量相对较大，导致火焰蔓延速度较快。随着D值的增加，内边界层扰动加剧，燃烧不稳定性增加，使温度和连续火焰区均减弱。同时，由于相对幕墙的反射使火焰产生的热量减少，这种额外的热反馈效应会迅速减小。随着间距D变大，燃烧变得更加充分，火蔓延速度趋于稳定。

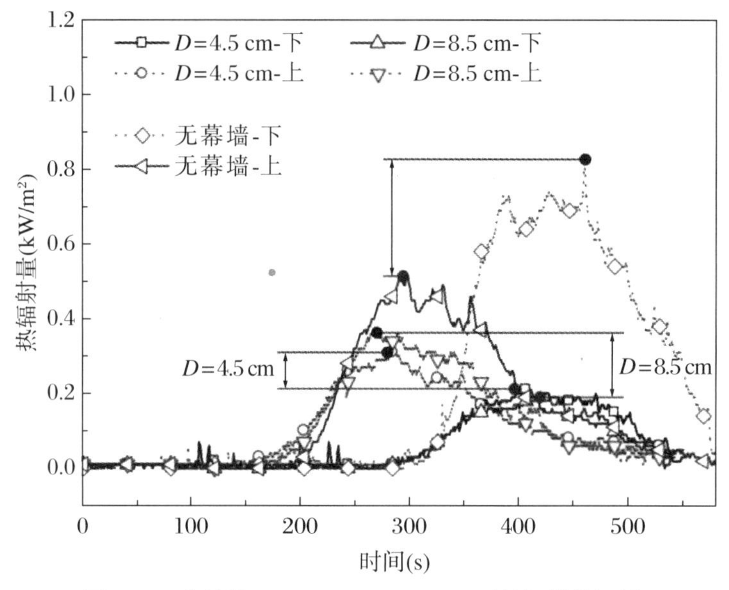

图4-33 幕墙间距$D = 4.5$ cm, 8.5 cm时的辐射热通量

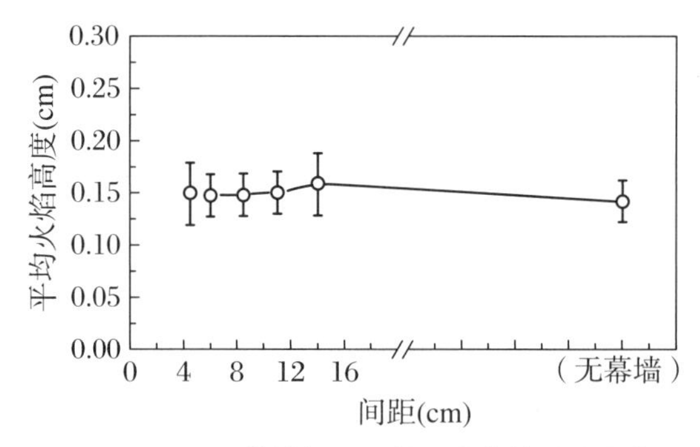

图4-34 不同幕墙间距下的平均火焰扩散速率

本节通过一系列小尺寸实验,研究了平行幕墙对FPU泡沫板上逆流火蔓延特性的影响。根据传热机理和火灾动力学,对火焰形状、质量损失率、火焰高度、温度场、辐射热流和火焰扩散速率进行了分析。根据幕墙配置的效果,在分析热反馈机制和湍流特性的基础上,提出了现象学解释:

(1) 平均火焰高度首先下降;然后随着间距的增大而增加,至临界间距D_c,平均火焰高度的变化显著;$D > D_c$时变化并不明显,这是由于烟囱和幕墙间距变化引起的限制效应导致的。

(2) 横向温度一般高于中心条件下的温度,这与空气卷吸供应和燃烧的充分程度相关。同时,也讨论了层间区辐射的发展。

4.2.2 建筑外墙典型构型下顺流火蔓延特性研究

本节针对提出的建筑夹角构型下单、双点火源工况进行聚氨酯保温材料顺流火蔓延实验,引入不同建筑夹角构型探究点火源数量和构型夹角大小耦合作用下的顺流火蔓延规律和特征参数理论模型。本节研究的技术路线如图4-35所示。

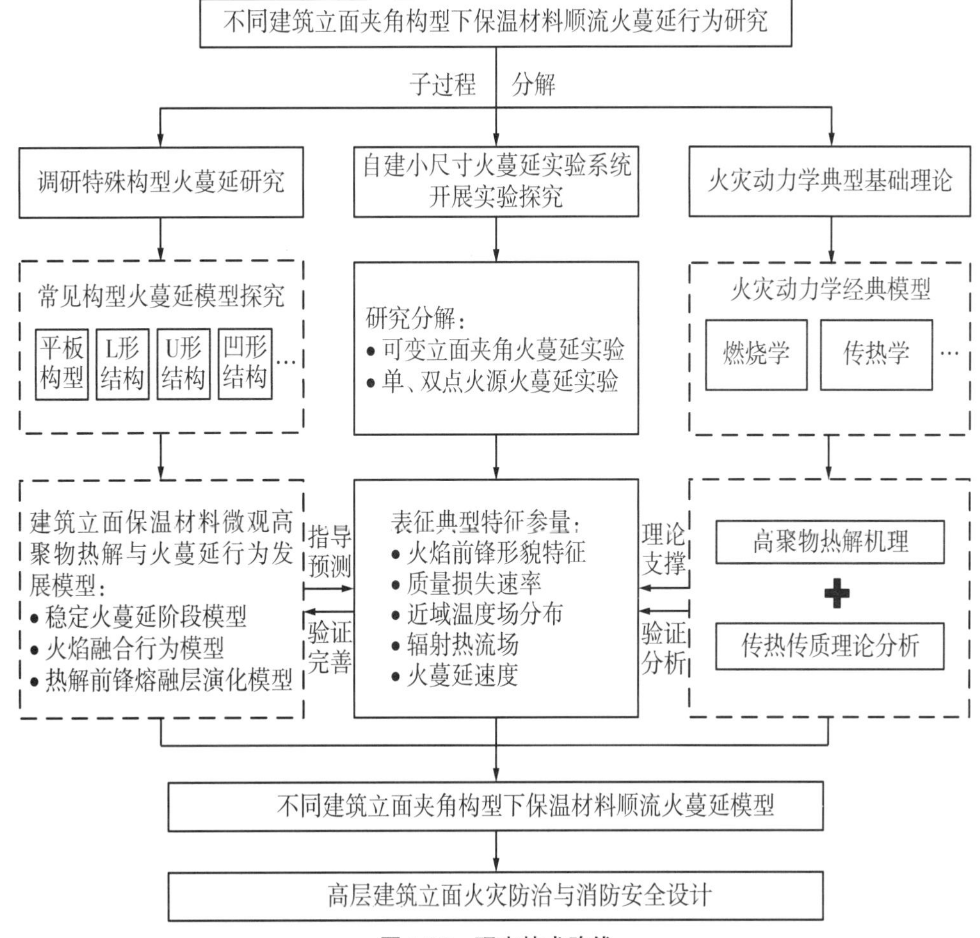

图4-35 研究技术路线

以聚氨酯保温板材FPU为研究对象，通过开展单、双点火源两种点火方式研究不同阴角夹角构型下FPU试样顺流火蔓延特性影响的实验，结合传热和火灾动力学及相关理论对实验现象进行分析讨论，深入研究火蔓延传热传质机理。本节研究的主要内容如下：

(1) 首先，开展单点火源条件下不同阴角夹角构型对聚氨酯保温材料FPU顺流火蔓延特性的影响实验研究，通过改变相邻立面墙体夹角角度这一变量，利用高精度电子天平、热电偶阵列、辐射流量计以及差压变送设备等实验设备进行实验数据测量及获取，讨论FPU试样火蔓延典型特征参数，包括火焰形态、质量损失速率、近域场温度及辐射和火羽流浮力压差等，研究阴角夹角角度的变化对火蔓延的影响规律。

(2) 在单点火源实验基础上，开展双点火源条件下不同阴角夹角构型对聚氨酯保温材料FPU逆流火蔓延特性影响的实验研究，结合理论分析火蔓延典型特征参数，总结火蔓延规律。

(3) 对比分析单、双点火源条件下火蔓延特性的规律，对两种点火方式进行比较，总结在单、双点火源条件下，各角度火焰特性以及蔓延过程特性，从而探究出单、双点火源对火蔓延的影响，力争为建筑消防安全提供理论指导。

本实验主要研究对象为单点火源与双点火源条件下建筑夹角构型保温材料火蔓延行为，实验采用小尺寸试样推演点火源形式和建筑阴角夹角构型耦合作用下保温材料发生火灾时的火蔓延行为规律。根据所需火灾参数,夹角构型火蔓延实验平台示意图和搭建的火蔓延实验平台实物图如图4-36所示。

夹角构型实验平台主要设备包括:小尺寸石膏夹角构型简易模型及支架、高精度电子天平、K型热电偶、辐射流量计、压差变送器、4K超清摄像机、集成模块、计算机等。小尺寸可绕中心轴转动石膏墙体模型可变为以下角度:$\theta = 30°$、$\theta = 60°$、$\theta = 90°$、$\theta = 120°$、$\theta = 150°$、$\theta = 180°$。实验时在有支架支撑的石膏墙体上使用细铁丝固定实验材料板,在距离实验板1~2 mm远处布置3×5的阵列热电偶,在靠近右侧材料板表面1~2 cm处布置辐射热流计和压差变送器测压设备(两个辐射热流计分别布置在热电偶T_{11}和T_{12}中间及热电偶T_{14}和T_{15}中间位置,两个压差变送器测压设备分别布置在热电偶T_6和T_7中间及热电偶T_9和T_{10}中间位置),而在保温材料的正下方,有一可随墙体构型夹角调整角度的熔融液滴落接收槽,整个墙体构型和熔融液滴落接收槽均放置在高精度电子天平上,实验时辐射流量计、热电偶、压差变送器以及电子天平均直接连接电脑PC或间接连接接模块再转接电脑PC,此外夹角构型正前方数米远处放置一稳定的4K超清摄像机,实验后对采集数据进行对比分析。

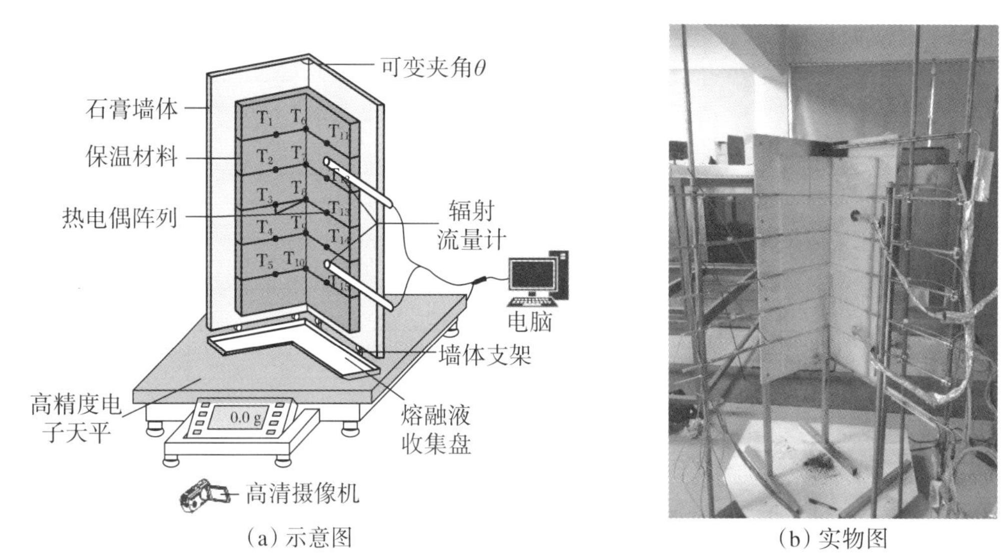

(a) 示意图 (b) 实物图

图4-36 夹角构型火蔓延实验平台示意图与实物图

火蔓延实验采用聚氨酯泡沫材料,聚氨酯泡沫为高分子聚合物,其主链上包含有许多氨基甲酸酯(—NHCOO)基团,多为开孔结构,具有密度低、吸音、隔热等性能,且有一定弹性。实验选取聚氨酯保温材料尺寸为高900 mm、宽600 mm、厚20 mm,其他物理参数如表4-5所示。

表4-5 实验FPU保温板材物理属性参数

分子结构	密度(kg/m³)	比热(kJ/(kg·K))	导热系数(W/(m·K))	热解温度(℃)	燃烧热(MJ/kg)
$CH_{1.8}O_{0.3}N_{0.05}$	4.1.5	1.5	0.037	440	30

1. 火焰形态及行为分析

图4-37所示为单点火源条件下夹角构型保温材料燃烧火焰形态图,因为火焰形态帧数过多,挑选效果最佳帧照片和明显的角度,选取构型角度分别为$\theta = 30°$、$\theta = 90°$和$\theta = 180°$三种工况的火焰形态。从图4-37可见,在20 s时,火焰开始在构型内贴近壁面横向蔓延,而后上端区域的火焰前锋位置逐渐偏移垂直线,这是由于上端火焰前锋横向偏移速率大于下方区域

偏移速率，随着蔓延继续，火焰前锋越过夹角中心线，此时火焰前锋呈现“两段式”往图片右下角偏移，对 $\theta = 180°$ 夹角构型工况，可见上端火焰前锋位置偏移垂直线量较少，并有在平板构型下火焰前锋亦呈现往未燃区域倾斜的现象，夹角的存在会增大火焰前锋倾斜的角度。

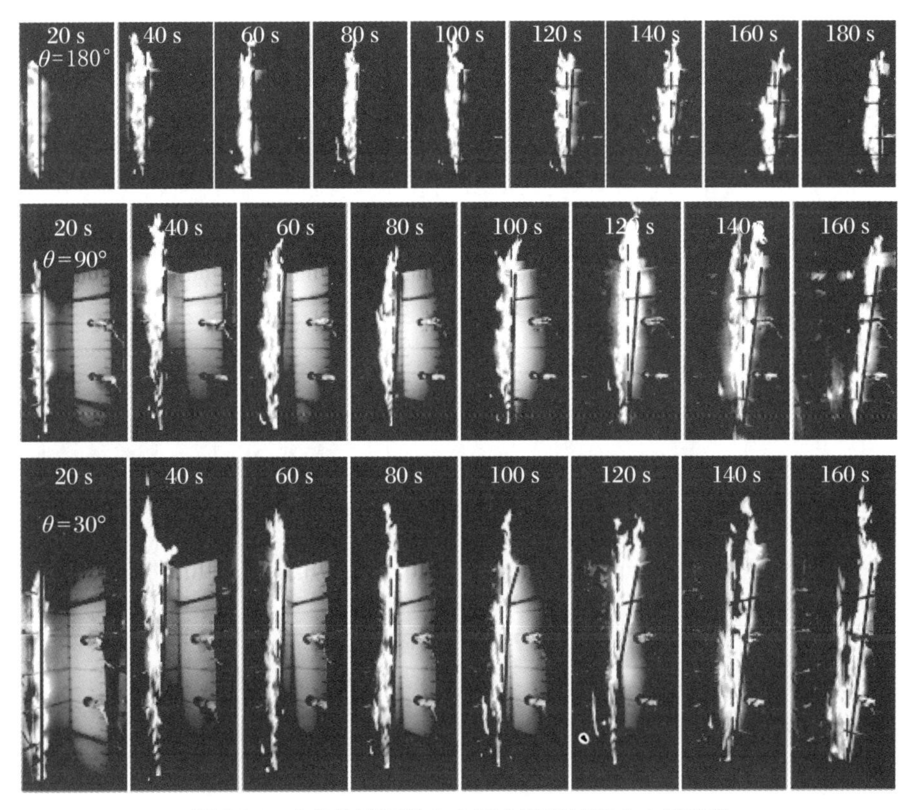

图4-37　夹角构型下单点火源火蔓延过程中火焰形态

由前人研究可知，一般固体保温材料火蔓延过程中包括多种附带现象，如材料热解表面的熔融油池、材料表面火焰以及熔融滴落等。但在实验探究中发现，在夹角构型保温材料逆流火蔓延中，除上述现象外，由于逆流火蔓延的存在，导致保温材料表层受高温烟气预热而迅速热解，燃烧过程产生的熔融油池固化而阻碍内层材料继续燃烧或者燃烧较为缓慢，也即形成残留物再燃烧及熔融油池再燃烧现象，如图4-38所示。

图4-38　火蔓延过程组成示意图

在研究中发现，夹角的存在会助长火势，增大火焰高度以及表面温度场等，详细数据分析后述。实验中熔融油池汇聚了较多的熔融液，逆流火不易导致其从材料表面滴落，多数熔融液更多地往火焰燃烧的根部汇集，后经下端区域滴落。而部分熔融液在某一区域流动受阻后留在该处，同时油池保持燃烧，形成如图4-38中所示的“熔融油池再燃烧”现象。位于中间区域的材料受板材挤压作用，其材料密度增大，而使其热解相对较为缓慢，燃烧时间较长，使得火蔓延经过中间区域后还继续燃烧，形成"残留物再燃烧"。在实际建筑保温材料火灾中，由于熔融滴落现象的存在，会造成极为复杂与不可控的多点燃烧及上、下端同时燃烧等多种燃烧方式。夹角处残留物再燃烧以及熔融油池再燃烧则会引起燃烧点附近持续燃烧而保持高温，这可能会使火灾中的人员错过最佳救援时间，并给建筑安全带来更多的隐患。

2. 横向火蔓延速率

本实验探究了单点火源条件下聚氨酯保温板材在阴角夹角构型下横向蔓延行为，图4-39所示为单点火源工况下火焰前锋蔓延示意图，在单点火源点燃后，火焰会在短时间内蹿升至实验材料上端，而后横向往右侧材料蔓延，其间还可发现位于上部区域的横向火蔓延速率较快，从而导致火焰前锋呈现如图所示的往右倾斜的曲线。

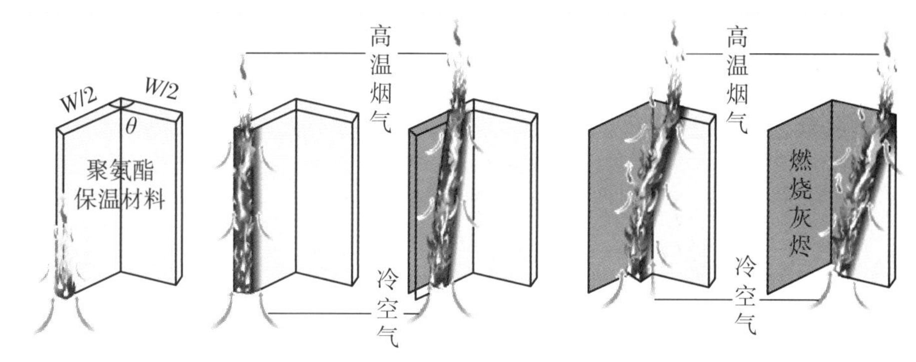

图4-39 单点火源工况下火焰前锋蔓延示意图

为了表示在不同角度工况下火焰在蔓延过程中横向蔓延速率的差异，引出横向蔓延速率差$\Delta\nu_h$的概念：

$$\Delta\nu_h = \nu_u - \nu_d \tag{4-28}$$

式中，ν_u为顶端区域火蔓延横向速率，ν_d为底端区域火蔓延横向速率。

图4-40所示为不同夹角构型下单点火源火焰前锋蔓延的横向速率和横向蔓延速率差。顶端横向蔓延速率随着角度的增加有微弱减小的趋势，表明构型角度确实会影响保温材料在夹角构型下的横向蔓延速率，这是由于夹角构型的烟囱效应较为明显，空气夹带使得热量汇集于顶端，烟气的高温环境促进保温材料热解，提升火蔓延速率。值得注意的是，在$\theta = 120°$时，横向蔓延速率最大可达4.97 mm/s，这可能是由于该角度下材料热解和质量损失速率均较快，在横向上火蔓延速率也较快。底端横向蔓延速率随着角度的增加呈增大的趋势，为1.8～3.2 mm/s，这是由于构型夹角的增大使空气夹带热量减弱，所以底端区域温度较高，一定程度上加速了火蔓延，同样在$\theta = 120°$时再度出现速率反常。从横向蔓延速率差曲线可看出，随着构型角

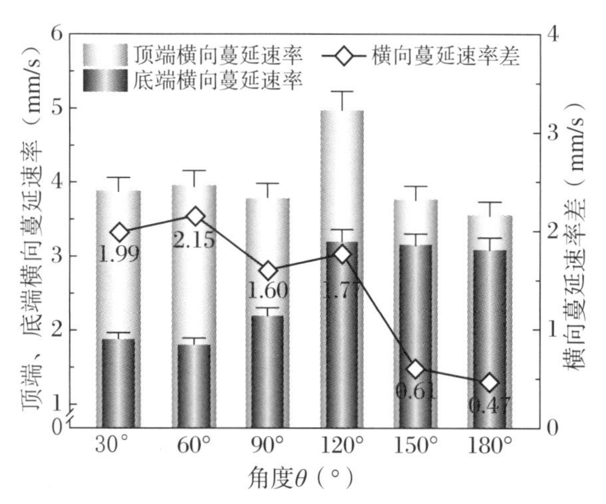

图4-40 火焰横向蔓延速率

度的增大蔓延速率差逐渐减小，表明建筑构型角度较小时，顶端和底端横向蔓延速率偏差较大，安全施救时要尤其注意顶端火蔓延。

3. 质量损失和融滴率

在火蔓延过程中，一般我们认为质量可存在三种形式的转化：第一种是在燃烧高温环境下热解为气态逸散进入周围空气；第二种是燃烧面表层余下的固化融滴物，阻碍燃烧，即残留的灰烬；第三种为燃烧过程中所产生的熔融滴落物。实验记录质量数据时，采用高精度的电子天平，可记录每秒的质量数据。

质量损失百分比可定义为材料燃烧损失质量与燃烧前初始质量之比，即

$$\eta_m = \frac{m_t}{m_0} \times 100\% \tag{4-29}$$

式中，η_m 为质量损失百分比(%)，m_t 为燃烧质量损失量(g)，m_0 为燃烧初始质量(g)。

由图4-41和图4-42可看出，可变夹角 $\theta = 120°$ 时质量损失取最大值为40.97%，接近参考角度 $\theta = 180°$ 的质量损失40.57%，此时夹角效应表现不明显，燃烧更充分，质量损失也为最大；$\theta = 60°$ 时，夹角效应明显，促进夹角间空气夹带，燃烧加剧，使得材料表层熔融液迅速碳化，降低燃烧充分率，质量损失取得最小值28.91%。夹角较小时质量损失百分比普遍小于夹角较大时的质量损失百分比，由此可知，夹角的存在会降低聚氨酯材料燃烧的质量损失百分比，即降低聚氨酯燃烧质量损失。

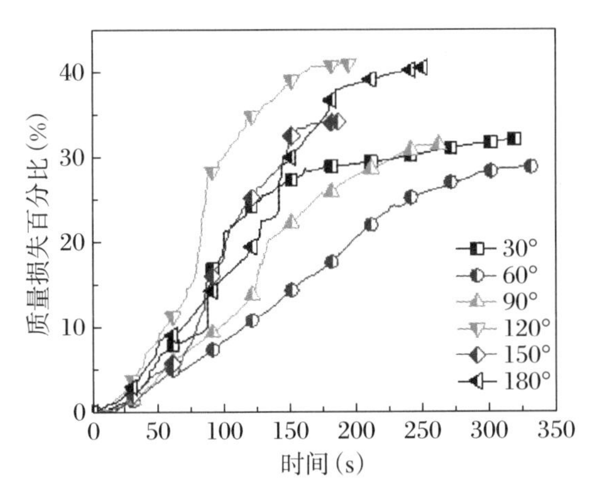

图4-41 不同角度顺流单点火源条件下质量损失百分比变化

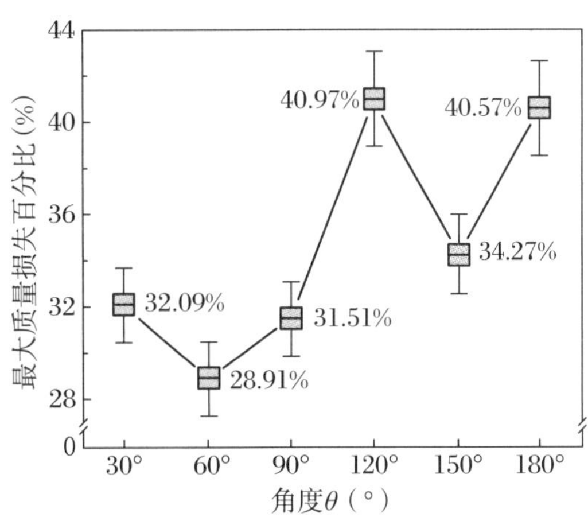

图4-42 不同夹角构型下单点火源最大质量损失百分比

对质量损失平均速率曲线进行拟合，得出平均质量损失速率与角度之间存在正弦关系，即有

$$\dot{V}_m = 0.35 + 0.11\sin(0.036\theta - 1.16\pi) \tag{4-30}$$

在阴角夹角范围内，当 $\theta = 145.05°$ 时，质量损失平均速率 $\dot{V}_m$ 达到最大值0.46 g/s，当 $\theta = 57.67°$ 时，质量损失平均速率 $\dot{V}_m$ 达到最小值0.24 g/s。当 $\theta < 102.3°$ 时，夹角效应会限制聚氨酯燃烧质量损失平均速率，而构型夹角在 $102.3° < \theta < 180°$ 时，会由于夹角过大使烟囱效应不明显，空气卷吸减弱，且夹角效应导致的夹角传热提前预热聚氨酯材料，在夹角效应主导作用下提升了聚氨酯燃烧的质量损失平均速率。

聚氨酯燃烧融滴率可定义为

$$\eta_{\mathrm{d}} = \frac{m_{\mathrm{d}}}{m_0} \tag{4-31}$$

式中，η_{d}为燃烧融滴率(%)，m_{d}为燃烧熔融滴落质量，m_0为燃烧初始质量。

通过实验可知，夹角构型下的聚氨酯保温材料燃烧融滴率与构型角度存在如下正弦函数关系：

$$\eta_{\mathrm{d}} = \left[0.105 + 0.066\sin\left(0.037\theta - 1.09\pi\right)\right] \times 100\% \quad (0 < \theta \leqslant 180^\circ) \tag{4-32}$$

由图4-43所示的融滴率拟合曲线可看出，燃烧融滴率在角度为$0^\circ < \theta < 50.19^\circ$时随角度增大而减小；在角度为$50.19^\circ < \theta < 135.21^\circ$范围内时，燃烧融滴率会随着角度的增大而增大；当角度继续增大至$135.21^\circ < \theta < 180^\circ$范围时，融滴率又呈现减小趋势，但仍保持在一个较高的水平。这是由于角度较小时，构型的夹角效应较为明显，烟囱效应相对较易形成，其夹角空间内空气夹带较突出，加剧聚氨酯燃烧，促使聚氨酯材料的表层熔融液迅速碳化，熔融滴落量减少。角度较大时夹角空间内聚氨酯燃烧较为充分，熔融液在火焰前锋边缘无表层碳化物的阻挡下，多数由表层熔融滴落形成滴落物。可根据函数预测：当$\theta = 135.21^\circ$时，聚氨酯在夹角构型下燃烧融滴率η_{d}取得最大值为17.1%；当$\theta = 50.19^\circ$时，聚氨酯在夹角构型下燃烧融滴率η_{d}取得最小值为3.9%。另一方面，当角度$\theta < 90.42^\circ$时，燃烧熔滴率低于单面或平面型($\theta = 180^\circ$)结构构型的融滴率，也即表明二次危害发生的可能性也较低，反之则增大发生二次火灾危害的可能性。

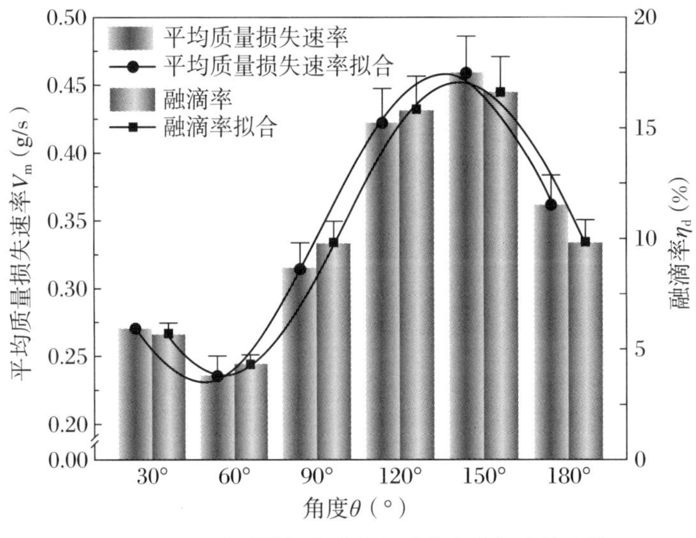

图4-43　平均质量损失速率和融滴率随角度的变化

4. 温度场分布分析

实验中记录温度场数据时使用的热电偶阵列为3×5矩阵，即在90 cm×60 cm的聚氨酯保温板表面距离1～2 mm布置15个热电偶阵列，分别编号为T_1～T_{15}，如图4-44所示。对不同夹角构型的单个热电偶测得的瞬时温度峰值进行筛选后，通过技术处理得出热电偶阵列温度峰值等温线，如图4-45所示。不同夹角构型下等温线呈现相似的轴对称分布，夹角在$30^\circ \leqslant \theta \leqslant 90^\circ$内，随着角度增大，非对称性表现逐渐明显，夹角在$120^\circ \leqslant \theta \leqslant 180^\circ$内，随着角度增大，对称性逐渐明显。从六种工况的等温线温度分布也可看出，构型夹角较小时，高温区域范围较大，低温区域范围较小，而构型夹角较大时则相反，构型角度$\theta = 60^\circ$时高温区域占比最大，低温区域占比最小，这是由于构型角度在一定的小范围内时，夹角构型相邻立面间高温羽流会带动气流扰动，促进材料表层热解加快，提升了燃烧充分性，从而提高了表层材料燃烧温度。

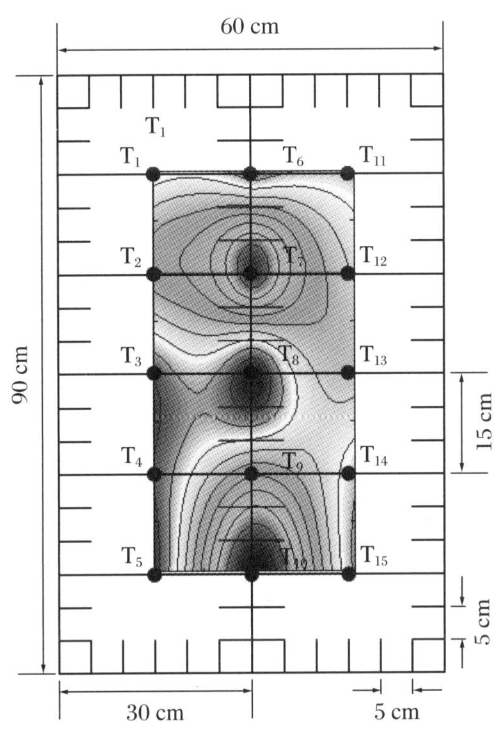

图4-44 热电偶阵列布置示意图

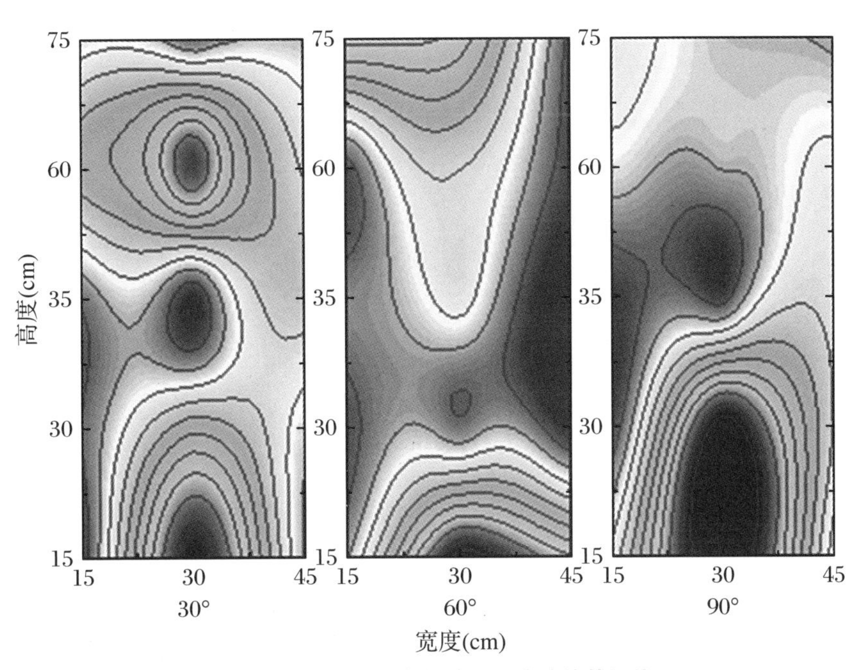

图4-45 不同角度下热电偶阵列温度峰值等温线

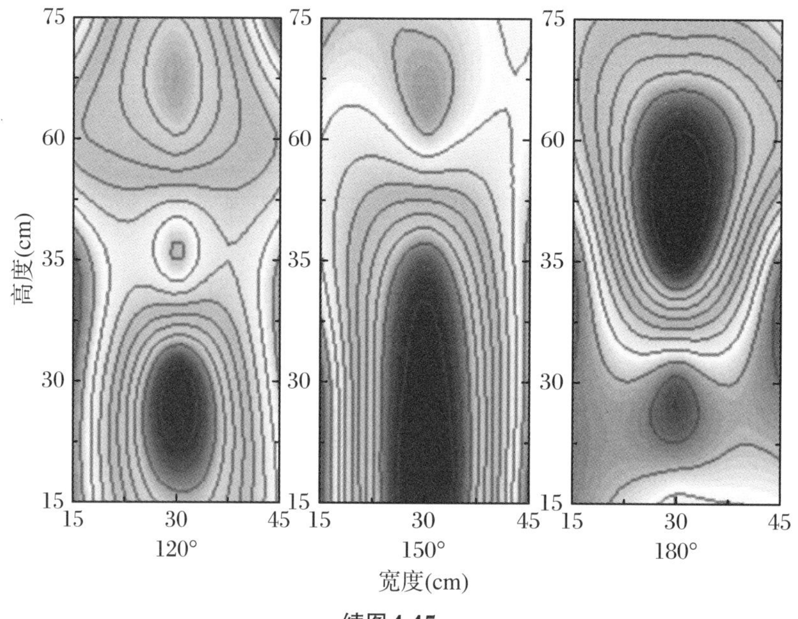

续图 4-45

图 4-46 所示为夹角构型的聚氨酯保温材料表面热电偶三列轴向阵列平均温度随角度的变化图，三列数据分别为距离左侧边缘 15 cm、30 cm 和 45 cm，其中距离左侧边缘 15 cm 处称为左侧板，距离左侧边缘 30 cm 处称为夹角处，距离左侧边缘 45 cm 处称为右侧板。从温度分布图可看出左、右侧板的平均温度总是高于夹角处的平均温度，且不受构型夹角大小变化影响。这是由于位于侧边边缘材料板的空气流通较为畅通，接触氧气较为充足，燃烧温度相对较高，而位于中间区域的夹角位置只能接触卷吸所携带的空气，从而导致夹角区域燃烧温度偏低。在同一轴向阵列平均温度上，左、右侧板随夹角角度的增大呈现上下波动，左、右侧

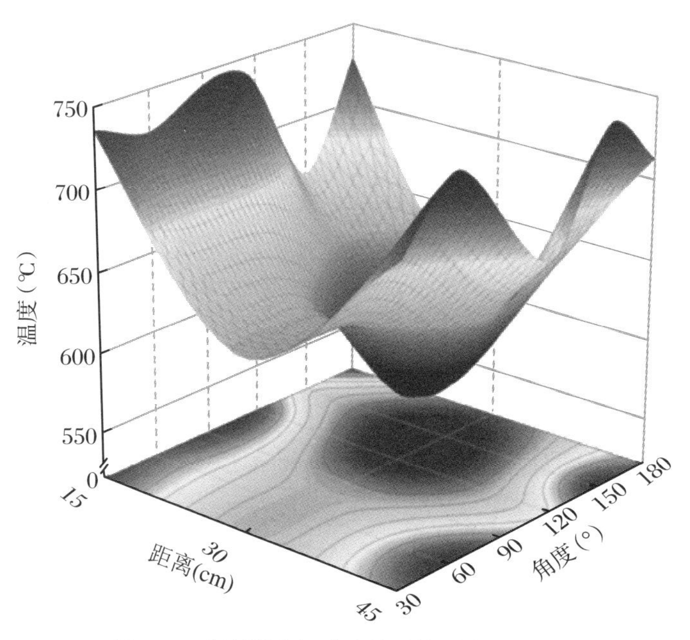

图 4-46 板材纵向温度均值随构型夹角的变化

板分别在$\theta = 106.5°$和$\theta = 59.46°$时达最高温度约750 ℃。而夹角处温度随着角度的递增首先小幅下降，在角度$\theta > 90°$后出现大幅降低，直到$\theta = 135°$左右时，达到最低温度约555 ℃，随着角度继续增大，温度又大幅升高。

图4-47和图4-48所示分别为左、右侧板位于中间位置的热电偶T_3和T_{13}在不同角度工况下的温度变化图。对于左侧板，$\theta = 60°$工况下，首先出现小幅温升，在接近燃烧40 s时热电偶处于火焰的炙烤下温度出现大幅攀升，之后燃烧持续蔓延导致火焰逐渐远离热电偶，温度急剧下降，又因热电偶受到邻板材料蔓延燃烧的辐射热和夹角构型内热对流换热，导致温度没有立即下降至室温。六种工况下T_3的温度峰值差值不超过100 ℃，夹角$\theta = 90°$工况下温度最

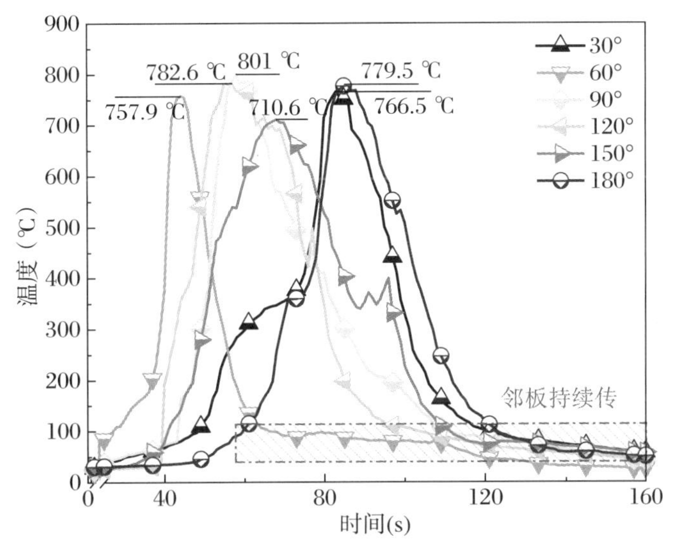

图4-47　T_3热电偶在不同角度工况下的温度变化

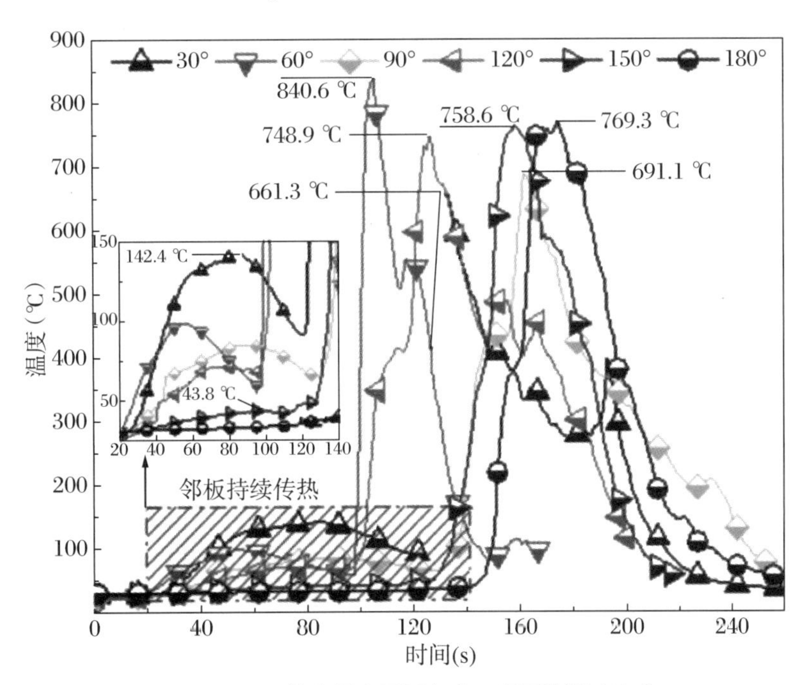

图4-48　T_{13}热电偶在不同角度工况下的温度变化

高达到801 ℃,表明建筑应用中最为普遍的构型夹角($\theta = 90°$)下侧板聚氨酯燃烧出现高温的概率最大,危险程度最高。

如图4-48所示,右侧板为非点燃区域,前20 s内火焰还位于左侧板边缘纵向蔓延,而在20～140 s内火焰开始在左侧板横向蔓延,燃烧通过狭窄的夹角空间进行对流和辐射换热,从而导致右侧板的聚氨酯表层进入邻板预热区,表象特征为右侧板热电偶温度会逐渐升高然后回落,其中$\theta = 30°$时表征较为明显,温度可达142.4 ℃。邻板预热区温度峰值T_0随角度θ呈线性变化趋势,拟合度$R^2 = 0.953$,拟合线性函数表示为

$$T_0 = 151.585 - \frac{123.66\theta}{\pi} \tag{4-33}$$

拟合结果如图4-49所示。

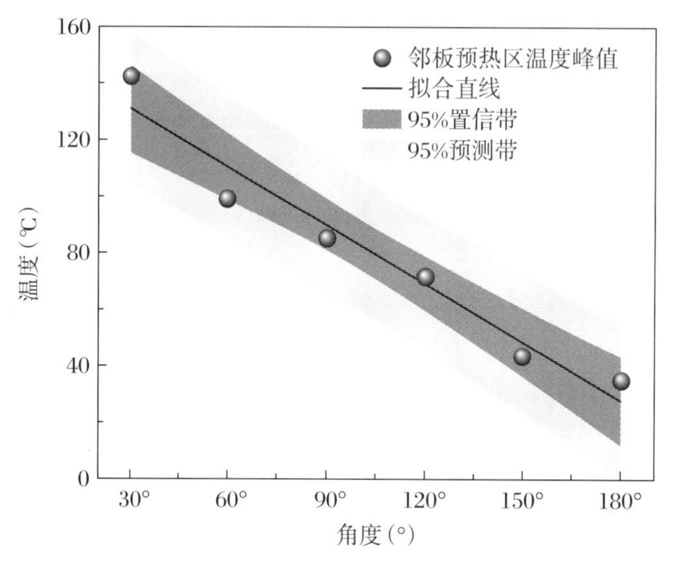

图4-49 不同夹角构型下邻板预热区温度峰值

之后,$\theta = 60°$工况率先结束邻板预热区进入右侧板燃烧区,此时热电偶正处于火焰内部,升温速率较快,迅速升至峰值,而后逐渐下降,其间可见(温度快速下降过程中出现)较小幅度二次升温现象。这是因为在夹角构型下的火焰前锋呈现轴向偏右,且在右侧板更为显著,也即导致第一次温升至峰值是因为热电偶附近区域燃烧,第二次温升是由于热电偶下方区域材料才开始燃烧,火焰被卷吸接近热电偶形成升温,因为该种火焰会随卷吸状态变化,火焰呈现不稳定状态,所以温度部分出现小幅提升,部分出现温升至温度峰值,而部分又表现为不显著。

实验过程中发现中间区域火焰总会出现忽大忽小的变化,与此区域对应的热电偶是处于横向居中和纵向居中的T_8。热电偶T_8在不同夹角构型下的温度随时间的变化如图4-50所示,从中可发现六种工况温度均呈现快速上升后,上、下反常波动再继续升温至峰值,随后温度快速下降,其间又会出现温度反常上升现象。这是由于热电偶位于夹角位置,会接收两侧聚氨酯燃烧传热,第一次温度上升过程中温度出现反常降温波动,是由于火焰前锋形态呈现斜弧形,位于夹角处的火焰前锋还在热电偶的正上方,距离较远,反而是侧边燃烧蔓延的燃烧处最接近热电偶,热电偶率先温升一次,而等夹角处的燃烧蔓延至热电偶处时,温度再升高,达到温度峰值。由温度变化趋势可见,$\theta = 30°$和$\theta = 180°$时温度变化趋势较为相似,无

论是温度变化时间、变化趋势还是所达到的温度峰值等参数均比较接近，最高温度分别可达805.0 ℃和787.3 ℃，表明$\theta = 30°$时温度变化与$\theta = 180°$时的温度变化较统一，两种工况燃烧相似，结构内部空气卷吸效果极为相似，火羽流产生与消失也较为相像，燃烧效果大致相同。

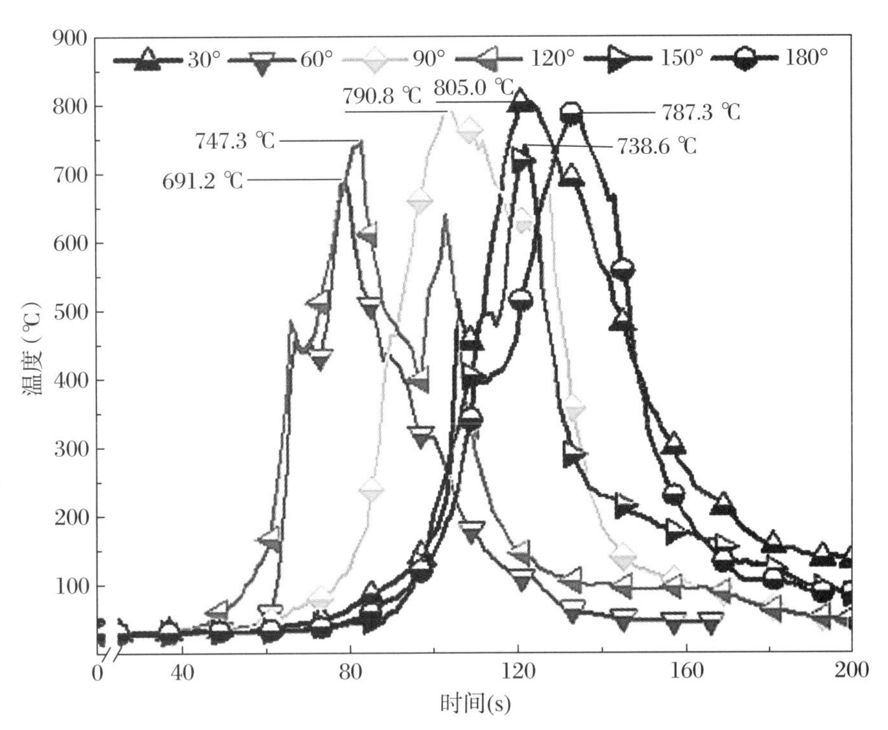

图4-50　T_8热电偶在不同角度工况下的温度变化

5. 火蔓延速率

在研究保温材料火蔓延时，火蔓延速率V_f是火蔓延过程中极为重要的一个特征参数。据前人研究可知，火蔓延速率可表示为材料表面热解区域的大小：

$$V_f = dx/dt \tag{4-34}$$

式中，x表示热解前沿位置，t表示时间。

实验中通过摄像机拍摄记录火蔓延过程，而后利用MATLAB编制的程序对视频图像进行帧处理，得到实验火蔓延过程中火焰前锋位置与时间的变化关系如图4-51所示，由图可见火蔓延前锋位置近似呈现线性变化趋势。

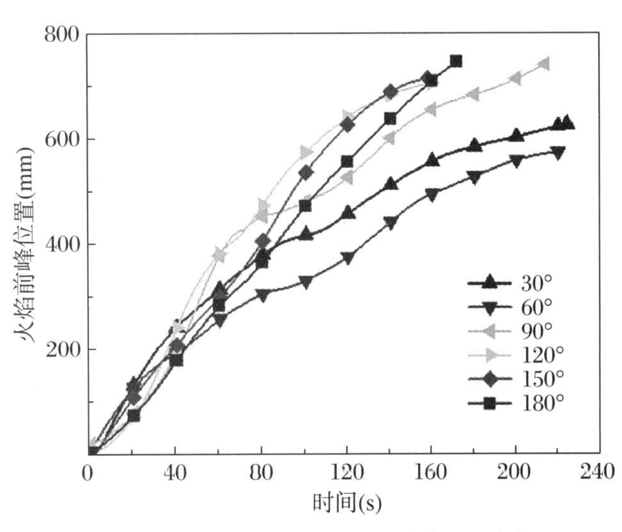

图4-51　不同夹角构型下火焰前锋位置变化

对得到的火焰前锋位置应用式(4-34)，可得到不同夹角构型下平均火蔓延速率V_f，如图4-52所示，由图可知，火蔓延速率在$30° \leqslant \theta \leqslant 60°$内呈现降低趋势，且$\theta = 60°$时取得最小

火蔓延速率 $V_f = 2.59$ mm/s；在 $60° \leqslant \theta \leqslant 150°$ 内，火蔓延速率逐渐增加，并在 $\theta = 150°$ 时取得最大值 $V_f = 4.49$ mm/s；超过该角度后再次降低。以上说明火蔓延速率与构型夹角确实存在函数关系，经过分析后发现，正弦函数拟合所呈现效果最佳，且此时 $R^2 = 95.6\%$，函数可表示为

$$V_f = 3.64 + 1.02\sin(0.0306\theta - 2.9772\pi) \quad (0 < \theta \leqslant 180°) \tag{4-35}$$

由式(4-35)可知，在阴角夹角构型范围内，火蔓延速率在 $0 \leqslant \theta \leqslant 48.99°$ 内逐渐非线性降低，并在 $\theta = 48.99°$ 时取得区间内极小值 $V_f = 2.62$ mm/s，即该角度最不利于火蔓延，这是由于夹角构型的存在，使进入夹角空间的空气较稀薄，空气卷吸受抑制，火焰前锋移动速度较缓慢，严重阻碍了火蔓延；在 $48.99° \leqslant \theta \leqslant 151.66°$ 范围内，火蔓延速率随着夹角增大逐渐加快，说明夹角卷吸空气逐渐加快，构型的夹角效应愈来愈有利于火蔓延，并且此夹角构型有利于燃烧释放热量，最终在 $\theta = 151.66°$ 时取得最利于火蔓延的最大火蔓延速率 $V_f = 4.99$ mm/s；超过该角度后直到 $\theta = 180°$，火蔓延速率逐渐降低。在实验中，近似地认为 $\theta = 180°$ 是参考实验，也即该角度表示单立面构型或无夹角构型。也就是说，构型夹角在 $0 < \theta < 123.32°$ 范围内，火蔓延速率均小于单立面构型下的火蔓延速率，此种构型不利于火势蔓延；构型夹角在 $123.32° < \theta < 180°$ 内时，火蔓延速率均大于单立面构型下的火蔓延速率，此时夹角效应和烟囱效应均有利于火势的蔓延，所以该种夹角构型的建筑结构在实际应用中不利于火灾防控，更不利于火灾现场消防工作，在今后的建筑设计及应用中应尽量避免使用此种结构。

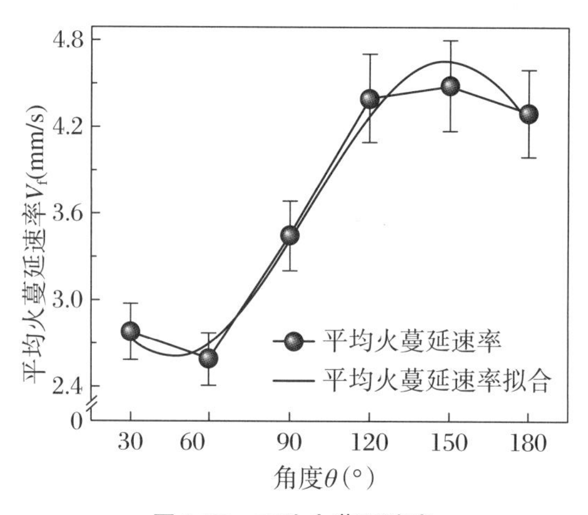

图4-52　平均火蔓延速率

6. 火焰高度及攀升速率

调研火蔓延研究可得知，火焰高度测量方法一般有三种：

(1) 目测法。也就是实验过程中直接观察火焰高度的变化情况，再求取高度平均值。此方法因为存在的误差极大，且测量难度大，再加上火灾实验时危险系数较大，不利于人身安全，所以该方法现在使用较少。

(2) 特征参数法。即根据实验所测量的火焰内压力和电荷等参数使用公式计算出火焰高度数据。该方法因为依赖于高级实验仪器和受外界环境影响较大，所以获取火焰高度数据也较为困难。

(3) 图像观察法。这是现在使用较为普遍的方法，该方法通过MATLAB自编程序对正面拍摄的火蔓延视频进行逐帧图像分析处理，从而得到灰度图并计算得出火焰出现概率和

火焰高度。该方法使用程序自动化处理，避免了繁琐的处理工作和设备不足带来的误差，因此，使用此方法获取火焰高度和火焰脉动频率较为普遍。

图4-53所示为六种不同夹角构型条件下火焰高度随时间的变化图，这里以火焰高度数据为基础将火焰蔓延分为三个阶段，分别是火焰攀升期、火焰稳定期和火焰衰减期。由图可知，下边角处点燃后，首先呈现顺流火蔓延，即火蔓延方向与火焰烟气运动方向一致，此时纵向火蔓延远明显于横向火蔓延，从而导致图中火焰攀升期内火焰高度陡然攀升，将该区域从起始到达到首次最大值火焰高度数据整理后再处理，得出蔓延前期火焰攀升速率。待火焰蔓延至整个侧边缘后，火羽流涡旋卷吸效应渐为稳定，火焰高度基本维持在某一范围内，即火焰进入稳定期，其间火焰高度呈现凹曲线趋势，研究将火焰稳定期定义为从攀升期最大火焰高度开始，至凹曲线达另一峰值后逐渐减小的转折点为终点，稳定期内火焰纵向火蔓延表现不显著，横向火蔓延为主要蔓延现象。火焰高度经过衰减转折点后，即进入火焰衰减期，最终火焰高度逐渐减小至0。

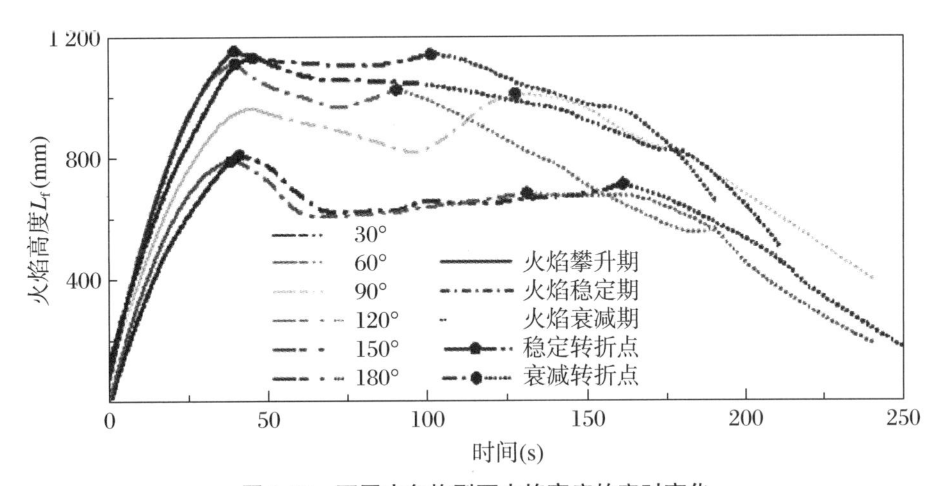

图4-53 不同夹角构型下火焰高度的实时变化

根据图4-53中的曲线，可近似认为在火焰攀升期内火焰高度随时间呈线性变化，由此求得不同夹角构型下火焰纵向平均攀升速率V_H，如图4-54左轴所示。在其他实验参数不变的条件下，火焰攀升速率在$30° \leqslant \theta \leqslant 150°$内随构型角度的增大而逐渐增大；当$\theta = 150°$时，取得火焰攀升速率最大值，这表明在该角度下纵向火焰高度瞬时增长最快，且较参考角度实验相对明显。

从曲线整体趋势看，火焰攀升速率近似可使用正弦函数曲线表示，对研究数据使用正弦函数进行拟合，攀升期火焰攀升速率可表示为

$$V_H = V_{H_0} + A_{H_0} \cdot \sin\left[\left(\theta - \theta_{H_0}\right)\pi/\omega_{H_0}\right] \tag{4-36}$$

火焰快速攀升一段时间后，横向火蔓延开始表现明显，火焰高度趋于稳定阶段，即进入火焰稳定期，求取各种构型角度下火焰高度的平均值，可得到图4-54右轴所示的平均火焰高度$\dot{L}_f$。由图可知，平均火焰高度与火焰攀升速率均呈现较为统一的正弦函数关系。从实验数据看，在$\theta = 150°$时取得平均火焰高度最大值，这一方面是由于处于该构型角度时，一定角度有利于燃烧热量的传递且角度的存在有利于卷吸更多的空气，从而促进燃烧，提高了燃烧旺烈度；另一方面，火焰被下方燃烧区域火焰产生的热羽流卷吸至更高处，此时火焰拉伸

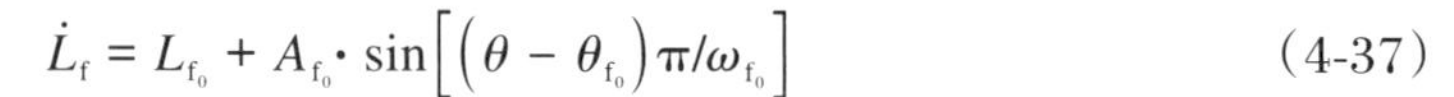

效应最为明显。对稳定期平均火焰高度拟合后可表示为

$$\dot{L}_f = L_{f_0} + A_{f_0} \cdot \sin\left[\left(\theta - \theta_{f_0}\right)\pi/\omega_{f_0}\right] \tag{4-37}$$

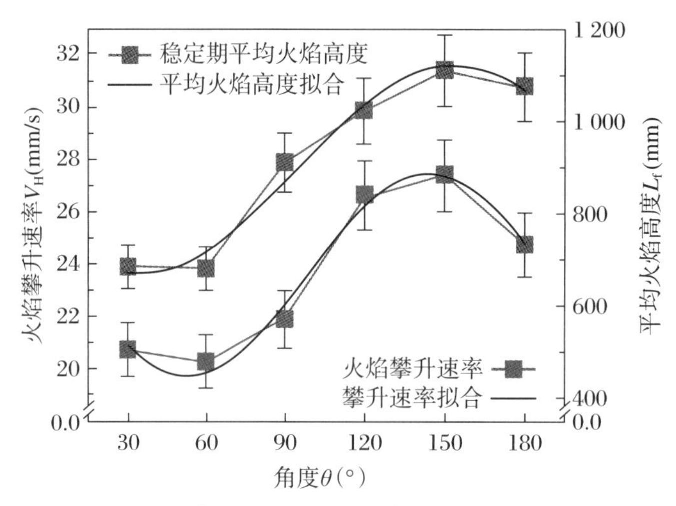

图4-54 不同夹角构型下的火焰攀升速率和平均火焰高度

7. 火焰脉动频率

基于既有研究,火焰脉动现象是火蔓延过程中一种普遍存在的重要特征。它是因火羽流周围压力、速度、温度等参数不稳定而导致的火焰呈周期性变化的现象,在研究中通常使用脉动频率对其进行表征。图4-55所示为火焰脉动形态示意图,材料燃烧发生的化学反应使得可燃物气化并被点燃,可燃物开始燃烧,同时预热还未燃烧的区域,材料气化部分在上升热流和逆向吸热浮力流的共同作用下,在燃烧区域上方会形成一个受燃烧区域环境变化影响的气相涡旋,并随着上升热流爬升,然后受热膨胀,消耗近域可燃气体,即气相涡旋被破坏,因此呈现火焰跃升并形成一次火焰脉动现象。

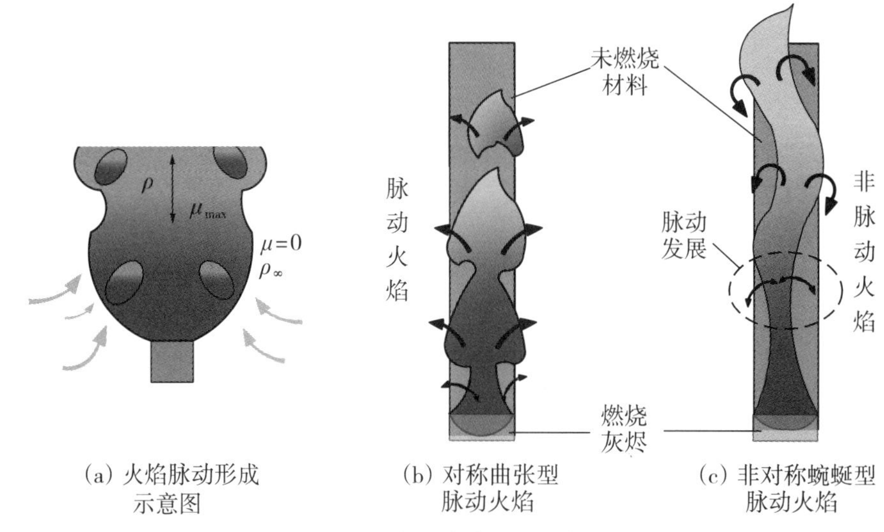

(a) 火焰脉动形成示意图　(b) 对称曲张型脉动火焰　(c) 非对称蜿蜒型脉动火焰

图4-55 火焰脉动形态示意图

实验通过摄像机对火蔓延过程进行实时记录,而后对获取的火蔓延视频进行图像二值化处理并获得火焰灰度图,按照火蔓延过程的变化规律,经傅里叶变换,最后算出火蔓延过

程中火焰脉动频率数据。图4-56所示为不同构型角度下火焰的脉动频率。由图像来看，脉动频率随角度的变化以及上述质量损失速率与火焰高度数据等的变化趋势似乎较为相似，但经过数据计算后发现该猜想并不成立，实际火焰脉动频率在构型角度$30° \leqslant \theta \leqslant 90°$时逐渐减小，在$90° \leqslant \theta \leqslant 150°$时逐渐增大，在$150° \leqslant \theta \leqslant 180°$时又逐渐减小。

由于构型夹角的存在，会使火焰脉动频率稍大于无角度工况下的火焰脉动频率，即$f_{\theta=180°} \geqslant f_{\theta=30°、60°、120°、150°、180°}$，其中$\theta = 150°$时取得最大火焰脉动频率$f_{\theta=150°} = 6.91$ Hz，表明该角度下火焰脉动较快，火焰羽流产生的气相涡旋微动后破裂的速度更快，实际反映火焰周围空气环境参数变化较快；当$\theta = 90°$时取得最小火焰脉动频率$f_{\theta=90°} = 5.80$ Hz。

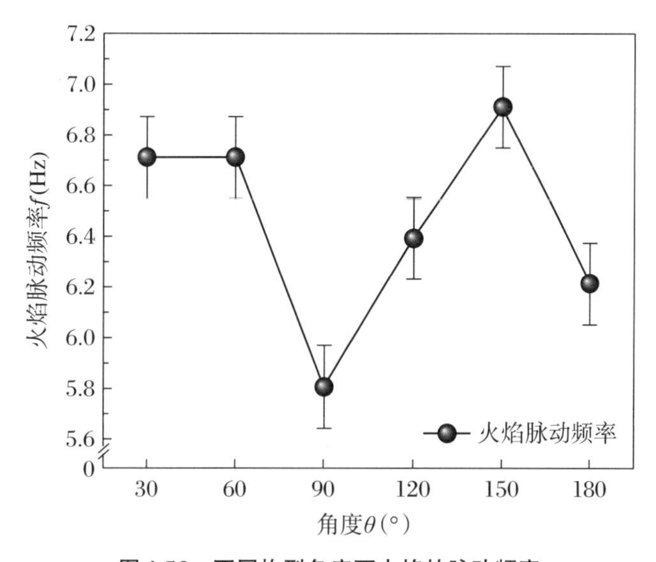

图4-56　不同构型角度下火焰的脉动频率

参 考 文 献

[1] Helbing D, Farkas I, Vicsek T. Simulating dynamical features of escape panic[J]. Nature, 2000, 407: 487-490.

[2] Hughes R L. The flow of human crowds[J]. Annual Review of Fluid Mechanics, 2003, 35: 169-182.

[3] 苑盛成. 基于多智能体的大规模紧急疏散仿真系统研究[D]. 北京：清华大学，2012.

[4] 江锦成. 面向重大突发灾害事故的应急疏散研究综述[J]. 武汉大学学报(信息科学版)，2021，46：1498-1518.

[5] Cao S, Wang Z, Li Y, et al. Walking performance of pedestrians in corridors under different visibility conditions[J]. Travel Behaviour and Society, 2023, 33: 100609.

[6] Cao S, Zhang J, Salden D, et al. Pedestrian dynamics in single-file movement of crowd with different age compositions[J]. Physical Review E, 2016, 94: 012312.

[7] Tu R, Zeng Y, Fang J, et al. Low air pressure effects on burning rates of ethanol and n-heptane pool fires under various feedback mechanisms of heat[J]. Appl. Therm. Eng., 2016, 99: 545-549.

[8] Thomas P H. The size of flames from natural fires[J]. Proc. Combust. Inst., 1963, 9: 844-869.

[9] Tu R, Zeng Y, Fang J, et al. The influence of low air pressure on horizontal flame spread over flexible polyurethane foam and correlative smoke productions[J]. Appl Therm Eng., 2016, 94: 133-140.

[10] Kleinhenz J, Feier I I, Hsu S, et al. Pressure modeling of upward flame spread and burning rates over

solids in partial gravity[J]. Combust. Flame,2008,154:637-643.

[11] An W G. Effects of sample width and inclined angle on flame spread across expandedpolystyrene surface in plateau and plain environments[J]. J. Thermoplast Compos,2015,28:111-127.

[12] An W G. Thermal and fire risk analysis of typical insulation material in a high elevation area:Influence of sidewalls,dimension and pressure[J]. Energy Convers Manage,2014,88:516-524.

[13] British Standard EN54-7. Fire Detection and Fire Alarm Systems, Part 7: Smoke detectors - Point detectors using scattered light,transmitted light or ionization[S]. 2001.

[14] Tang F,Hu L H. Heat flux profile upon building facade due to ejected thermal plume from window in a subatmospheric pressure at high altitude[J]. Energy Build,2015,92:331-337.

[15] Gollner M J,Williams F A,RangwalaA S. Upward flame spread over corrugated cardboard[J]. Combust. Flame,2011,7:1404-1412.

[16] Ito A, Kashiwagi T. Characterization of flame spread over PMMA using holographic interferometry sample orientation effects[J]. Combust. Flame,1988,71:189-204.

[17] Drysdale D. An Introduction to Fire Dynamics[M]. 2nd ed. Chichester:John Wiley and Sons,1998.

[18] Zukoski E E. Properties of Fire Plumes, Combustion Fundamentals of Fire[M]. London: Academic Press,1995:101-219.

[19] Mei F Z, Tang F, Ling X, et al. Evolution characteristics of fire smoke layer thickness in a mechanical ventilation tunnel with multiple point extraction[J]. Appl. Therm. Eng.,2017,111:248-256.

[20] Tang F,Li L J,Dong M S,et al. Characterization of buoyant flow stratification behaviors by Richardson (Froude) number in a tunnel fire with complex combination of longitudinal ventilation and ceiling extraction[J]. Appl. Therm. Eng.,2017,110:1021-1028.

[21] An J T,Jiang Y,Qiu R,et al. Numerical study of polyurethane foam fire between narrow vertical parallel walls[J]. J. Saf. Sci. Technol.,2012,8:5-9.

[22] Tang F,Cao Z L,Palacios A,et al. A study on the maximum temperature of ceiling jet induced by rectangular-source fires in a tunnel using ceiling smoke extraction[J]. Int. J. Therm. Sci.,2018,127:329-334.

[23] Beyler C L. Hazard calculations for large, open hydrocarbon Fires[M]//DiNenno P J. SFPE Handbook on Fire Protection Engineering. 3rd ed. Boston:Society of Fire Protection Engineers,2023:268-314.

第5章　建筑开口火焰溢出临界

当建筑内部火灾达到通风控制燃烧状态时，室内燃烧剩余的高温燃料沿水平方向从开口上方溢出，进一步卷吸新鲜空气，形成外部湍流燃烧火焰，溢出火焰在自身热浮力的作用下向上运动，形成建筑外立面开口火溢流。受限空间开口火溢流是建筑物外立面火蔓延的初始阶段。火焰溢出临界态涉及开口流动行为以及室内燃烧热释放速率，本章将基于这两部分进行介绍。

5.1　建筑火灾开口流动行为

室内火灾从通风控制时期发展到开口火溢流会经历以下四个阶段：

第一阶段通常是室内火灾的初始阶段，在这一阶段，如图5-1所示，热气层尚未到达室内窗户开口的顶部，从右侧的压力分布图上可以看出，在同一高度处，室内气体受热膨胀导致压力升高，整个房间内部的压力比外部压力高，内部的冷空气从靠近地板的开口处流出，由于热空气的密度低于冷空气，在建筑内部的顶部积聚了一定高度的热烟气，因此内部的压力分布图上方有一个转折。

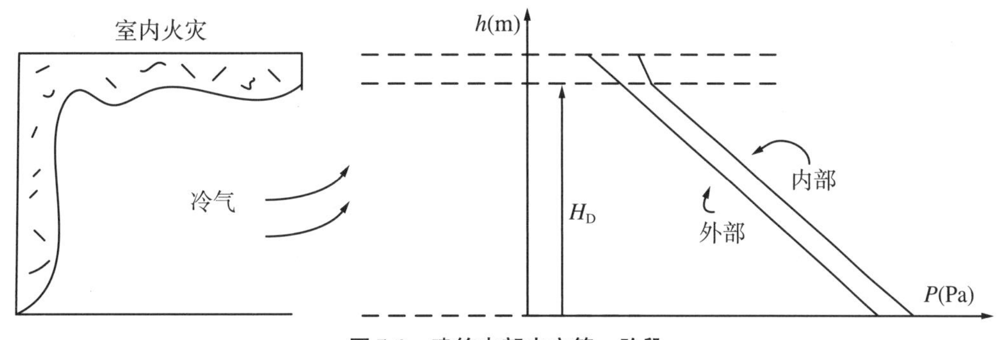

图5-1　建筑内部火灾第一阶段

第二阶段，如图5-2所示，热烟气层已经到达了开口顶部，热气流开始从窗口顶部流出，可以看出在开口的任意高度处，室内压力仍然比外部压力高，室内的冷空气从窗户下部流出，靠近窗户顶部的热空气从上部流出，从开口处流出的质量流量非常大，不过这一阶段持续的时间很短，室内质量平衡主要是通过燃料的供给来实现。

第三阶段，如图5-3所示，根据压力分布图可以看出，上部的热空气从房间开口上部流出，新鲜的空气从开口下部进入到房间。我们把开口处内、外压力相等的平面叫作中性面，在这个平面上，既没有气体流入，也没有气体流出，这个高度是由室内、外的压力确定的。当高度大于中性面高度时，内部压力大于外部压力，热气体从室内流出，当高度小于中性面高度时，内部压力小于外部压力，外部的新鲜空气从室外进入，因此为了计算流入和流出的空气量，必须确定中性面的高度 H_N 和热烟气层的高度 H_D（冷、热气层的交界面高度）。这个时期的主要特点是总的（室内）热释放速率 $\dot{Q} < 1\,500AH^{1/2}$ kW，此时室内火灾模型可以看作一个双区域模型（上层是热空气，下层是冷空气）。

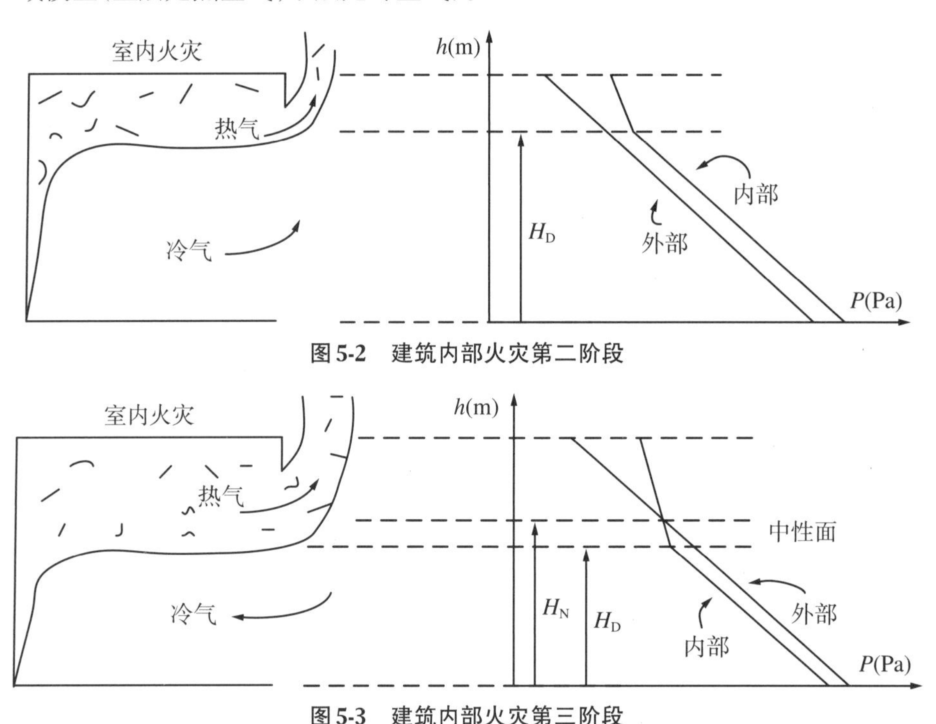

图 5-2　建筑内部火灾第二阶段

图 5-3　建筑内部火灾第三阶段

第四阶段是室内火灾充分发展的阶段，如图 5-4 所示，此时热气层已经到达地板了，因此在垂直高度上压力大小都是线性变化的，唯一不确定的高度是 H_N，所以，根据压力和质量流量容易确定这种类型的压力分布图。这一阶段也被称为火灾充分发展时期（或者是轰燃之后的火灾），揭示了轰燃的发生。这时总的热释放速率 $\dot{Q} > 1\,500AH^{1/2}$ kW，室内火灾模型可以认为是一个单区域模型，室内温度可以认为是均匀一致（well-mixed）的。

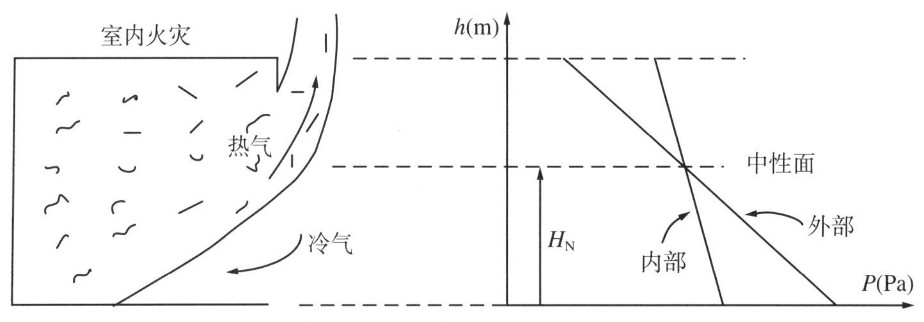

图 5-4　建筑内部火灾第四阶段

以上是通风控制时期开口火溢流形成的四个阶段，一个室内小火可能不会经历前三个阶段，一般会在极短的时间内发展到第四阶段，形成开口火焰溢出。

在通风控制时期，燃料供给稳定时，进入到室内的空气可以达到完全燃烧，当室内达到

平衡时，为了计算通过开口处流入和流出的气体的质量流量、室内的热释放速率以及中性面高度，需要对上面的参数进行详细的推导。在窗户开口处可以认为某一高度处的压力差是一个常数，在这一高度处进气和出气流速也可以认为是常数，即认为窗户开口处每一高度处的流速是相同的，无论进气还是出气(除了上、下窗户开口的，流量系数需考虑边缘效应)。质量流量可以写成如下关系式：

$$\dot{m} = C_d A v \rho \tag{5-1}$$

式中，C_d为空气的流动系数，一般取0.6～0.7[1,2]，A是开口面积，v是开口处的流速，ρ是开口处的空气密度，$\dot{m}$是空气的质量流量。需要说明的是，上述公式成立的条件是开口处的流速不随高度变化。当开口处的速度不是常数时，上述公式可以写为

$$\dot{m} = \int_A \rho v \mathrm{d}A \tag{5-2}$$

现在定义$\mathrm{d}A = W \cdot \mathrm{d}z$，$W$是开口处的宽度，$\mathrm{d}z$是开口处窗户高度的微分。在无风的情况下，窗户开口处的空气流速是高度的函数，但在同一高度处认为流速是常数。现定义中性面(内、外压差为零)开口处为高度为零的位置(z=0)，如图5-4所示，则从中性面至上方任意高度z处空气的质量流量可以写成

$$\dot{m} = C_d \int_0^z W \rho_g v(z)\,\mathrm{d}z \tag{5-3}$$

窗户顶部的内、外部最大压差$\Delta P_{u,max}$可以写为

$$\Delta P_{u,\max} = \left| P_{in,h_u} - P_{out,h_u} \right| = h_u(\rho_a - \rho_g)g \tag{5-4}$$

窗户底部的内、外部最大压差$\Delta P_{l,max}$可以写为

$$\Delta P_{l,\max} = \left| P_{in,h_l} - P_{out,h_l} \right| = h_l(\rho_a - \rho_g)g \tag{5-5}$$

其中，P_{in,h_u}指高度为h_u室内的压力值，P_{out,h_u}指高度为h_u室外的压力值，$\Delta P_{u,max}$、$\Delta P_{l,max}$是相应压力差的绝对值，ρ_a为室内空气的密度，ρ_g为室外空气的密度，并且$\rho_a > \rho_g$。

从上面可以看出，高度为z处内、外部压差的绝对值，可以写成

$$\Delta P(z) = z(\rho_a - \rho_g)g \tag{5-6}$$

现在对出口处的流速进行分析，如图5-5所示，在开口顶端所在的平面处，选出1、2、3三点，分别位于室内、室外、窗户顶部。1、2、3点距离中性面的高度均为h_u，压强分别为P_1、P_2、P_3，1、3两点处的密度为ρ_g，即$\rho_1 = \rho_3 = \rho_g$，2处的密度为ρ_a，即$\rho_2 = \rho_a$。在1、3两点处列伯努利方程，可以得到

$$P_1 + \frac{1}{2}\rho_1 v_1^2 + \rho_1 g h_1 = P_3 + \frac{1}{2}\rho_3 v_3^2 + \rho_3 g h_3 \tag{5-7}$$

其中1点的速度为0 m/s，$\rho_1 = \rho_3$，$h_1 = h_3 = h_u$，化简可以得到

$$P_1 - P_3 = \frac{1}{2}\rho_g v_g^2 \tag{5-8}$$

结合之前的推导得到如下公式(开口顶部的最大压差)：

$$\Delta P_{u,\max} = \frac{1}{2}\rho_g v_g^2 \tag{5-9}$$

得到开口顶部的最大流出速度：

$$v_g = v_{g,\max} = \sqrt{\frac{2h_u(\rho_a - \rho_g)g}{\rho_g}} \tag{5-10}$$

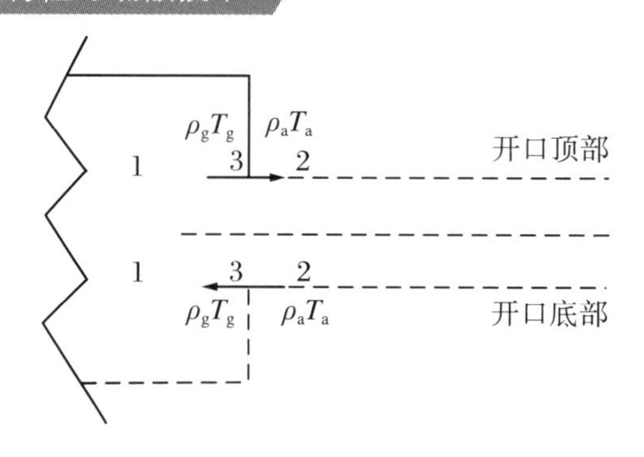

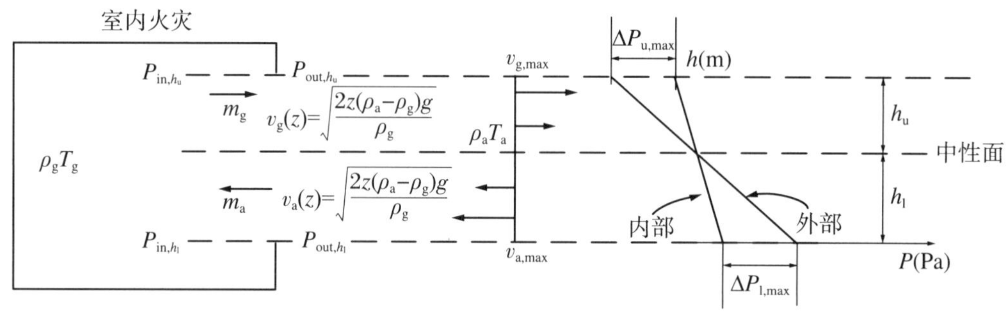

图5-5 热浮力驱动下的开口流动平衡

按照上述方法在开口底部取1、2、3三点，利用伯努利方程和开口底部1、2两处的静压差，可以得到

$$\Delta P_{l,\max} = \frac{1}{2}\rho_a v_a^2 \tag{5-11}$$

进而得到开口底部的最大流入速度$v_{a,\max}$：

$$v_a = v_{a,\max} = \sqrt{\frac{2h_l(\rho_a - \rho_g)g}{\rho_a}} \tag{5-12}$$

通过上述分析推算，中性面以上高度z处，室内热空气的流出速度为

$$v_g(z) = \sqrt{\frac{2z(\rho_a - \rho_g)g}{\rho_g}} \tag{5-13}$$

中性面以下$-z$处，冷空气的流入速度为

$$v_a(z) = \sqrt{\frac{2z(\rho_a - \rho_g)g}{\rho_a}} \tag{5-14}$$

将得到的开口处的空气流速代入到质量流量公式，得到出气的质量流量：

$$\dot{m}_g = C_d\int_0^{h_u} W\rho_g\sqrt{\frac{2z(\rho_a - \rho_g)g}{\rho_g}}\,dz = \frac{2}{3}C_d W\rho_g\sqrt{\frac{2z(\rho_a - \rho_g)g}{\rho_g}}\,h_u^{3/2} \tag{5-15}$$

同理可以得到进气的质量流量：

$$\dot{m}_a = C_d\int_0^{h_a} W\rho_g\sqrt{\frac{2(\rho_a - \rho_g)g}{\rho_a}}\,dz = \frac{2}{3}C_d W\rho_g\sqrt{\frac{2(\rho_a - \rho_g)g}{\rho_a}}\,h_l^{3/2} \tag{5-16}$$

根据质量守恒，在通风控制燃烧时，室内燃料的供给速率为$\dot{m}_f$，可以得到

$$\dot{m}_a = \dot{m}_g + \dot{m}_f \tag{5-17}$$

由于$\dot{m}_a > \dot{m}_g(\dot{m}_a \approx \dot{m}_g) \gg \dot{m}_f$,因此做近似忽略,得到

$$\dot{m}_a = \dot{m}_g \tag{5-18}$$

把式(5-16)、式(5-17)代入式(5-18),可以得到

$$h_l = \frac{h_l + h_u}{1 + \left(\frac{\rho_a}{\rho_g}\right)^{1/3}} \tag{5-19}$$

把得到的h_l代入到$\dot{m}_a$中,得到

$$\dot{m}_a = \frac{2}{3}C_d W \rho_g \sqrt{\frac{2(\rho_a - \rho_g)g}{\rho_g}}\, h_l^{3/2} = \frac{2}{3}C_d W \rho_g \sqrt{\frac{2(\rho_a - \rho_g)g}{\rho_g}} \left(\frac{h_l + h_u}{1 + \left(\frac{\rho_a}{\rho_g}\right)^{1/3}}\right)^{3/2} \tag{5-20}$$

对公式进行变形,并令$H = h_l + h_u$,$C_d \approx 0.7$,$g = 9.8$ m/s,$\rho_a = 1.20$ kg/m^3,开口面积$A = W \times H$,对公式进行化简,得到

$$\dot{m}_a = 0.5AH^{1/2}\ (\mathrm{kg/s}) \tag{5-21}$$

可以认为,在通风控制燃烧阶段,进入到室内的质量流率与开口尺寸有关,其中$AH^{1/2}$又称为通风因子,系数0.5是近似得到的,一般可以取0.41～0.6,虽然在确定开口处的质量流量时经过了很多近似,但是很多通风控制燃烧的火溢流实验都认可系数是0.5。

5.2 建筑内部火灾溢出临界热释放速率

在室内火灾中,燃料的热释放速率(heat release rate,HRR)是指燃料燃烧产生的热量,单位是kW,也叫火源强度。在室内燃烧中,存在两种情况,一是供给的燃料完全燃烧,二是进入到建筑内部的空气中的氧气消耗完毕。上面的两种情况分别代表通风控制燃烧和燃料控制燃烧。室内的热释放速率的表达式可以写为

$$\dot{Q} = \begin{cases} \dot{m}_F \Delta h_c, & \varphi < 1 \\ \dot{m}_{air} \Delta h_{air}, & \varphi \geq 1 \end{cases} \tag{5-22}$$

式中,φ是燃料供给系数;$\dot{m}_{air}$是指从窗户开口进入到室内的空气的质量流量,单位是kg/s;Δh_{air}是单位质量的空气燃烧产生的热量,一般认为是常数,取3 000 kJ/kg。通过判断φ与1的大小来确定燃烧是富燃料燃烧还是贫燃料燃烧。

通风控制类型的室内火灾中,燃料的热释放速率主要包括两方面,一是室内燃烧产生的热释放速率($\dot{Q}_{inside}$),二是室外燃烧产生的热释放速率($\dot{Q}_{ext}$)。室内燃烧是指在建筑内部的燃料燃烧产生的热量,主要取决于从通风口供给的空气的质量流量,根据耗氧法[3]可以计算出室内的热释放速率一般为1 500$AH^{1/2}$ kW。室外燃烧是指未燃的可燃性气体从通风口流出遇到新鲜的空气发生的外部燃烧。两者的和为总的热释放速率。

当考虑建筑内部燃料供给速率($\dot{m}_f$)时,将建筑看作是一个控制体,建筑质量守恒表示为

$$\dot{m}_a + \dot{m}_f = \dot{m}_g \tag{5-23}$$

基于热浮力诱导的压力差引起的开口流动平衡,通过开口的空气质量流入率可以表示为[4]

$$\dot{m}_{\mathrm{a}} = \frac{\frac{2}{3} C_{\mathrm{d}} \sqrt{2\rho_{\infty}(\rho_{\infty} - \rho_{\mathrm{g}}) g}\, A H^{1/2}}{\left[\left(\frac{1 + \dot{m}_{\mathrm{f}}/\dot{m}_{\mathrm{a}}}{\sqrt{\rho_{\mathrm{g}}/\rho_{\infty}}}\right)^{2/3} + 1\right]^{3/2}} \tag{5-24}$$

其中，C_{d}为开口流动系数。质量流入率取决于燃料的供给速率($\dot{m}_{\mathrm{a}} \sim \dot{m}_{\mathrm{f}}$)、开口比例($W$、$H$、开口通风因子$\sim AH^{1/2}$)以及建筑内部气体的温度和密度($\rho_{\mathrm{g}}$、$T_{\mathrm{g}}$)。如图5-6所示，燃料的供给速率远低于开口补入的质量流入率($\dot{m}_{\mathrm{f}} \gg \dot{m}_{\mathrm{a}} \approx \dot{m}_{\mathrm{g}}$)。同时，空气质量流入率随燃料供给率下降很小，大约恒定为$0.5AH^{1/2}$ kg/s(图中虚线，即$\dot{m}_{\mathrm{a}} \approx \dot{m}_{\mathrm{g}} = 0.5AH^{0.5}$ kg/s)[4]。所有的空气都在建筑内部消耗，得到建筑内部的热释放速率($\dot{Q}_{\mathrm{inside}}$)：

$$\dot{Q}_{\mathrm{inside}} = 0.133 \frac{\Delta H_{\mathrm{ox}}}{c_{\mathrm{p}} T_{\infty}} c_{\mathrm{p}} T_{\infty} \rho_{\infty} A \sqrt{gH} = 3\,000 \times 0.5AH^{1/2} = 1\,500AH^{1/2}\,(\mathrm{kW}) \tag{5-25}$$

式中，ΔH_{ox}是建筑内部消耗每质量空气释放的热量(取$\Delta H_{\mathrm{ox}} = 3\,000$ kJ/kg)。在通风控制燃烧阶段发生开口火焰溢出时，火焰根部在开口的中性平面(约$0.4H$)处。图5-7表明，火焰发生溢出的临界热释放速率(建筑内部最大热释放速率)的实验结果可以很好地接近理论值($1\,500AH^{1/2}$ kW)。这也意味着开口的高度(H)相比于开口的宽度(W)对热释放速率的影响更大($H^{3/2}$)。临界热释放速率也可能受到开口位置(或高度)的影响，建筑内部侧壁上的开口

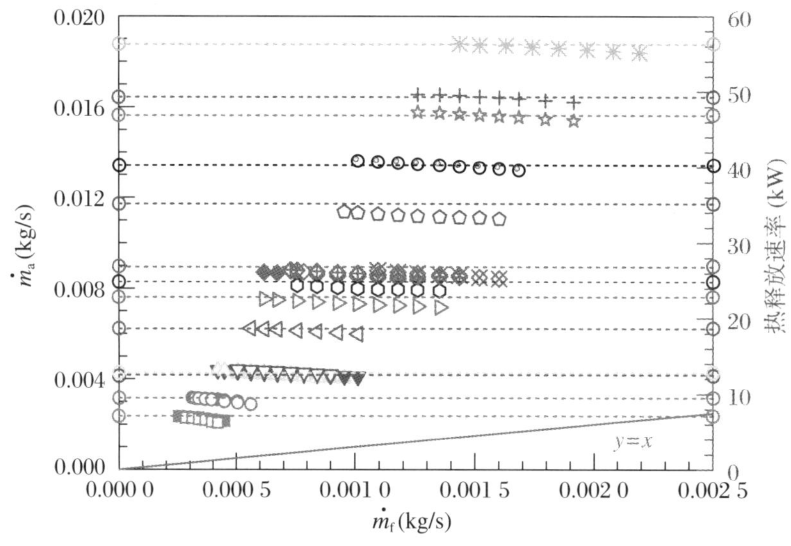

L	开口(宽×高, cm)	$0.5AH^{1/2}/1\,500AH^{1/2}$
34 cm	■ 15.00×10.00	------
	● 20.00×10.00	------
	▲ 15.00×15.00	------
	▼ 10.00×20.00	------
	◆ 20.00×20.00	------
40 cm	□ 15.00×10.00	------
	○ 20.00×10.00	------
	△ 15.00×15.00	------
	▽ 10.00×20.00	------
	◇ 20.00×20.00	------

L	开口(宽×高, cm)	$0.5AH^{1/2}/1\,500AH^{1/2}$
50 cm	◁ 22.05×14.70	------
	▷ 14.70×22.05	------
	⬡ 29.40×14.70	------
	⊕ 20.00×20.00	------
	⬠ 14.70×29.40	------
76 cm	⊠ 20.00×20.00	------
	ʘ 30.00×20.00	------
	☆ 25.00×25.00	------
	+ 20.00×30.00	------
	✳ 30.00×25.00	------

图5-6 建筑空气质量流入率/热释放速率随建筑内部燃料质量流量的变化

位置(或高度)会在一定程度上影响开口补气流与室内燃烧流的混合。最近,陆凯华等人[5]开展了不同开口高度下的开口火溢流行为研究,发现随着开口从建筑内的底部(开门)向上移动,临界热释放速率会降低。在笔者的研究工作中,所有开口都位于建筑房间侧壁的中心,这里暂时不考虑开口位置的影响。

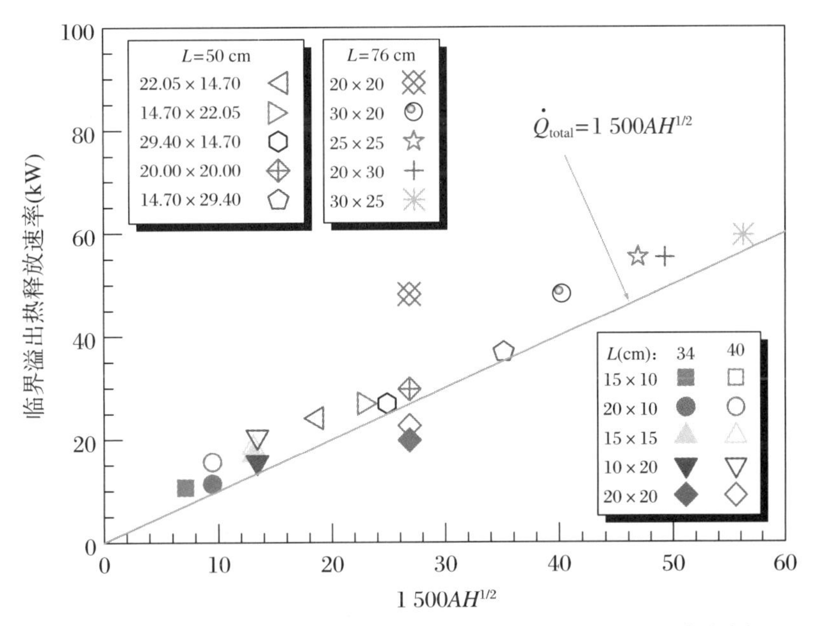

图5-7 火焰发生溢出的临界热释放速率(建筑内部最大热释放速度)实验结果与理论值对比图

早期研究中一般认为建筑内部火灾达到通风控制燃烧阶段时,从开口下方补入的氧气完全被消耗,多余的燃料(未燃气)从开口上方溢出,形成开口火溢流,也就是说建筑内部火源热释放速率达到$1\,500AH^{1/2}$ kW时,发生开口火焰溢出,溢出之后建筑内部燃料燃烧热释放速率与中性面的位置基本保持不变(图5-8)。Lee和Delichatsios等人[6]通过实验验证了这一结论。Ohmiya等人[7]指出了开口火焰溢出的两种形式(图5-8):

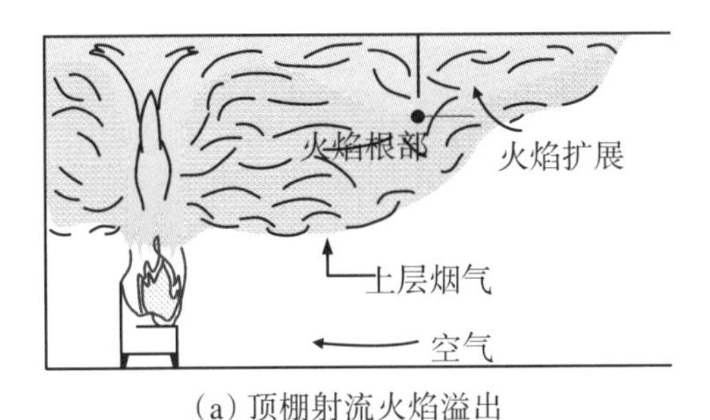

(a) 顶棚射流火焰溢出

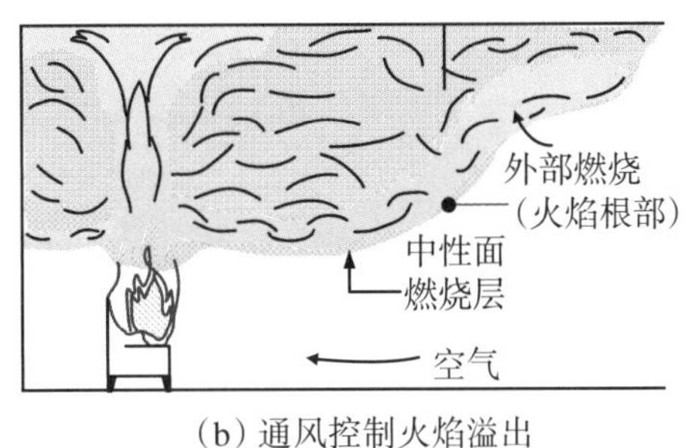

(b) 通风控制火焰溢出

图5-8 火焰溢出的两种形式[7]

(1) 燃料控制燃烧阶段建筑内部火焰由“顶棚射流”溢出。

(2) 通风控制燃烧阶段建筑内部氧气供给不足发生开口火焰溢出。

第一种形式指的是建筑内部火焰撞击建筑房间顶棚,沿顶棚扩展,蔓延至开口位置时发生火焰水平漫出(挑出),通常发生在建筑火灾早期阶段(燃料控制燃烧阶段),火焰根部靠近开口上边缘;通风控制燃烧阶段溢出的火焰燃烧相对稳定,中性面位置(火焰根部)基本稳定地分布在距离开口底部0.4H的位置，室内燃烧热释放速率为1 500$AH^{1/2}$ kW。本书中测量的火焰溢出临界均指的是第二种形式。此外，Gottuk等人[8]在1992年首次观察到了开口火焰间歇性溢出行为，但是未对其进行深入研究。陆凯华等人[9]对开口火焰溢出临界概率进行量化表征，提出了“燃料与空气完全反应比”耦合“建筑内部上层温度”的新“双判据”机制理论，建立了开口火溢流间歇性溢出行为的概率表征模型。

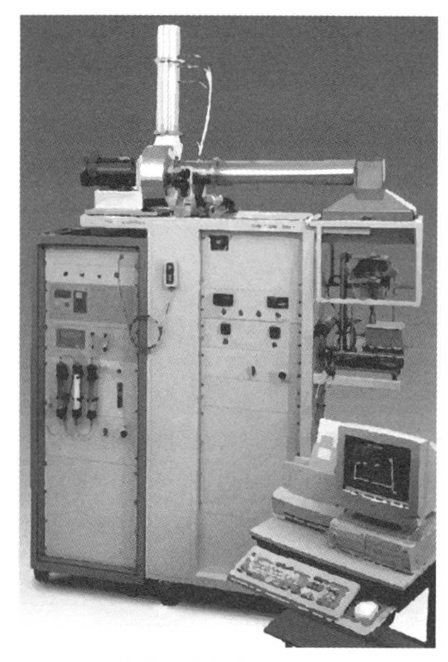

图5-9 燃烧量热仪与室内燃烧热释放速率测量装置

室内燃烧热释放速率对于描述火灾危险程度具有重要意义，通过对室内燃烧热释放速率的计算可以间接得到室外燃烧热释放速率，从而根据其数值来量化火焰外部形态等相关参数。1982年锥形量热仪（图5-9）被引进用来测量材料燃烧热释放速率，其本质是基于氧耗法（oxygen consumption）进行测量（单位质量的氧气燃烧释放的热量不变[3]）。关于室内燃烧热释放速率的测量主要是在燃烧房间上方安装烟气收集装置，对从开口处溢出的气体进行收集，并通过气体检测装置检测气体成分，从而计算出室内燃烧热释放速率，这是一种基于对气体成分的测量从而计算热释放速率的方法，计算精度取决于对燃烧气体收集的准确性[10]。Gottuk等人[8]使用锥形量热仪测量了室内燃烧产物。Lee和Delichatsios等人[6]使用这个设备进行室内燃烧热释放速率的测量，并验证了经验公式模型的准确性（1 500$AH^{1/2}$ kW），其实验建立了小尺寸燃烧房间（图5-10(a)），并每隔100 s增加燃料供给（增加室内燃烧热释放速率），模拟建筑内部火灾从燃料控制燃烧转变为通风控制燃烧的整个过程，通过集烟罩对气体进行收集从而计算燃烧热释放速率数值，发现测量总热释放速率的数值曲线中间有一平缓阶段（intermediate plateau），并确定平缓阶段的热释放速率为通风控制阶段室内燃烧热释放速率，如图5-10(b)所示。

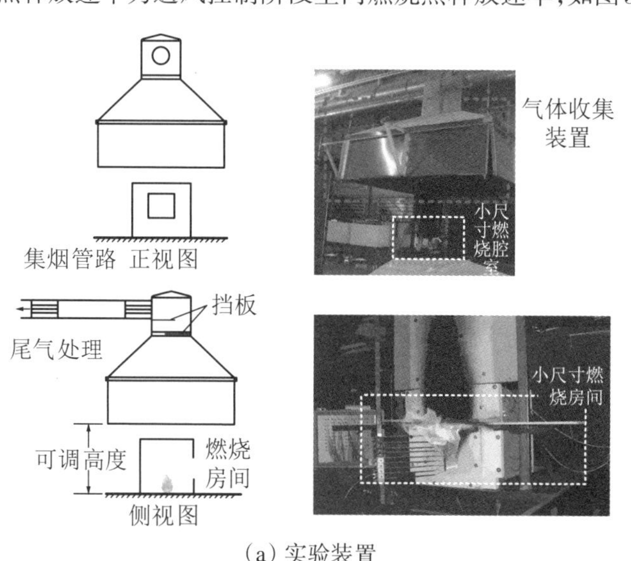

(a) 实验装置

图5-10 Lee和Delichatsios等人[6]的燃烧热释放速率测量实验

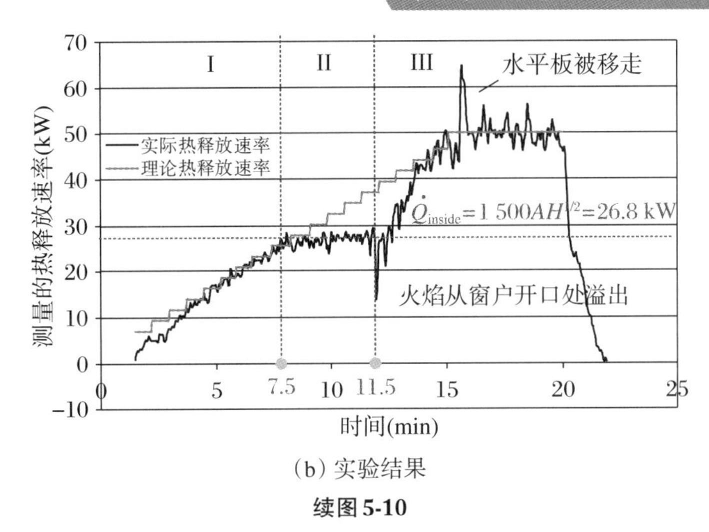

(b) 实验结果

续图5-10

对于不同的边界条件,学者们也做了很多相应的研究,总结如表5-1所示。

表5-1　不同边界条件下火焰溢出临界

文　献	公　　式
Lee和Delichatsios等人[6]	矩形窗户开口:$\dot{Q}_{critical}=\dot{Q}_{inside}=1\,500AH^{1/2}$(kW) (建筑内部尺寸(长×宽×高):0.5 m×0.5 m×0.5 m,1.0 m×0.5 m×1.0 m,1.5 m×0.5 m×0.5 m)
Hu等人[9]	间歇性火焰溢出概率: $P=\begin{cases}0, & \dot{Q}^*_{ex}-\dot{Q}^*_{ex,l}<0\\ 0.758(\dot{Q}^*_{ex}-\dot{Q}^*_{ex,l}), & 0\leqslant \dot{Q}^*_{ex}-\dot{Q}^*_{ex,l}\leqslant 1.32\\ 1, & \dot{Q}^*_{ex}-\dot{Q}^*_{ex,l}>1.32\end{cases}$ $\dot{Q}^*_{ex,l}=-0.58\rho_\infty c_p A\sqrt{gH}/(h_c A_T)+2.22$ (建筑内部尺寸(长×宽×高):0.8 m×0.8 m×0.8 m)
Sun等人[11]	平开窗:$\dfrac{\dot{Q}_{critical}}{1\,500A_0H^{1/2}}=\begin{cases}1.02/\theta^{0.55}, & \theta\leqslant 60°\\ 1, & \theta\leqslant 60°\end{cases}$ θ是窗户开口角度,$A_0H^{1/2}$为新的窗口开口通风因子 $H^{1/2}=\begin{cases}2W\sin(\theta/2)H^{3/2}, & \theta\leqslant 60°\\ WH^{3/2}, & \theta>60°\end{cases}$ (建筑内部尺寸(长×宽×高):0.5 m×0.5 m×0.5 m)
Zhang等人[12]	圆形开口:$\dot{Q}_{critical}\approx 2\,027A\sqrt{d}=9\,000r^{5/2}$(kW) r为开口半径,d为圆形开口直径 (建筑内部尺寸(长×宽×高):0.4 m×0.4 m×0.4 m)
Zhang等人[13]	三角形窗户开口:$\dot{Q}_{critical}\approx 1\,380(0.5BH^{3/2})=690BH^{3/2}$(kW) (建筑内部尺寸(长×宽×高):0.4 m×0.4 m×0.4 m)

5.2.1　不同窗户开口角度下开口火焰溢出临界条件及表征模型

本实验中,调节质量流量计增加丙烷供给的质量流量,直到发生开口火焰溢出,这里使用$\dot{Q}_{critical}$表示开口火焰溢出临界热释放速率(火焰发生溢出概率为50%)[9]。结果如图5-11所示,由图可以看出:

（1）总体上，火焰溢出临界热释放速率与开口通风因子（$AH^{1/2}$）呈正相关。

（2）当开口角度小于60°时（$\theta \leqslant 60°$），火焰溢出临界热释放速率随开口角度增大而增大；当开口角度大于60°时（$\theta > 60°$），火焰溢出临界热释放速率随开口角度的增加基本保持不变。

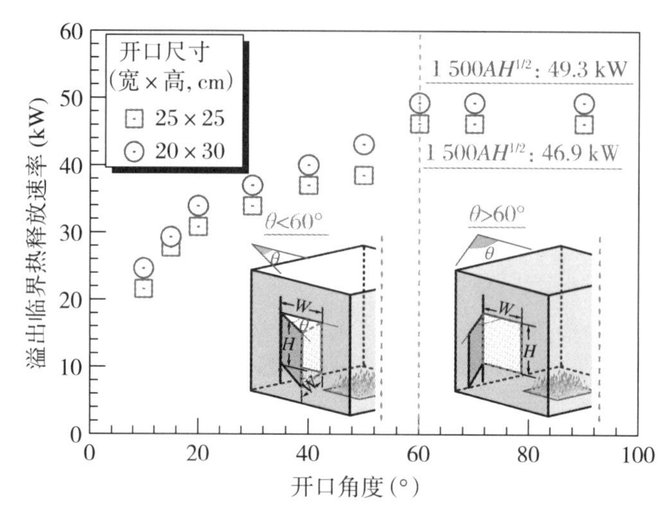

图5-11　火焰溢出临界热释放速率随窗户开口角度的演化规律

开口通风因子（$AH^{1/2} = WH^{3/2}$）[14,15]可以用来描述建筑通风条件，是表征建筑火灾由燃料控制燃烧转变为通风控制燃烧的重要特征参数。当窗户开口角度小于60°时（图5-11），有效的开口通风因子随着开口角度的增加显著增大（通风条件变好），与之对应的是溢出临界热释放速率随开口角度显著增大。这里我们定义一个新的特征长度——窗户开口的宽度 $W_0 = 2W\sin(\theta/2)$ 来代替开口宽度（W，图5-12），此时，新的窗户开口通风因子可以描述为：$A_0H^{1/2} = W_0H^{3/2}$，展开得到如下分段函数：

$$A_0H^{1/2} = \begin{cases} 2W\sin(\theta/2)H^{3/2}, & \theta \leqslant 60 \\ WH^{3/2}, & \theta > 60 \end{cases} \tag{5-26}$$

图5-13为无量纲热释放速率与开口角度之间的关系，可以得到

$$\frac{\dot{Q}_{\text{critical}}}{1\,500A_0H^{1/2}} = \begin{cases} 1.02/\theta^{0.55}, & \theta \leqslant 60° \\ 1, & \theta > 60° \end{cases} \tag{5-27}$$

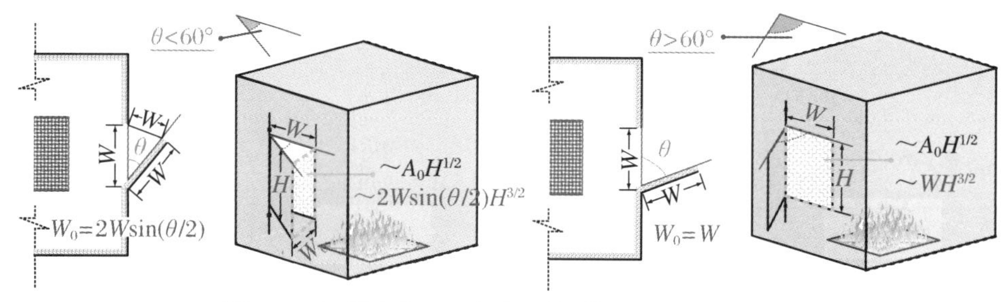

图5-12　不同窗户开口角度下的“等效开口通风因子”

对于较大的窗户开口角度（$\theta > 60°$），窗户打开的宽度认为足够大（$W_0 = 2W\sin(\theta/2) > W$），室内的通风条件与窗户完全打开时一致（$\dot{Q}_{\text{critical}} \approx 1\,500A_0H^{1/2}$ kW，完全通风条件）；对于较小的窗户开口角度（$\theta < 60°$），无量纲热释放速率随窗户开口角度的降低而显著增加，主要是由

于窗户开口下方的三角形水平区域(图5-13中开口下方三角形区域)形成附加的空气流入效应(氧气供给增强),这里我们使用$1\ 500A_0H^{1/2}$是仅考虑了竖向开口($W_0 = 2W\sin(\theta/2) \times H$)的空气补入。需要指出的是,对于较小的窗户开口角度,窗户打开形成上、下两个三角形水平区域,像一个“烟囱”,由于温度梯度形成“烟囱效应”(chimney effect),从下方三角形区域“吸入”新鲜空气,以增加室内空气(氧气)的供给。开口角度越小,这种效应越显著,驱动更多的空气流入,导致开口角度小于60°时,无量纲热释放速率随着开口角度减小而显著增大。

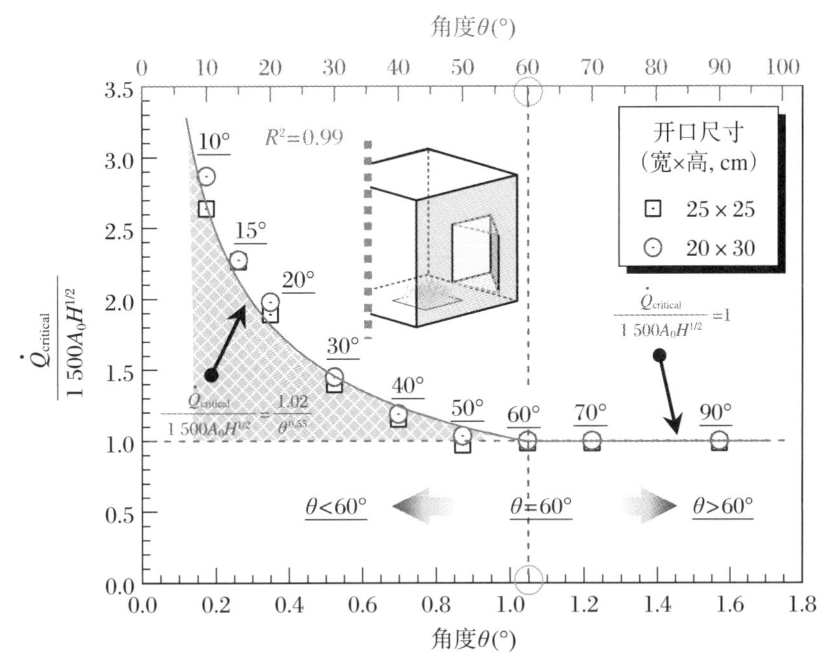

图5-13 平开窗条件下开口火焰溢出临界表征模型

5.2.2 正向风作用下的开口火焰溢出临界与充分混合燃烧热释放速率

我们了解到建筑内部火灾发展存在一系列状态的变化,首先,在火焰溢出方面,建筑内部火灾将经历室内燃烧、火焰间歇性溢出以及火焰持续性溢出三个阶段;其次,在建筑内部存在分层燃烧及充分混合燃烧状态。我们将达到建筑内不同发展状态的功率定义为临界功率,其中,建筑内部火灾达到火焰间歇性溢出阶段的最小功率定义为火焰溢出下临界功率$\dot{Q}_{cr,l}$,达到持续性溢出阶段的最小功率定义为火焰溢出上临界功率$\dot{Q}_{cr,u}$。图5-14所示为火焰溢出上、下临界功率随正向环境风速增大变化图,可以看出,除两个相对较小的开口尺寸(15 cm(宽)×10 cm(高)与10 cm(宽)×15 cm(高))之外,火焰溢出上、下临界功率随正向环境风速增大均呈现先增大后减小的趋势,这是由于实验中风速间隔为0.5 m/s,对于该两个较小尺寸的开口,其转折风速应落于0~0.5 m/s区间之内。此外,相应临界功率随开口尺寸增大而增大。同时,火焰溢出上、下临界功率的转折风速随开口通风因子($AH^{1/2}$)增大而增大。

对于建筑内部火灾由分层燃烧发展到充分混合燃烧状态,达到充分混合燃烧状态的最小功率定义为其临界功率。可得建筑内部充分混合燃烧状态临界功率随正向环境风速增大而减小,这是由于正向环境风的通风混合作用(vent-mixing effect)导致,流入的冷空气在接

触到火焰之前被建筑内聚集的烟气稀释，其冷却作用使得上层建筑内部烟气温度随正向环境风速下降，同时，由正向环境风推动的空气流入加强了建筑内部的环流(circulation flow)，相应地加速了充分混合状态的形成，该通风混合作用与其风速成正比。

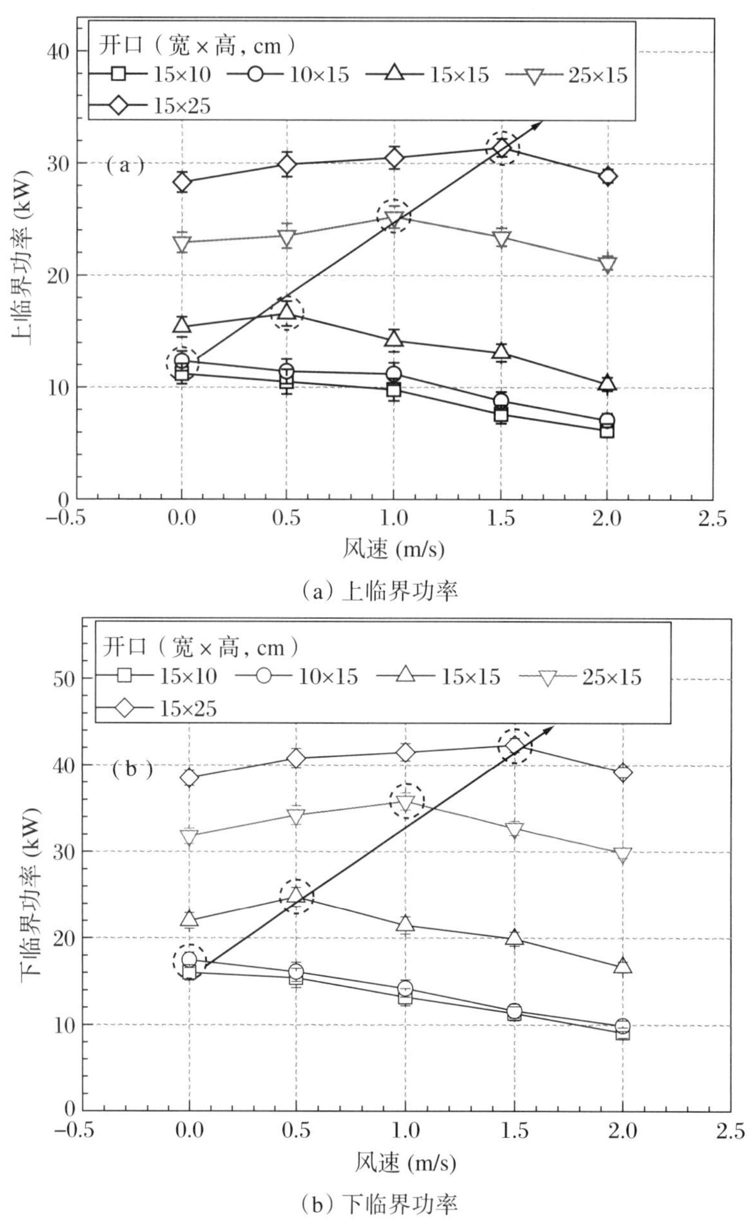

(a) 上临界功率

(b) 下临界功率

图5-14　不同正向环境风速下火焰溢出上、下临界功率变化图

基于以上实验现象和分析，图5-15给出了建筑内部火灾充分混合状态临界功率与正向环境风速的无量纲关系。其中，纵坐标为由1 500$AH^{1/2}$归一化的充分混合状态临界功率，这里1 500$AH^{1/2}$代表无风情况下由燃料控制阶段转向通风控制阶段的转折功率(如图5-15中水平虚线所示)，选择该临界值作为归一化条件也是依据临界功率随开口通风因子增大而增大。横坐标为风速弗劳德数($Fr' = U_w/\sqrt{gH}$)，代表开口不同高度处风速惯性力与热烟气浮力的比值，可以发现它们之间具有良好的线性关系：

$$\dot{Q}^*_{\text{well-mixed}} = -0.47U_w/\sqrt{gH} + 1.7 \tag{5-28}$$

这里,拟合公式中的截距包含了建筑内壁面热惯性的影响,同时,拟合公式中斜率表征了正向环境风速对建筑内部火灾充分混合状态临界功率的作用(vent-mixing effect),该作用应与正向环境风速成正比。

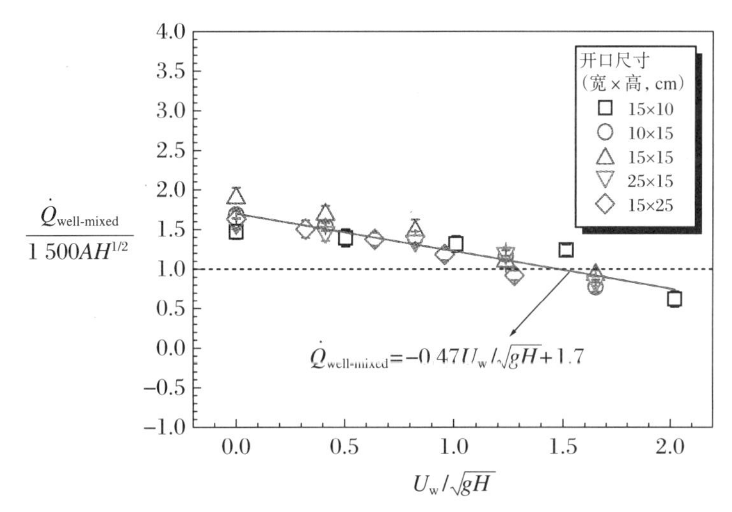

图5-15　建筑内部火灾充分混合状态临界功率与风速弗劳德数无量纲关系

5.2.3　侧向风作用下的室内温度转折临界功率

基于上述实验和模拟结果分析,发现在增加热释放速率的过程中存在一临界值,可以用来表征建筑内部上风侧和下风侧的温度差异,这里使用符号 $\dot{Q}_{\text{critical}}$ 表示临界热释放速率。图5-16是建筑内部不同高度临界热释放速率的定义,即上风侧和下风侧温度相等(交点)对应的热释放速率为这一高度的临界热释放速率,进而得到不同高度的临界热释放速率:$\dot{Q}_{\text{critical},1} = 38.2$ kW,$\dot{Q}_{\text{critical},2} = 37.8$ kW,$\dot{Q}_{\text{critical},3} = 36.9$ kW,$\dot{Q}_{\text{critical},4} = 37.6$ kW,四个数值相差不大($<5\%$),我们定义其中最大值为该风速下表征建筑内部温度转折的临界热释放速率,即 $\dot{Q}_{\text{critical}} = \max(\dot{Q}_{\text{critical},1}, \dot{Q}_{\text{critical},2}, \dot{Q}_{\text{critical},3}, \dot{Q}_{\text{critical},4})$。如此得到临界热释放速率随侧向风速的演化规律如图5-17所示。

表征建筑内部温度转折的临界热释放速率($\dot{Q}_{\text{critical}}$)受到开口溢出气体的热浮力与风的惯性力的耦合作用。这里临界热释放速率($\dot{Q}_{\text{critical}}$)使用无风单纯热浮力主控下建筑内部火灾从燃料控制燃烧转变为通风控制燃烧时的热释放速率($1\,500AH^{1/2}$ kW)进行无量纲表征,其($\dot{Q}_{\text{critical}} = 1\,500AH^{1/2}$ kW)与侧向风作用下风的惯性力(M_w)和开口溢出热气体的浮力通量(M_b)两者比值有关:

$$\frac{\dot{Q}_{\text{critical}}}{1\,500AH^{1/2}} = fcn\left(\frac{M_w}{M_b}\right) \tag{5-29}$$

其中,开口溢出热气体的浮力通量(M_b)[6]表示为

$$M_b \approx \dot{m}_g v \sim \rho_\infty \left(\sqrt{\frac{\Delta T_g}{T_\infty} gH}\right)^2 HW \tag{5-30}$$

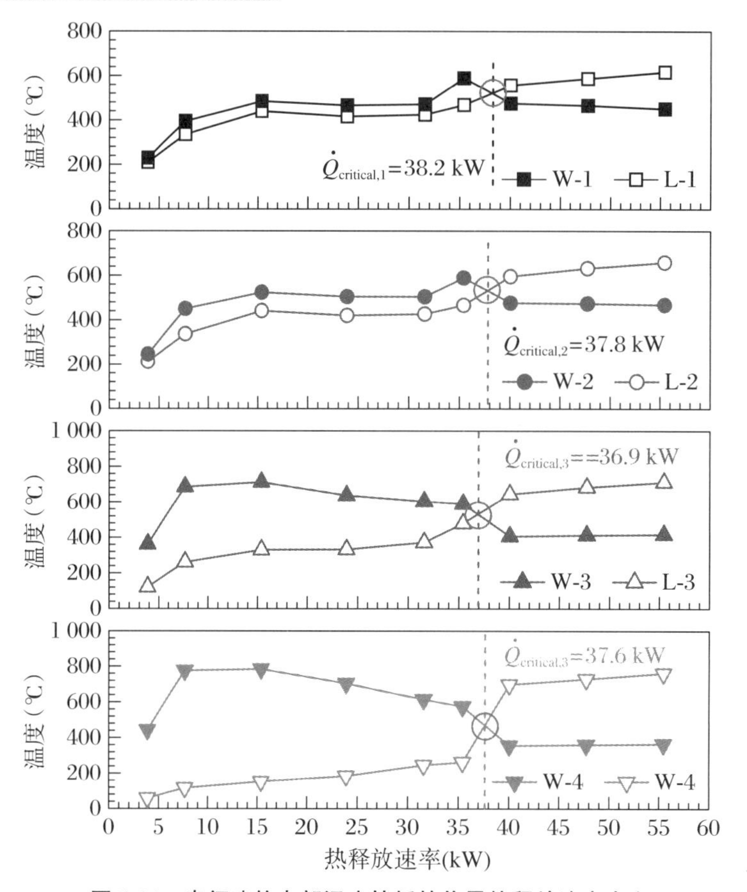

图 5-16　表征建筑内部温度转折的临界热释放速率定义

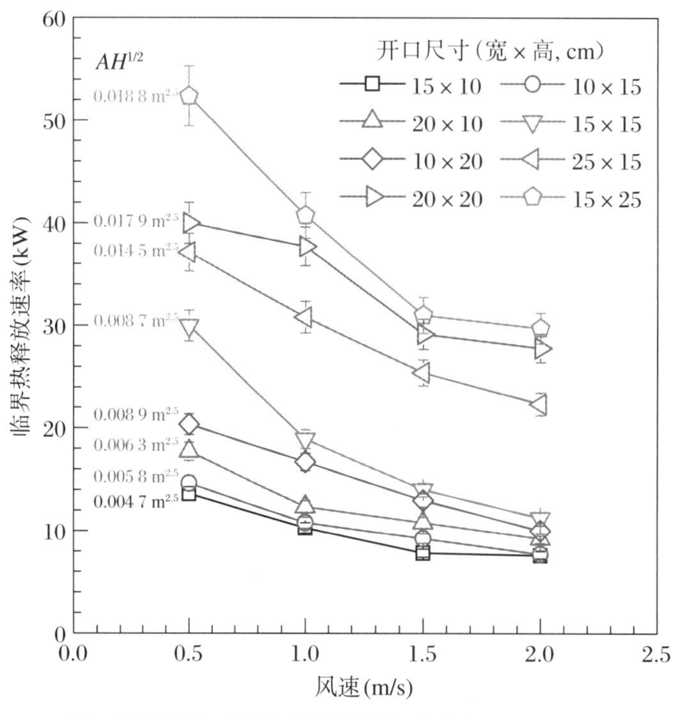

图 5-17　表征建筑内部温度转折的临界热释放速率随侧向风速的演化规律

开口位置处侧向风作用下风的惯性力(M_w)表示为

$$M_w \approx \dot{m}_w U_w \sim \rho_\infty U_w \ell_2 H U_w = \rho_\infty U_w \tag{5-31}$$

Lee和Delichatsios等人[6]提出了特征长度ℓ_2来表征开口溢出热气体运动的水平距离:

$$\ell_2 = (AH^2)^{1/4} \tag{5-32}$$

由此可以得到以下关系式:

$$\frac{\dot{Q}_{\text{critical}}}{1\,500AH^{1/2}} = fcn\left[\frac{U_w^2 \ell_2 H}{\left(\sqrt{gH}\right)^2 WH}\right] = fcn\left[\frac{U_w^2}{gW^{3/4}H^{1/4}}\right] \tag{5-33}$$

它表明无量纲临界热释放速率($\dot{Q}_{\text{critical}}/(1\,500AH^{1/2})$)与新定义的弗劳德数(Fr)之间存在函数关系:

$$\text{Fr} = \frac{U_w^2}{gW^{3/4}H^{1/4}} = \frac{U_w^2}{g\tilde{\ell}} \tag{5-34}$$

进而得到侧向风作用下开口特征长度($\tilde{\ell}$):

$$\tilde{\ell} = gW^{3/4}H^{1/4} \tag{5-35}$$

式中,开口宽度(W)对应的指数(3/4)大于开口高度(H)对应的指数(1/4),说明开口宽度对临界热释放速率影响较大,与得到的结果一致。图5-18是基于上述公式得到的侧向风作用下表征建筑内部火灾温度转折的无量纲临界热释放速率与定义的弗劳德数的物理模型,实验数据与模型较为吻合。

$$\frac{\dot{Q}_{\text{critical}}}{1\,500AH^{1/2}} = 1.20\left(\frac{U_w^2}{gW^{3/4}H^{1/4}}\right)^{-0.22} \tag{5-36}$$

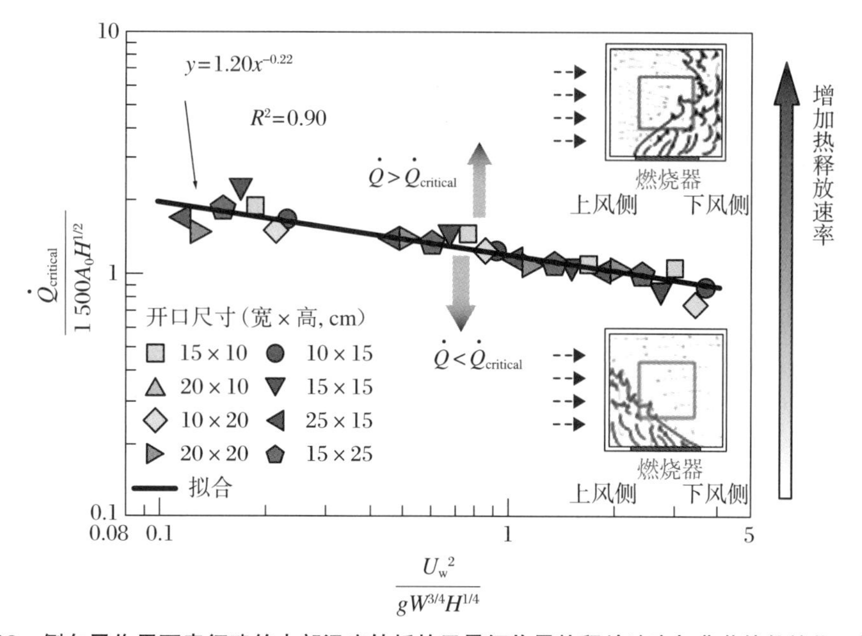

图5-18　侧向风作用下表征建筑内部温度转折的无量纲临界热释放速率与弗劳德数的物理模型

由图5-18可以看出,风速(弗劳德数)越大,无量纲热释放速率越低。通风因子($AH^{1/2}$)是基于无风热浮力驱动下开口中性面的理论推导得出的,实验中观察到,侧向风作用下开口位置的中性面不会保持水平(无风条件下中性面保持水平,并且距离开口底部0.4H),会发生明显的倾斜,但使用通风因子($AH^{1/2}$)仍然可以较好地拟合实验数据,并且风速(Fr)越大数据越收敛。对于该模型的适用范围,当风速接近于0时,纵坐标趋近于无穷(∞),此时建筑内部不会发生温度转折,与实验结果一致;风速趋近于正无穷(∞)时,纵坐标趋近于0,外界侧向风的惯性力远远大于建筑内部火灾的热浮力,火焰直接运动到下风侧,临界热释放速率近似于0,因此,该表征模型可以同时预测极端侧向风速条件下($U_w \to 0$, $U_w \to \infty$)的临界热释放速率。

参考文献

[1] Steckler K D, Baum H R, Quintiere J G. Fire induced flows through room openings: Flow coefficients. NBSIR 83-2801[M]. National Bureau of Standards Washington, DC, 1984.

[2] Steckler K D, Baum H R, Quintiere J G. Fire induced flows through room openings-flow coefficients[J]. Symposium (International) on Combustion, 1984, 20(1): 1591-1600.

[3] Huggett C. Estimation of rate of heat release by means of oxygen consumption measurements[J]. Fire and Materials, 1980, 4(2): 61-65.

[4] Karlsson B, Quintiere J G. Enclosure Fire Dynamics[M]. 2nd ed. Boca Raton: CRC Press, 2022.

[5] Lu K, Wang Z, Ding Y, et al. Flame behavior from an opening at different elevations on the facade wall of a fire compartment[J]. Proceedings of the Combustion Institute, 2021, 38(3): 4551-4559.

[6] Lee Y P, Delichatsios M A, Silcock G W H. Heat fluxes and flame heights in facades from fires in enclosures of varying geometry[J]. Proceedings of the Combustion Institute, 2007, 31(2): 2521-2528.

[7] Ohmiya Y, Yusa S, Suzuki J-I, et al. Aerothermodynamics of fully involved enclosure fires having external flames[C]. Fire and Explosion Hazards-Proceedings of the 4th International Seminar, 2003: 121-129.

[8] Gottuk D T, Roby R J, Beyler C L. A study of carbon monoxide and smoke yields from compartment fires with external burning[J]. Symposium (International) on Combustion, 1992, 24(1): 1729-1735.

[9] Hu L, Lu K, Delichatsios M A, et al. An experimental investigation and statistical characterization of intermittent flame ejecting behavior of enclosure fires with an opening[J]. Combustion and Flame, 2012, 159(3): 1178-1184.

[10] Babrauskas V. Heat Release Rates[M]//Hurley M J, Gottuk D, Hall J R, et al. SFPE handbook of fire protection engineering. New York: Springer, 2016: 799-904.

[11] Sun X, Hu L, Yang Y, et al. Evolutions of gas temperature inside fire compartment and external facade flame height with a casement window[J]. Journal of Hazardous Materials, 2020, 381: 120913.

[12] Zhang X, Zhang Z, Zhang Z, et al. Experimental investigation of compartment fires with circular opening: From the aspects of internal temperature and facade flame[J]. Combustion and Flame, 2020, 213: 107-116.

[13] Zhang X, Zhang Z, Su G, et al. Experimental study on thermal hazard and facade flame characterization induced by incontrollable combustion of indoor energy usage[J]. Energy, 2020, 207: 118173.

[14] Kawagoe K. Fire Behaviour in Room[R]. BRI Report, 1958, 27.

[15] Kawagoe K, Sekine T. Estimation of fire temperature rise curves in concrete buildings and its application[J]. Bulletin of Japan Association for Fire Science and Engineering, 1963, 13(1): 1-12.

第6章　建筑火灾疏散技术

随着经济社会的发展，城市化发展速度加快，城市规模日益扩大，越来越多的高新建筑拔地而起，出现了大量人员密集的大型公共建筑，如商场、车站、地铁、体育馆和公共娱乐场所等，与此同时，这些大型场所所面临的安全隐患和风险也在不断加大，由于人口密集，一旦发生突发事故，人群若不能有效、及时疏散，就可能造成严重的人员伤亡。

目前，公共安全问题已被《国家中长期科学和技术发展规划纲要(2006—2020年)》认定为11个科学研究重点领域之一。安全问题的首要目标是保证人的生命安全，在火灾等突发事件情况下，安全疏散是保证生命财产安全的重要手段。人员安全疏散是公共安全和消防安全工程的重要研究领域之一，受到了国内外科研和工程技术人员的高度重视。而在突发灾害中，建筑火灾对人员安全和社会的影响是巨大的。近年来，在公共场所中造成群死群伤的重特大火灾事故时有发生，2010年上海高层公寓火灾造成58人死亡、70人受伤；2018年河南省农牧产业集团发生的火灾事故造成11人死亡、1人受伤；2019年浙江日用品公司发生重大火灾事故，造成19人死亡，3人受伤；2022年河南省商贸公司发生特别重大火灾事故，造成42人死亡、2人受伤。这些事故的发生不仅造成了重大的人员伤亡和财产损失，而且造成了巨大的社会心理创伤。究其原因，主要是在事故发生前没有采取有效措施对可能出现的人群拥挤等现象进行预防，以及在发生火灾等事故后没有及时有效地对人员进行疏散。大量事故案例表明，在火灾等突发事件发生的紧急情况下，公共建筑中人员密集，且多数人员对所处环境陌生，再加上心理恐慌等因素，如果没有正确的诱导和分流措施，以及通畅的疏散设施，往往会在疏散瓶颈、楼梯等处发生拥挤甚至踩踏事故，这极大地降低了疏散效率，是造成群死群伤事故的直接原因。及时有效地对人员进行疏散则可以大大减小事故损失。一个比较成功的案例就是美国911事件，该事件中，在断电、浓烟的情况下，世贸大厦里至少有1.8万人在一个半小时之内成功地从两栋110层的摩天大楼里安全疏散。因此，在突发事件发生时，人员能否及时、安全疏散是值得高度关注的问题。

6.1　人员疏散理论基础

对于突发事件下的人员疏散，近年来针对人员疏散的模型研究取得了较大发展。人员疏散模型之所以在疏散研究中广泛应用，主要有两个方面的原因：一是虽然实验研究能帮助研究者获得最真实的行人运动数据，但开展行人运动和疏散实验需要耗费大量人力、物力，成本较大，并且一些存在一定危险性的实验在实际中无法开展，比如火灾场景、毒气泄漏场景和高密度人群疏散场景等。二是在建筑设计阶段，需要对建筑性能设计的合理性做出评价，而若建成后再评估，一旦设计不合理而需改建时，会造成极大的资源浪费。因此，通过计算机建模对建筑结构设计进行评估、对行人运动和人员疏散进行模拟就成为了很重要的研究手段。计算机模拟可以构建各种疏散场景，通过改变模型参数来模拟不同外界情况下、不同密度下的人员疏散。基于计算机模拟重复性高、简单方便、计算成本较低等优点，截至目前国内外已有很多学者对人员疏散开展了建模分析与研究，国际上已发布的疏散模型超过30种。按照不同的标准，人员疏散模型可以有不同的划分方式，根据模型在时间和空间上是否离散，大致可分为两大类：离散模型和连续模型。

6.1.1 离散模型

离散模型主要的建模思想是将整个空间离散化成面积较小的元胞，将时间离散为一个个时间步，每个时间步中行人需要按照模型事先设定好的局部运动规则向周围邻居元胞（八邻域或四邻域）运动。相对于连续模型，离散模型中时间、空间和状态均是离散的，这些离散化的参量使得模型在模拟大规模人群运动时计算效率较高。并且离散模型仅通过采用少量简单的局部规则，就能较好地重现复杂系统中的一些典型物理现象。接下来主要以元胞自动机模型（CA）、格子气模型（LG）、多格子模型（MG）为例进行详细介绍。

1. 元胞自动机模型（cellular automata model，CA）

元胞自动机是由规则的元胞网格组成的离散动态系统，在每个离散时间步进行演化，其中一个单元的变量值由相邻单元的变量值决定。每个单元格的变量根据其邻域变量在前一个时间步的值以及一组局部规则同步更新。目前，元胞自动机已经成功地应用于各种复杂系统，包括交通领域和生物领域。近年来，元胞自动机模型被用于研究各种情况下的人员疏散。

在基于元胞自动机的疏散模型中，每个元胞在每个时间步的状态有被占据和空置两种。这里主要以应用比较广泛的场域模型为例进行介绍。场域模型（floor field model）由德国学者Kirchner和Schadschneider在2002年提出。其主要借鉴了蚂蚁等昆虫在觅食过程中通过释放信息素向同伴传递信息，后续同伴会循着这种信息素而找到食物的模式。他们将该思想运用到人员疏散模型中，假设当人走过某个元胞后也会留下某种“信息素”，信息素会向周围元胞扩散，影响周围行人的运动。这就是场域模型中的动态场（dynamic floor field）。因为这种信息在每个元胞上都是动态变化的，随着时间的推移，信息素会逐渐衰减并向四周扩散。但当有其他行人经过该元胞时，信息素浓度又会增加。当然只有动态场还无法实现行人往出口的运动，所以场域模型中还有另外一个很重要的场——静态场（static floor field），其代表的是建筑结构的位置信息对人员的吸引力，如出口位置，这种位置信息是静态的、固定不变的。场域模型中设置行人可以向周围四个邻居的方向（四邻域）或者八个邻居的方向（八邻域，四邻域加上四个对角线元胞，如图6-1所示）运动。具体每个时间步内行人向周围元胞运动的概率转移公式如下所示：

$$P_{ij} = N\exp(K_S S_{ij})\exp(K_D D_{ij})(1-n_{ij})\xi_{ij} \tag{6-1}$$

式中，N为归一化系数；S_{ij}代表静态场值，在模拟初始化时，每个元胞的静态场值就已计算完毕且在整个模拟过程中保持不变，其大小与其离出口的距离成反比；D_{ij}为动态场值，每个时间步由于元胞内“信息素”的扩散和挥发都需要更新计算；K_S和K_D分别为衡量静态场和动态场的敏感参数；n_{ij}表示元胞(i,j)的状态（是否被行人占据），如果元胞已被占据则取值为1，否则值为0；ξ_{ij}表示元胞是否是障碍物，如果是则值为0，反之则为1。

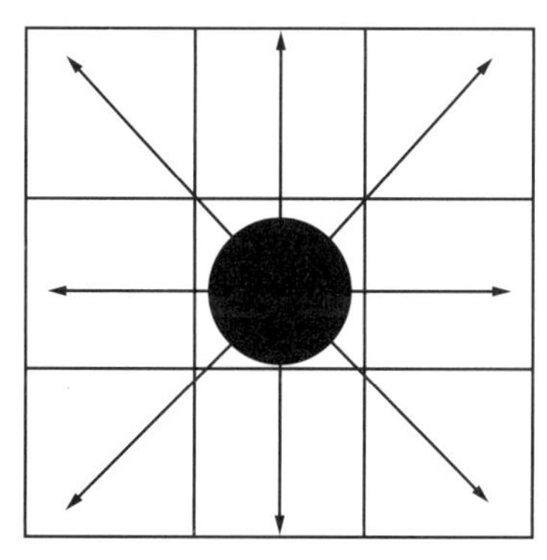

图6-1　行人可运动的方向及移动概率

2. 格子气模型（lattice gas model，LG）

格子气模型中比较具有代表性的是HPP模型和FHP模型。该模型提出之后，研究人员对其进行改进并将其应用到流体力学、统计物理和一维交通流等领域。后来，学者们又将其推广到二维空间并应用到行人疏散中。格子气模型（LG）与元胞自动机模型（CA）的建模思想非常相似，但两者之间也存在区别：(1) 模型采用的是串行更新而不是并行更新，即每个时间步行人需要按照特定的次序依次更新；(2) 模型中有一个随机偏好强度D，它是决定行人下一步向周围格点移动概率的主要参数。最早的格子气模型都是有偏随机无后退的，以通道相向流模型中向右运动的行人为例，在每个时间步行人都要根据移动概率向周围邻居格点运动，而根据行人周围格点的不同状态（是否被占据），共有八种不同的情况需要考虑，如图6-2所示。根据不同的情况，行人向周围格点的移动概率分别表示为：

(1) 行人周围无人：$P_{t,x} = D + (1 - D)/3$；$P_{t,y} = (1 - D)/3$；$P_{t,-y} = (1 - D)/3$。

(2) 行人右侧有人：$P_{t,x} = D + (1 - D)/2$；$P_{t,y} = (1 - D)/2$；$P_{t,-y} = 0$。

(3) 行人左侧有人：$P_{t,x} = D + (1 - D)/2$；$P_{t,-y} = 0$；$P_{t,-y} = (1 - D)/2$。

(4) 行人前方有人：$P_{t,x} = 0$；$P_{t,y} = 1/2$；$P_{t,-y} = 1/2$。

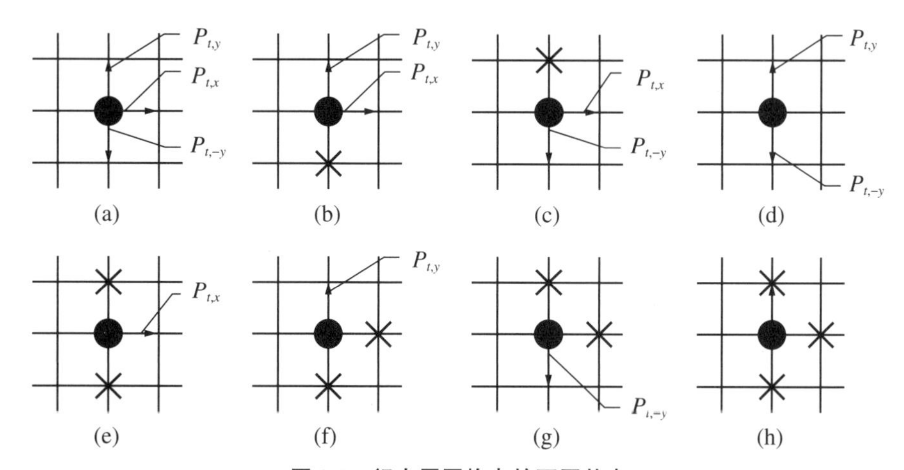

图6-2　行人周围格点的不同状态

(5) 行人前方无人：$P_{t,x}=1$；$P_{t,y}=0$；$P_{t,-y}=0$。

(6) 行人左侧无人：$P_{t,x}=0$；$P_{t,y}=1$；$P_{t,-y}=0$。

(7) 行人右侧无人：$P_{t,x}=0$；$P_{t,y}=0$；$P_{t,-y}=1$。

(8) 行人周围全被占据：$P_{t,x}=0$；$P_{t,y}=0$；$P_{t,-y}=0$。

以上公式中的D为行人在运动过程中的偏好强度，它代表着行人向期望目标方向运动的偏向大小。D的取值越大，行人向接近期望方向格点移动的概率就越大，向偏离期望方向的其他格点的移动概率就越小。

3. 多格子模型（multi-grid model，MG）

传统单格子模型的一个缺点是网格划分比较粗糙以及运行规则过于简单。在这类模型中一个行人占据一个元胞大小，行人每个时间步内只能运动一个元胞的距离或者保持静止。单格子模型在描述行人运动上存在很多不足，例如，行人的空间位置的整齐排列弱化了行人间的相互作用，高密度条件下行人的细微运动无法体现，边界条件的描述不够精确，行人与边界的相互作用体现不足等。在单格子模型中，每个空间网格的大小为0.4 m×0.4 m，该尺寸与行人尺寸一致，每个行人只能占据一个元胞且不得与他人共享。这样就使模型模拟太粗糙，精度太低，很多时候无法重现现实中人群运动的复杂现象。为此，中国学者宋卫国等提出了多格子模型（multi-grid model）的概念，即将原来的网格精细化，模型中行人可以占据多个元胞，并且模型还引入了类似于社会力模型中人与人、人与墙的相互作用力，最终该模型在兼顾计算效率（跟连续模型相比）的同时得到的模拟结果也更加精确（跟传统元胞自动机模型相比）。

如图6-3(a)所示，多格子模型将空间进一步离散化，每个行人将占据多个元胞，其中圆圈代表行人的控制区域。与单格子模型不同的是，多格子模型允许行人所占据的格子可以部分重叠。如图6-3(b)所示，行人的中心不允许与其他人或者建筑重叠，但允许其部分控制区域与其他行人或墙重叠。模型中设定人员之间重叠的网格数最多为3个，将其称之为体积排斥原则。

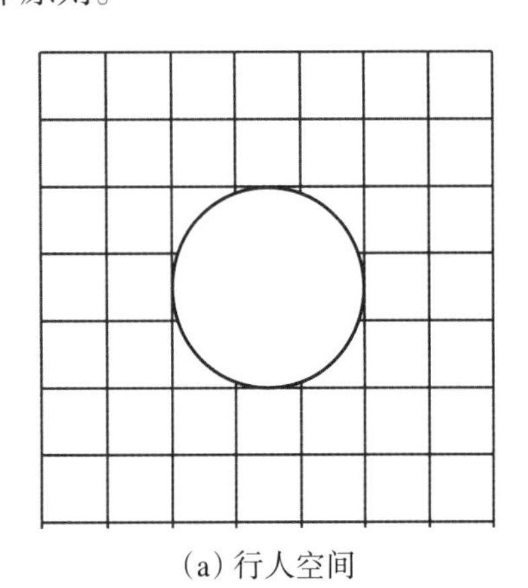

(a) 行人空间　　(b) 行人重叠

图6-3　多格子模型中行人占据空间示意图

在描述一个复杂系统的行为时，考虑到对系统的状态不太了解的情况，随机成分的加入是研究的一个重要手段。即使其中某个结果呈现出不真实的行为，多种不同结果求得的某种形式的平均效果仍然是对真实过程的一个良好描述。为了以一种简单的形式来模拟人群的复杂行为，现有的疏散模型中大都采用某种概率的形式来描述行人的运动，多格子模型同样采用此类方法。在每个时间步,行人的中心可以跃迁至与其相邻的八个格子中的任意一个或者留在原地不动,这取决于行人所处的状态。引入一个优先选择矩阵$\boldsymbol{P}=(P_{i,j})$,来描述行人在每个可能的跃迁方向上对应的概率大小,如图6-4中的3×3的矩阵,其中$P_{0,0}$是行人留在原地的概率。行人的运动由自驱动力和行人间以及行人与建筑之间的相互作用共同决定,在多格子模型中这些力的作用都被转换成概率的形式,最终使用$P_{i,j}$来表示行人移向格子(i,j)的概率大小。

$P_{-x,-y}$	$P_{0,y}$	$P_{x,y}$
$P_{-x,0}$	$P_{0,0}$	$P_{x,0}$
$P_{-x,-y}$	$P_{0,-y}$	$P_{x,-y}$

图6-4　转移方向以及对应的概率

(1) 自驱动作用

自驱动作用表示行人运动的目的性或运动期望。在有偏随机行走模型中,用参数D表示行人向目标运动的期望程度。其取值范围在0到1之间,方向指向周围格点中静态域值最小的格点,或者根据行人离出口的水平和垂直距离分解成两个方向的值D_x和D_y。在多格子模型中,D的方向是连续的,它始终指向行人运动的目的地如出口。由于模型采用八邻域行走规则,行人的期望方向并不总与八方向之一重合,因此采用类似于力的分解方法,将D投影到3个最接近目标的方向。

(2) 行人间的相互作用

行人间的相互作用包括挤压、排斥和摩擦。在社会力模型中,当行人间的距离小于一定距离时,他们之间就会产生相互作用,并且这种相互作用会随着行人间距离的减小而增加。在多格子模型中,采用了类似的规则,当行人的控制区域被他人占据时,两者之间将产生相互作用。也就是说,当行人所占据的格子与他人发生重叠时,他将受到来自该方向力的作用。根据重叠格子的位置不同,这种作用会对行人下一步的运动方向产生不同的影响。如果有多个格子被占据,这种相互作用将会叠加。式(6-2)和式(6-3)分别给出了行人在左上角和上方中部的一个格子被占据的情况下,各个方向运动概率的计算公式。$f_{i,j}$表示由于受力导致行人各个方向运动概率的变化值,F表示行人间平均相互挤压作用,μ表示摩擦系数。其中摩擦力的计算遵循了物理学中的定义,即摩擦力的数值等于正压力与摩擦系数的乘积。

$$\begin{cases} f_{-x,y} = -F \\ f_{x,-y} = F \\ f_{x,y} = f_{-x,-y} = -\mu F \\ f_{0,y} = f_{-x,0} = -\dfrac{\sqrt{2}}{2}F - \dfrac{\sqrt{2}}{2}\mu F \\ f_{x,0} = f_{0,-y} = \dfrac{\sqrt{2}}{2}F - \dfrac{\sqrt{2}}{2}\mu F \end{cases} \tag{6-2}$$

$$\begin{cases} f_{0,y} = -F \\ f_{0,-y} = F \\ f_{x,0} = f_{-x,0} = -\mu F \\ f_{-x,y} = f_{x,y} = -\dfrac{\sqrt{2}}{2}F - \dfrac{\sqrt{2}}{2}\mu F \\ f_{-x,-y} = f_{x,-y} = \dfrac{\sqrt{2}}{2}F - \dfrac{\sqrt{2}}{2}\mu F \end{cases} \tag{6-3}$$

(3) 行人与建筑间的相互作用

此相互作用与行人之间的作用机制相同。

在综合考虑了以上三种因素后,行人向元胞(i,j)的运动概率计算公式如下:

$$P_{i,j} = N\delta_{i,j}I_{i,j}\left(\frac{1-D}{\sum_{(i,j)}\delta_{i,j}} + D_{i,j} + \sum_{P}f_{i,j} + \sum_{W}f_{i,j}\right) \tag{6-4}$$

$D_{i,j}$表示D在(i,j)方向上的投影值,D只投影到与期望方向最接近的三个方向,其他方向的$D_{i,j}$值为0。当行人向(i,j)方向运动没有违反模型的体积排斥原则时,$\delta_{i,j}=1$,否则为0。$I_{i,j}$是惯性因子,表示行人维持上一步运动方向的惯性。N是归一化因子,以保证概率和为1。

6.1.2 连续模型

离散模型中对时间和空间进行了离散化,相应的物理参量只能取有限的离散值。然而人群运动具有一定的时空相关性,行人的某些运动参数依赖于建筑空间结构特征,而且呈现出连续变化的特点。离散模型由于其较低的空间分辨率而无法对空间结构进行精确表达。在这种情况下,为了对行人运动规律有更加深入和细致的理解,基于对行人个体运动特征的观察,并借鉴牛顿力学和其他动力学的研究理论,连续模型得到了较快的发展。在连续模型中,时间、空间和状态这些量都是连续的。在这里,主要介绍应用比较广泛的社会力模型、离心力模型、流体力学模型、多智能体模型和磁场力模型。

1. 社会力模型(social force model,SFM)

社会力模型主要借鉴了牛顿力学和集群动力学等领域的理论,由德国学者Helbing等人于2000年发表在*Nature*上。社会力模型实质上是一个基于物理作用力和心理作用力的行人运动模型,模型中行人被当作是无思考能力的固体颗粒。行人的运动依赖于模型的参数条件设置以及与邻近行人间的局部相互作用,最终由牛顿第二定律计算得到。模型中行人的受力分为三个部分,如式(6-5)所示,等式右边的第一项为行人内在的自驱动力,该项代表行人内心往期望方向或目的地运动的渴望强烈程度;第二项代表行人之间的相互作用力,当行人接近一个陌生的行人时,通常距离越近感觉会越不舒适,压迫感也会增强,为体现行人的这种心理作用,模型中设置行人之间会有相互作用的排斥力,并且该力的大小与行人之间的距离有关;第三项代表行人与障碍物之间的相互作用力,行人在运动过程中要避免与障碍物发生接触碰撞,设定障碍物对行人有斥力作用使得行人尽量远离。最后以上这三个部分的合力由牛顿第二定律计算可得到等式左边行人的加速度,最终求得行人的位移。

$$m_i\frac{\mathrm{d}v_i}{\mathrm{d}t} = m_i\frac{v_i^0e_i^0(t) - v_i(t)}{\tau_i} + \sum_{j(\neq i)}f_{ij} + \sum_{w}f_{iw} \tag{6-5}$$

式中,m_i表示行人质量,v_i^0表示行人i的期望速度,$e_i^0(t)$表示t时刻行人i的期望方向,$v_i(t)$表示t时刻行人i的速度,τ_i表示行人i的反应时间,f_{ij}表示行人i、j之间的排斥力,f_{iw}表示行人i和墙w之间的排斥力。

社会力模型从最初提出到现如今二十多年的时间里,已经逐渐成为人员疏散领域应用最广泛的模型之一。图6-5为社会力模型示意图,该模型可以很好地模拟行人在出口位置的拱形分布、快即是慢、行人自组织等典型现象。

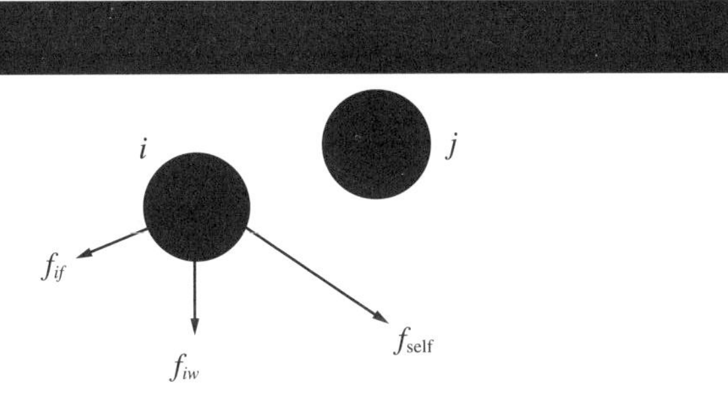

图6-5　社会力模型示意图

2. 离心力模型(centrifugal force model, CFM)

离心力模型由中国学者Yu等人在2005年提出。离心力模型与社会力模型有很多相似之处,都是基于力的模型,将行人看成一个物理粒子在各种外界力的作用下运动。离心力模型中也包括三种作用力:行人的自驱动力、行人之间的作用力、行人与墙壁之间的作用力,如图6-6所示。但是与社会力模型中物理力的表达方式不一样,社会力模型中排斥力是通过指数函数来定义的,而离心力模型中采用物理上的离心力计算公式来表达,如式(6-6)、式(6-7)所示。此外与社会力模型(SFM)相比,离心力模型(CFM)在排斥力的计算中考虑了行人之间或行人与墙壁之间的相对运动速度,这使得模拟中行人之间特别是对向行人产生碰撞等不合理现象的概率降低,模拟结果更加符合实际。连续模型的缺点是计算量较大,针对大规模人群实时模拟的计算效率相对较低,通过并行计算方法可以提高模型计算效率。Chraibi等对模型参数的稳定性进行了研究,分析了模拟过程中出现行人后退和重叠等不合理现象的原因,并通过改进原始离心力模型,重现了真实情况下的人员拥堵和走走停停现象。

$$f_i^{drv} = m_i \frac{v_i^0 - v_i}{\tau} \tag{6-6}$$

$$f_{ij}^{rep} = - m_i k_{ij} \frac{v_{ij}^2}{R_{ij}} e_{ij} \tag{6-7}$$

式中,f_i^{drv}、f_{ij}^{rep}分别表示行人i的自驱动力和行人i、j之间的排斥力,m_i表示行人i质量,v_i^0表示行人i期望速度,v_i表示行人i当前速度,v_{ij}表示行人i和行人j的相对速度,R_{ij}表示行人i、j之间的距离,k_{ij}为缩放系数,e_{ij}表示行人i指向行人j的单位向量。

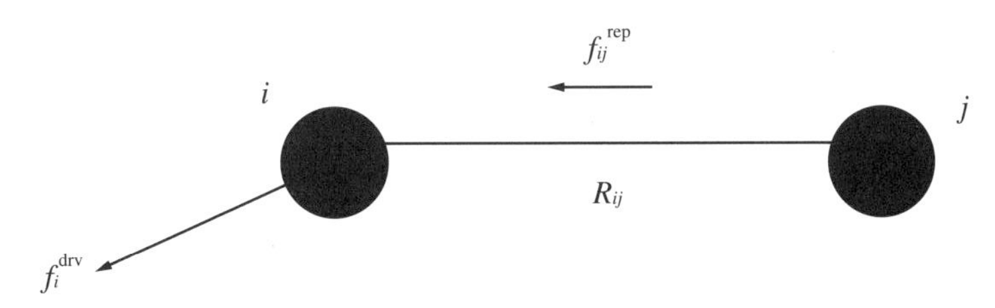

图6-6　离心力模型示意图

3. 流体力模型(fluid-dynamic model, FDM)

在过去的几十年里,基于动力学基础的流体动力学模型被用于密集行人流的建模研究。Henderson将行人流运动看作气体或流体的运动,认为低密度下行人运动状态与气体分子运动特征相似，高密度下行人运动状态与液体分子运动特征相似，例如，行人在雪地上的脚印看起来就像流线一样，或者行人穿过站立的人群就像水流过河床一样。该模型利用流体力学的LWR方程和平衡理论对行人流进行了模拟，并用实际观测数据进行了验证。Hughes利用连续统一体模型刻画了系统中有多个行人类型的行为，为了剖析密集疏散人员的运动机理，推导出了控制疏散人员二维流动的运动方程，另外，基于疏散人员智能化的特征，提出了"思考流体"的概念。该模型认为行人流的运动三要素满足如下函数表达式：

$$\frac{\partial\rho}{\partial t}+\frac{\partial}{\partial t}(\rho u)+\frac{\partial}{\partial t}(\rho v)=0 \tag{6-8}$$

且有如下三个假设：

（1）行人的运动速度仅与周围行人流的密度相关：

$$f=f(\rho),\quad f(\rho)=\sqrt{u^2+v^2},\quad u=f(\rho)\phi_x,\quad v=f(\rho)\phi_x \tag{6-9}$$

（2）行人运动方向与势能下降的负梯度方向有关：

$$\phi_x=-\frac{\partial\phi}{\partial x}\Bigg/\sqrt{\left(\frac{\partial\phi}{\partial x}\right)^2+\left(\frac{\partial\phi}{\partial y}\right)^2},\quad \phi_y=-\frac{\partial\phi}{\partial y}\Bigg/\sqrt{\left(\frac{\partial\phi}{\partial x}\right)^2+\left(\frac{\partial\phi}{\partial y}\right)^2} \tag{6-10}$$

（3）行人运动时考虑最小化出行时间，同时避免高密度位置，用如下乘积形式来表达广义费用函数：

$$\sqrt{\left(\frac{\partial\phi}{\partial x}\right)^2+\left(\frac{\partial\phi}{\partial y}\right)^2}=\frac{1}{g(\rho)f(\rho)} \tag{6-11}$$

式中，ρ表示密度；$f(\rho)$表示速度，为密度的函数；ϕ表示势能；ϕ_x、ϕ_y表示行人运动方向的方向余弦；$g(\rho)$为行人的舒适度因子，是密度的函数。

4. 多智能体模型（agent-based model，ABM）

多智能体技术又叫分布式人工智能技术。它是由多个智能体组成的集合，其中每个智能体是一个物理或抽象的实体，能够感知周围的环境和自身的状态并做出反应，如图6-7所示。这是一种强有力的建模技术，它可以将大的复杂系统分解成小的、彼此通信及协调的、易于管理的系统。利用多智能体技术搭建的系统称为多智能体系统，其特点可概括如下：

（1）空间分布：多个智能体可以在系统空间的不同区域同时工作。

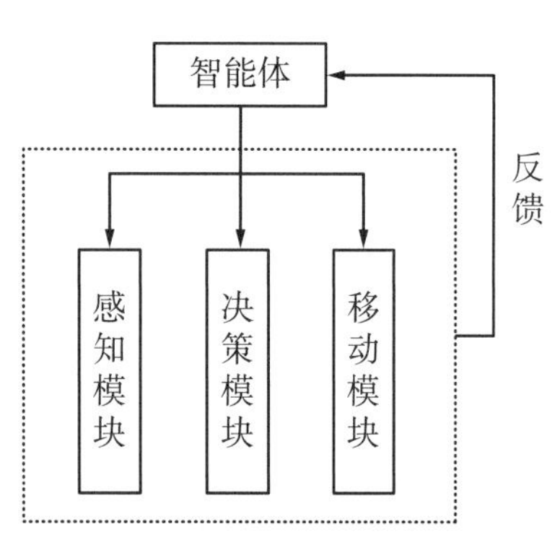

图6-7 多智能体模型

（2）功能分布：不同的智能体具有不同的功能或能力，并可以协同工作。

（3）时间分布：不同的智能体可以在不同的时间执行任务。

（4）信息分布：不同的智能体通常具备不同的信息或知识；通过通信，智能体之间可以进行信息的交换。

（5）资源分布：不同的智能体可以拥有不同的私有资源。

设计智能体时应注意其内部必须具有以下三个重要的基本功能模块：

(1) 它应该具有通信处理模块,能够处理消息和事件、实现通信协议和协作协议。

(2) 它必须具有协作控制和问题求解模块,可以进行规划、推理、协作与控制。

(3) 它应该具备知识管理模块,可以对知识进行有效的管理和更新。

与元胞自动机、格子气、社会力或流体动力学模型相比,基于智能体的模型通常需要更多的计算成本。然而,它允许每个行人有独特行为的能力,这便于对异质人群进行建模,模型可以用于探索个体行为及其相互依赖对整个系统性能的影响。同时该模型可以和其他疏散模型相结合,如与社会力模型结合,来模拟不同楼层、墙壁和障碍物对智能体的影响,以及紧急情况下智能体之间的相互作用;与元胞自动机模型相结合,使每个智能体具有不同的行人特征,如性别、速度、从众行为和避障行为等。

5. 磁场力模型(magnetic force model, MFM)

在磁场力模型中,每个行人被看作磁场中的一个小磁体,行人和障碍物具有正极磁性,出口和目的地则是负极磁性。这样行人之间、行人和障碍物之间会由于同性磁极而互相排斥,而行人与出口、目的地之间因为异性磁极而相互吸引。模型中障碍物、出口都是固定的,人员是可以运动的,这样人员在吸引力作用下向出口运动,并且运动过程中在排斥力作用下避免与其他行人以及障碍物发生碰撞。该模型常被用于模拟火灾疏散、旅馆的中央大厅以及地铁站的候车大厅中行人的运动等。但磁场力模型中每个行人对应的磁力负荷参数在实际中难以验证,因此该模型具有一定的局限性。

考虑到一些因素的影响(如人群周围的建筑形状、疏散人员之间的相互作用及其心理),疏散过程中人群行为非常复杂。通过分析前人关于人群疏散的模拟研究,得出以下结论:

首先,未来研究趋势是需要结合各种方法来研究人群疏散,如基于格子气的元胞自动机模型、基于社会力的元胞自动机模型、基于社会力的格子气模型、基于元胞自动机的智能体模型、基于社会力的多智能体模型等。由于人员行为的复杂性和计算机资源的有限性,需要综合各种方法的优点建立行人疏散模型。一般来说,新模型是由一种方法的基本原理与另一种方法的一些规则相结合而产生的。格子气模型简单,计算效率高。社会力模型擅长描述行人之间的相互作用。多格子模型可以有效地模拟行人之间的相互作用。然而,并不是所有的方法都可以组合起来模拟人群疏散。例如,在所有微观模型中(如元胞自动机模型、格子气模型、社会力模型和多智能体模型),行人都被看作是粒子,然而,在宏观模型(如流体动力学模型)中,行人人群被看作流体。

其次,在大多数模型中,行人几乎都是均质的,尽管一些研究者认为行人是异质个体或者群组。然而在现实世界中,人群疏散是一个由不同行人和环境组成的复杂系统,人有各种各样的心理状态和生理特征,在疏散过程中,他们相互作用,并受到周围环境的不同影响。

第三,需要引入一些反映行人特征因素的模型,如基于元胞自动机模型的亲情行为、基于社会力模型的恐慌行为、基于流体动力学模型的"思维流体"等,这些模型所再现的现象更接近于真实疏散中的现象。

因此,在进一步的研究中,应结合多种方法对人群疏散进行研究。这样,模拟结果才能与真实的疏散过程吻合更好。

6.2 建筑火灾人群疏散特征

6.2.1 人员行为特征

火灾中的行人疏散是一个十分复杂的过程，涉及行人与行人、行人与建筑物、行人与环境之间的交互作用。同时，不同的社会角色、认知能力、性别、年龄以及知识水平的行人在面对同一情况时，会做出不同的反应。因此，行人在火灾疏散时会涌现出一些典型的行为特征及群集现象。

1. 个体疏散行为

(1) 行人向远离火源方向运动。当场所中有火灾发生时，行人出于本能反应会向远离火源方向运动以保证自身的安全。

(2) 行人会避免碰撞。在运动过程中，行人会避免与障碍物或其他行人相撞。例如，若行人前方有障碍物，则不会选择继续向前走；若两个行人面对面相对而行，他们会选择侧移或转向。

(3) 行人会跨越障碍物。在某些情况下，行人遇到那些可以跨越的障碍物时，如护栏、绿化带等，会选择降低速度并穿过障碍物。

(4) 行人向安全区域或安全出口方向运动。行人在突发火灾情况下，假设对周围环境较熟悉，行人倾向选择安全区域或向安全出口区域运动。

(5) 行人选择到达目标地的最近路径。假如存在几条长度相同的路径，正前方的路径将会是行人的首选方向。一旦选定了既定路线和行进方向，行人不愿意再做改变。

(6) 通常情况下行人会选择以较为舒服的行走方式和行进速度前进。人群的运动速度呈正态分布。

(7) 行人期望与周围其他行人和障碍物保持一定的距离，并且随着人群密度或者行人行进匆忙程度的增加，这种距离会变小。

(8) 趋熟行为。在危险环境下，行人倾向选择熟悉的路径逃生以保证自身的安全。

(9) 奔光现象。在空间昏暗、能见度低的环境中，行人倾向向光源方向行走。

(10) 沿墙行走。当空间的烟雾导致行人视线受限时，行人会依靠触觉沿墙体或其他障碍物边缘行走。

(11) 从众行为。当场所中突发危险事件时，行人因对环境不熟悉或不能准确到达安全位置等因素，容易跟随周围行人运动，由此引发从众现象。

(12) 反从众行为。这种行为状态与从众状态相反，行人在寻找目标时，会选择“人气值”较低的目标作为自己的目标。这种状态通常会在寻找人少的道路或场所时出现。

(13) 竞争行为。行人在遇到狭窄的出口时会表现出竞争行为。每个处于竞争状态的行人都用尽可能快的速度前往目标，不会与其他行人协商。

(14) 排队行为。排队是一个有秩序的状态。每个行人将找到队列，进入队尾，并跟随前面的行人，直到他走出队列。

（15）折返行为。灾场有亲人、贵重物品或其他原因，导致人员在疏散过程中折返回灾害现场，形成与疏散方向相反的行走路径。据调查，年龄对折返行为的影响并不明显；女性比男性更容易出现返回行为。

（16）帮扶合作行为。在疏散过程中，人群不仅努力使自己能够逃离灾害区域，同时也关心其他人员的安全，注重合作。合作行为往往有利于加快逃离灾难现场。

（17）恐慌行为。由于害怕而引起不合常理的逃生行为。因受恐慌情绪下的盲目从众行为影响，恐慌人群经过通道瓶颈时易出现拥挤，将出口堵塞，而另外的出口却几乎无人通过；相比于常规状态，应急状态下的反应时间、离开人数的均值和方差都有所增加；恐慌情绪随着离事故点的距离增加而减弱，呈负相关；过度的恐慌会降低人群逃生的可能性，而适度的恐慌则可以提高反应和行动能力。

2. 群体疏散现象

国内外学者研究表明，当公共场所内人群较为密集时，疏散过程中行人的行为存在一定的共性，疏散人群将出现成拱现象、从众现象、快即是慢效应、排队和拉链效应等群体特性。

（1）成拱现象。当行人聚集在出口处时，易产生拱形排队现象。因为行人间的力存在相互传导特征，位于聚集人群前部的行人受到较大的压力，压力增加到一定程度后易被人群挤倒，从而发生“雪崩”现象。行人通过出口的速度与出口宽度关系较大，当出口宽度增加时，出口通过能力有增大趋势。另外，当对向行人流通过狭小的出口或通道时，将会产生对向行人交替通过该出口的现象。

（2）从众现象。在群体影响下，行人个体倾向于跟随其他人员选择运动目标，与大多数行人运动方向一致。当行人的视野受限及对疏散场所信息了解较少时，从众行为将成为影响行人疏散的主要因素。过度的从众行为极易导致疏散场所内部各出口处行人流量分布不均衡，极端情况下容易因拥堵而引发踩踏事故。

（3）快即是慢现象。紧急情况下随着行人横向运动速度的不断增大，人群的整体疏散时间呈现先减小后增大的趋势。因为每个行人都以较大速度运动时，在出口处易出现摩擦、挤压现象，降低人群整体疏散速度和效率。因此，在疏散过程中需缓解行人的急躁、焦虑情绪，降低行人盲目快速移动速度，使行人运动更加有序化、可控化，从而防止疏散过程中拥挤、踩踏事故的发生。

（4）排队和拉链效应。行人的横向摆动行为是形成拉链效应的关键因素。同向运动行人通过狭窄瓶颈时会出现分层现象。由于不同层之间的行人相互交错，部分行人占用了相邻层的空间，从而形成拉链效应。行人的跟随行为和相互作用可使对向行人通过通道时产生分层排队现象。另外，当两股行人流垂直或倾斜交叉时，行人会产生自发分离现象。

（5）走走停停现象。时走时停是发生于单向行人流中行人一会走一会停的现象，时走时停波在行人流中不断向后传播，一般来说，时走时停现象易发生于较高密度的单向行人流中。

（6）湍流现象。湍流现象是指发生在人群中的行人运动速度和位置不断剧烈变化的现象。湍流现象常见于高密度的人群运动中，一旦发生，意味着人群运动已进入了较为危险的状态，此现象可以作为人群安全预警的关键标志。

6.2.2 人员运动特征

行人的运动特征主要包括运动速度、密度、流量、步长、步宽、步进时间等。不同的环境、不同的建筑结构以及不同的人员类型都会对行人的运动特征产生影响。

1. 运动特征参数

(1) 运动速度

步行速度是反映个人运动特征的重要指标,也是影响紧急情况下疏散效率的重要因素。一般来说,行人在视距水平较低的情况下,受限的视野条件会影响他们的判断和行走速度。在能见度水平较高的情况下,行人的运动速度更快,行人横向摆动幅度较小。在能见度较差的情况下,行人容易迷失前进方向,他们很难沿直线行走,因此在能见度水平较低时行人横向摆动幅度较大。同时,性别因素也对人员运动速度有一定的影响,由于运动能力和身高的差异,男性与女性的步行速度有所不同。一方面,男性的体能通常优于女性。另一方面,男性的平均身高高于女性,而较高的身高对应于较大的步长,因此,在单位时间内平均身高较高的男性对应更大的迈步距离。由于男性的身高优势和较好的体能条件,在视野受限条件下他们的运动速度更快。

即使在相同的能见度条件下,由于个体间的差异,行人在可视距离和运动速度上仍不相同。如图6-8所示,可以看到人员运动速度随着视距的增加而增加。当视距水平较低时,行人在运动过程中会受到较大限制。然而,当视距达到一定水平时,对个体运动的影响变小,运动速度逐渐趋于稳定。

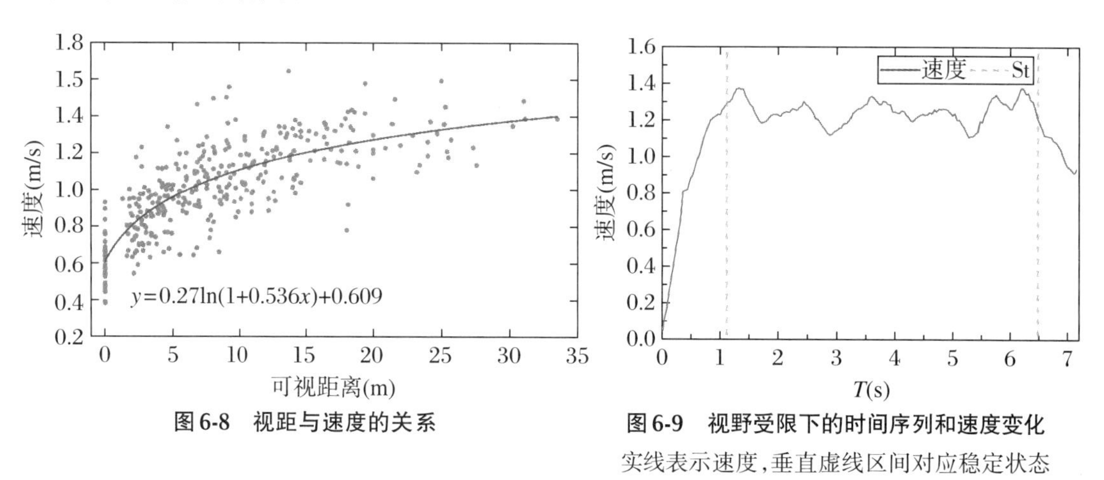

图6-8 视距与速度的关系

图6-9 视野受限下的时间序列和速度变化

实线表示速度,垂直虚线区间对应稳定状态

在视野受限情况下,行人完整的运动过程包括加速起步、稳定运动和减速停止。如图6-9所示,个体从起点处由静止状态开始行走,因此加速阶段是明显的。然而,由于视觉条件受限,行人无法准确识别运动过程中前方的情况,所以他们在到达通道终点时可能不会减速至停止,而是继续向前运动一段距离。

对于完全不可见的情况,表6-1总结了部分研究中获得的人员运动速度。

表6-1　不可见条件下的运动速度

研究文献	速度(m/s)	疏散场景
Guo等人	0.4～0.5	教室
Shen等人	0.55±0.18	教室
Isobe等人	0.33	空房间
Cao等人	前:0.45±0.08 后:0.56±0.13	空房间
Cao等人	0.51±0.11	环形通道
Seike等人	0.49	隧道
Lu等人	上楼梯:0.44±0.12 下楼梯:0.41±0.16	楼梯

注:前(后)是指个人接触墙壁之前(之后)的运动速度。

(2) 步态参数

行人的运动过程包括身体在横向上的摆动和在纵向上的前进。通常,当行人交替迈左、右腿向前移动时,相应的运动轨迹将以周期波的形式出现,如图6-10所示。步长和步宽分别定义为轨迹在纵向和横向上两个连续的局部极值(波峰和波谷)之间的距离。步进时间表示行人每完成一步所需要的时间。

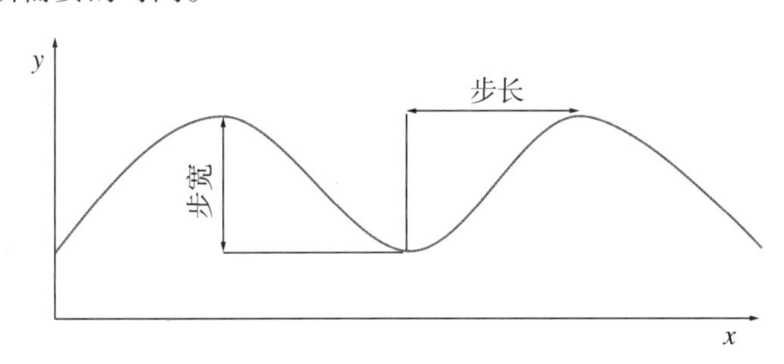

图6-10　行人运动轨迹示意图

① 步宽

如表6-2所示,行人步宽随着能见度水平的下降而增加。在完全不可见条件下,人员步宽的平均值约为10.34 cm,而在正常能见度情况下,行人步宽约为5.9 cm。

表6-2　不同能见度条件下的步宽

可视距离(m)	步宽(cm)
0	10.34±3.23
2.5	9.32±2.72
3.5	8.34±2.39
5.6	8.15±2.17
7.4	7.50±1.88
9.9	7.27±2.11
12.1	6.99±1.95
14.0	6.54±2.01
21.9	5.90±1.84

图6-11展示了行人步宽随可视距离的变化趋势。可以看出，步宽随着人员视距的增加而减小。当视距水平较低时，行人的行动受到严重限制，行人难以保持直线行走，横向摇摆幅度较大。当视距超过一定水平时，横向运动减弱，步宽逐渐趋于稳定。

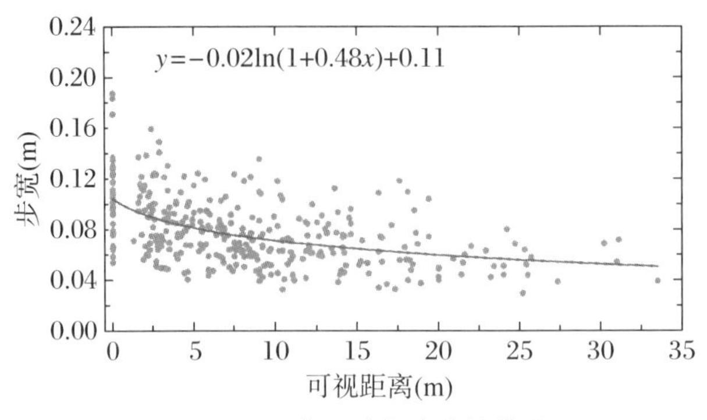

图6-11　可视距离与步宽的关系

② 步长

表6-3所示为不同可视距离下的步长统计结果。由表可见，人员步长随着能见度水平的增加而增加。在不可见条件下，平均步长为42.18 cm，而在正常能见度条件下，人员步长约为68.80 cm。

表6-3　不同能见度条件下的步长

可视距离（m）	步长（cm）
0	42.81±8.68
2.5	51.98±6.87
3.5	56.41±7.06
5.6	58.02±8.02
7.4	59.19±7.15
9.9	61.38±6.86
12.1	64.85±7.65
14.0	65.93±7.15
21.9	68.80±7.64

图6-12展示了不同视距水平下步长值的变化趋势。通过采用对数函数拟合可以得到步长与可视距离之间的定量关系。结果发现，人员步长随着视距的提高而逐渐增加，最终趋于稳定。当能见度条件改善时，行人能够更快地移动，而步长的增加有助于提高人员运动速度。

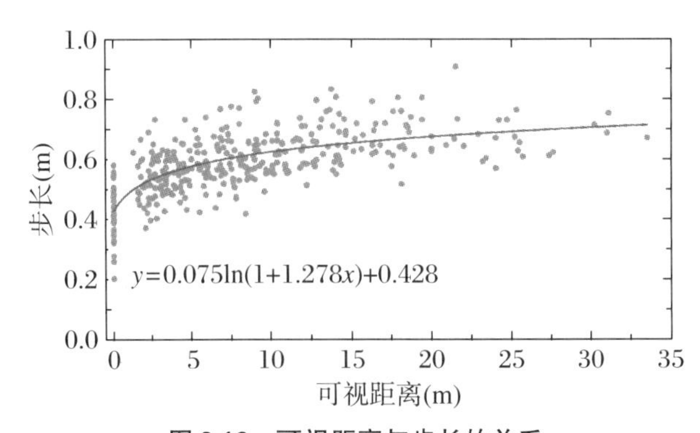

图6-12　可视距离与步长的关系

③ 步进时间

如表6-4所示，人员步进时间随着可视距离的增加而减小。在图6-13中，当人员视距较小时，由于此时行人在运动过程中较为谨慎，因此需要花费更多时间完成迈步。而随着视距水平的提高，这种情况得到改善，对应的步进时间减小。

表6-4 不同能见度条件下的步进时间

可视距离(m)	步进时间(s)
0	0.68±0.08
2.5	0.64±0.06
3.5	0.63±0.07
5.6	0.61±0.06
7.4	0.59±0.05
9.9	0.58±0.04
12.1	0.56±0.04
14.0	0.55±0.04
21.9	0.53±0.03

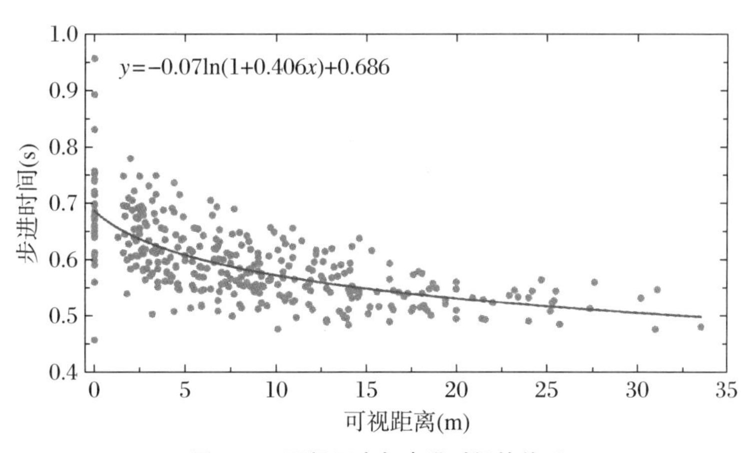

图6-13 可视距离与步进时间的关系

(3) 速度与步态参数的关系

步行速度可以描述为步长和步频(步进时间的倒数)的函数。在图6-14中，采用线性函数拟合获得速度与步态参数之间的定量关系。图6-14(a)表明步长与速度呈正相关，而在图6-14(b)和图6-14(c)中，步宽和步进时间与速度成反比。原因如下：外界能见度条件变好使得人员可以更快地移动，行人期望尽快到达目的地。在这种情况下，行人只能通过增加步长或缩短步进时间来提高速度。因此，速度与步长之间呈正相关，与步进时间之间呈负相关。当个体向前运动加快时，横向摆动会减弱，导致步宽变小。简言之，人员速度增加的直接原因是视野条件的改善，而增加步长和减少步进时间是实现速度增加的两种方式，最后由于步行速度的增加，步宽会减小。

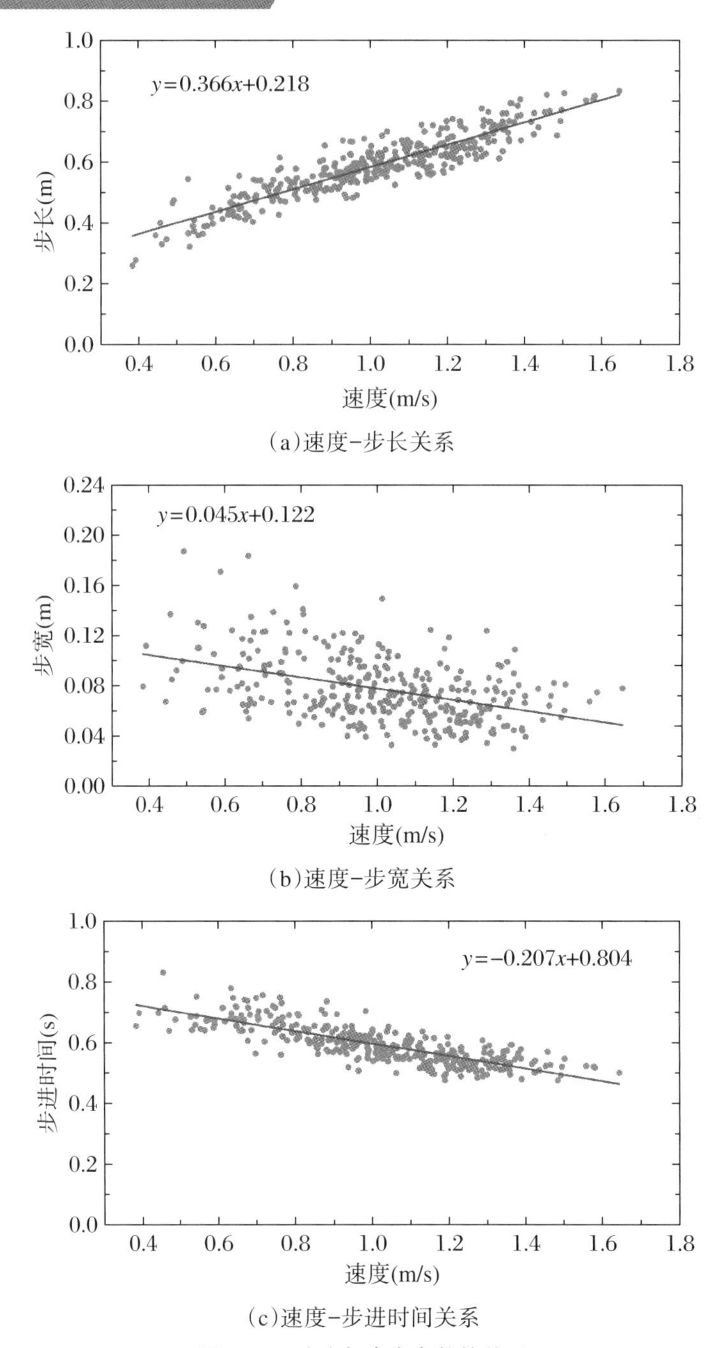

(a)速度−步长关系

(b)速度−步宽关系

(c)速度−步进时间关系

图6-14 速度与步态参数的关系

2. 运动场景结构

(1) 单列行人流场景

如图6-15所示,单列行人流场景下,通道宽度只容许单个行人依次通过,后方行人无法超越前方行人。有学者设计并开展了单列行人运动实验,研究了行人在单列运动时的基本图(密度−速度关系和密度−流量关系),发现行人的运动速度与前向距离之间存在线性关系。基于高密度下单列行人运动数据,法国学者Jelić等发现前向距离与速度的关系可以分为三个阶段:① 强制约阶段。该阶段前向距离很小,此时行人的运动速度严重受制于前向距离,行人不得不根据前方行人的运动来调整自己的速度。② 弱制约阶段。随着前向距离的不断增大，行人受到前方行人的约束开始逐渐减弱，其运动的自由度开始变大。③ 自由运动阶段。当前向距离继续增大超过某一特定值后，前方空间距离已满足行人运动所需，此时行人不再受约束，可以以自由速度运动。然而在中国学者Cao等开展的不同年龄阶段的单列行人实验中，发现针对年轻的学生群体只存在两个阶段（制约阶段和自由运动阶段），而在年轻学生与老年人的混合群体中存在三段关系。在视野受限的单列实验中，研究发现：① 随着实验中人员密度的增加，行人纵向运动受到限制，而此时侧向运动相对自由，运动过程中行人身体的摆动幅度逐渐增大。② 行人在高密度情况下会出现"走走停停"现象，并且随着能见度的降低，走停波开始占据交通主导并逐渐向中等密度延伸。③ 在视野受限条件下，前向距离与运动速度关系大致可以分为运动受限和自由运动两个阶段。在运动受限阶段，行人运动速度受制于前向距离，但随着能见度的降低，前向距离与运动速度的相关性变得越来越弱；在自由运动阶段，前向距离满足了行人自由运动时的空间需求，行人可以以自由速度运动。④ 人员密度与流量关系大致可以分为三个阶段：在自由流阶段，行人密度较低，人员运动相对自由，此时流量随着密度的增加而增大；在最大流阶段，人员密度继续增大，流量在此阶段达到最大值；在拥挤流阶段，人员密度较高，行人运动开始出现走停现象，拥挤堵塞频繁发生，此阶段流量开始下降。

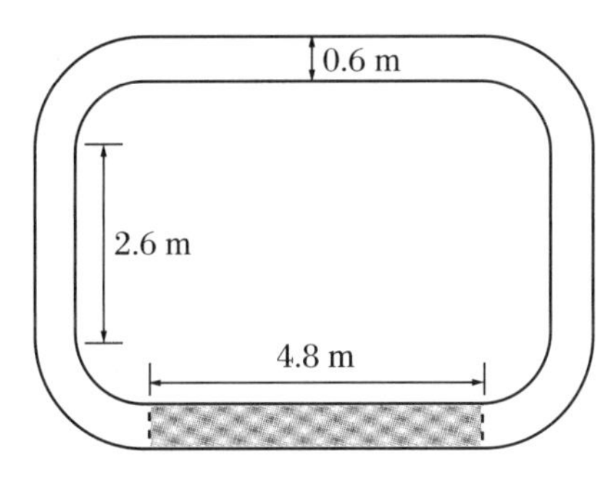

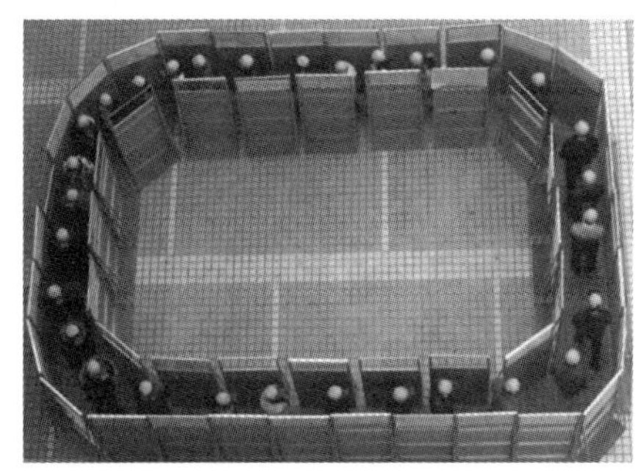

图6-15　单列行人流运动场景

（2）单向及相向行人流场景

在单向行人运动中，所有人员的运动方向相同且固定。国际上已有较多学者开展了单向行人运动实验，并对行人运动速度、密度和流量等进行了定量计算和分析。结果发现在不同实验中所得到的行人最大流量是不同的，这可能与实验对象运动的积极性有关。双向行人流实验中，两股行人流来自两个不同方向。学者们对相向行人流基本图进行了研究，随后通过对比单向流与相向流基本图，发现单向流最大流量大于相向流最大流量。为探究视野受限条件下的行人运动特征，中国学者Cao等人提出了一种人员视野定量可控的新方法，设计并开展了一系列行人运动可控实验，对不同能见度条件下通道内的单、双向行人流运动特性展开了研究。如图6-16所示，实验结果表明人群的通行时间随着能见度水平的提高而减小。基于泰森多边形方法，获得了单、双向行人流运动基本图，发现无论是单向流还是双向流，在不同能见度条件下运动基本图的变化趋势相似，即随着人员密度的增加，人群的运动速度不断下降。对于流量而言，在单向流中发现了两个不同阶段，而相向行人流中流量仅存在上升阶段。此外，在同一能见度条件下，单向流中的最大流量明显大于相向流。

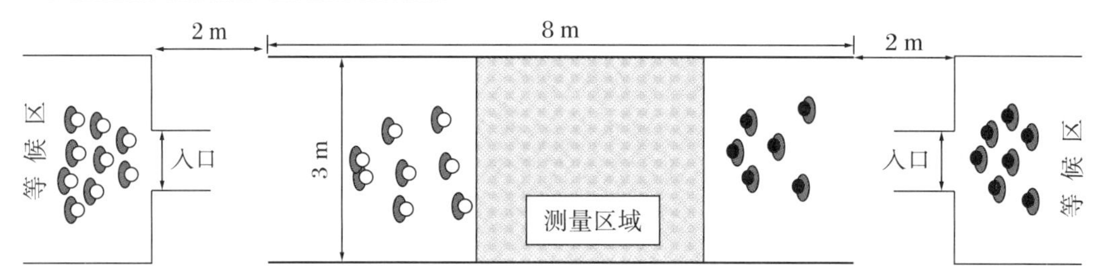

图6-16 相向流场景

(3) 多向行人流场景

多向行人流为来自不同方向的多股行人流(大于两股)经过交叉区域向对向运动。有学者设计并开展了四向交叉行人运动实验,实验中行人的最高密度超过10人/m²,通过分析十字交叉区域内不同方向行人速度、密度以及流量的变化规律,定量测量了通常在踩踏事件中才会出现的湍流运动现象。随后有学者进一步改进了传统的流量测量方法,通过考虑行人期望运动方向,提出了适用于多向交叉流的人员速度和流量计算方法。但由于实验对象和测量方法的不同,最终计算得到的行人最大流量与前人研究结果有很大差别。此外,有学者研究了单支道多角度行人汇流、多支道多角度行人汇流、直通道多支道行人汇流对疏散效率的影响,得到了以下结论:① 在单支道多角度汇流中,支道角度较大时,行人在汇入口的拥堵情况会有所减缓,此时行人的有序性更高,更愿意靠近边界前进。随着支道宽度变窄,行人流汇合时发生冲突的概率增加。② 与单支道相比,多支道行人汇流中出现了明显的绕行现象,且随着支道宽度变窄,在两支道汇入口中间区域更易发生拥堵,而支道行人速度波动程度明显增大且两支道间相互影响。当前公共场所中多支道行人汇流现象越发常见,由于多支道汇流的特殊限制,在汇入处容易发生人群拥堵甚至踩踏事件。③ 直通道多支道中行人的通行效率受到支道宽度和支道间隔宽度的影响。随着间隔宽度的减小,主通道行人均匀分布程度增加。随着支道宽度的减小,支道行人的拥堵程度增加,在支道汇入口处易发生拥堵。

(4) 楼梯运动场景

当前国内外学者大多数采用三种实验方式获取楼梯行人运动机制:观测实验、疏散演习实验和可控实验。基于观测实验与疏散演习,研究发现:① 相比于水平运动,行人在下楼时会出现排队现象。② 楼梯楼层连接平台区域有汇流现象。③ 有子群组现象,一般两个到三个人组成一个子群。群组的速度比单个行人速度小,同时群组也会影响其他人的速度。④ 个人速度影响整体速度。相比于平面运动,由于楼梯宽度较窄,楼梯上个体速度更容易对整体速度造成影响。⑤ 不同情况下行人在楼梯上的速度存在差异。⑥ 楼梯宽度对行人流率有较大影响。基于不同视野条件下的行人楼梯可控实验,研究发现:① 在100%和12%的透光率条件下,女性和男性进入楼梯或者平台时都会偏向于选择中间区域。② 在透光率为0%时,行人会选择沿楼梯左侧运动,这是因为行人更容易抓住扶手从而获得安全感。③ 汇流过程有三个阶段:自由运动阶段、拉链效应阶段和跟随阶段。在自由运动阶段中,汇流平台上的密度小,行人可以以自由速度通过平台,同时行人之间没有物理接触。在拉链效应阶段,当行人还没有到达汇流平台末端时,楼层进入的行人流与楼梯进入的行人流像拉链一样混在一起,平台上人员密度变大,行人之间还存在身体接触。在跟随阶段,平台上的行人要么是楼梯行人要么是楼层行人,由于前面的行人变成了“移动的障碍物”,因此后面的行人必须要降低速度来跟随前面的行人，此时汇流平台的密度开始逐渐减小。④ 汇流行为对楼梯上行人速度有负面影响。

3. 弱势人群疏散

当前针对人群疏散的研究，绝大部分以年轻人为研究对象。然而，在突发事件发生时，弱势群体如老年人、儿童、残疾人的运动能力受限，其疏散特性更加值得关注与研究。

(1) 老年人

随着人口老龄化的不断发展，基于对老年群体疏散特性的认识，设计与改造现有的通行设施和建筑结构，对提升老年人的安全具有重要意义。考虑到老年人的身体状况、运动能力等限制因素以及实验开展的操作难度，对于老年人的运动研究大多为单人实验，较少涉及具有一定规模的人群实验。步行是老年人常见的运动方式，然而也会使老年人暴露于容易跌倒的风险中。通过采访调研65岁以上的老年群体，曾有过跌倒经历的老年人超过调研群体的三分之一，并且在通行中容易受到碰撞而发生伤亡事故。老年人群在日常出行和疏散运动中也存在诸多不安全因素，原因是在疏散过程中老年人具有行走速度较低、平衡性不稳定、寻路策略效率低下等特征。基于已开展的老年人运动实验，研究发现：① 老年人前向距离和速度的关系存在三个线性阶段：强受限阶段、弱受限阶段和自由阶段，且前向距离的分段断点与年轻学生群体相同，分别为1.1 m和2.6 m。相同速度下老年人的前向距离大于学生群体。在自由阶段中，老年人(0.94 m/s)的自由速度显著低于学生(1.15 m/s)。② 老年人走停波的反向传播速度高于学生群体。③ 老年人和学生的平均速度分别为1.28 m/s和1.40 m/s。④ 行人流量与出口宽度的关系符合线性关系，且老年组的出口流量低于学生组。基于年轻人搀扶老年人的混合人群疏散实验，结果发现：① 在混合人群中，学生会降低自身速度且与老年人保持较大的人际距离。年轻学生的搀扶行为可以提高整体的疏散效率。② 通道内搀扶群组保持稳定的空间结构，相对距离为0.47±0.07 m，右手搀扶时相对角度为95.63°± 21.40°，左手搀扶时相对角度为279.69°±22.39°。③ 学生运动速度略高，在速度大小与方向上引导老年人。

(2) 儿童

在行人疏散中，学龄前儿童这一弱势群体的年纪小、生理和心理机能发育不完善，其在行人疏散中的安全性较难得到保证。当前关于学龄前儿童的疏散研究主要是通过开展可控实验及疏散演习来分析儿童疏散运动特性。在相同密度下，5～6岁的学龄前儿童的移动速度快于成年人的速度，并且儿童的疏散过程受幼儿园老师、楼梯和平台拥堵情况的影响。学龄前儿童在平面上的步行速度高于楼梯步行速度。在楼梯上需在成年人与楼梯扶手的辅助下疏散。在通过出口疏散时，学龄前儿童的流量和密度较成年人的流量和密度高。此外，学龄前儿童在疏散时，相比成年人、中小学儿童等更倾向于奔跑。超过80%的学龄前儿童能够在口头指令下完成疏散，并且儿童在疏散演习中表现出高动机。基于学龄前儿童在紧急情况下的疏散实验，研究发现：① 在紧急疏散时，高动机的学龄前儿童与成年人在瓶颈前的密度分布均呈拱形形状；瓶颈附近的高密度区域呈同心圆嵌套形状，由中心的峰值密度区域向周边低密度区域过渡。学龄前儿童的峰值密度区域位于瓶颈前约0.30 m处，成年人的极高密度区域位丁瓶颈前约0.50 m处。随着瓶颈宽度的增大，瓶颈前的密度减小，瓶颈外通道内的密度逐渐增大，峰值密度区域位置无明显变化。② 在紧急疏散中，学龄前儿童的初始位置会影响疏散启动速度，位于人群后方的学龄前儿童的疏散启动时间较长。80%的学龄前儿童能够在2 s内开始疏散，比成年人慢0.5 s。③ 学龄前儿童瓶颈疏散的流量受学龄前儿童的肩宽、胸厚、疏散动机的影响。

（3）残障人员

目前关于残障人员疏散的实验研究较少，原因是残障人员在疏散过程中的安全隐患较高，实验难度较大。常见解决办法是通过正常健康人使用行走辅助设备或限制运动设备来模拟残障人员，这些设备包括拐杖、限制膝盖弯曲的护膝、手杖、沙袋、轮椅、眼罩等。正常健康人穿戴一个限制膝盖弯曲的护膝，同时通过拐杖模拟拄拐人员行走；通过双脚携带沙袋，同时使用手杖模拟老人行走；乘坐轮椅模拟行动不便人员的运动；佩戴眼罩模拟盲人行走。有学者探究了不同影响条件下异质人群在通道内的运动特性，结果发现：① 异质人群在通道内的水平速度与残障人员所占比例呈负相关，且双向流中主要流向的行人速度显著大于次要流向的行人速度。② 异质人群即使在低密度情况下，也可能会产生拥堵。③ 超越行为对单向行人流具有积极影响，尤其是在密度小于0.3 人/m²时，超越行为能够显著提升疏散效率。④ 帮助行为能够提升人群系统的最大流量和临界密度，特别是在高密度情况下，能够提高异质人群的疏散效率。⑤ 残障人员的存在降低了人群整体疏散效率，因此在制定大规模人群管理策略时应充分考虑残障人员的运动特征。

参 考 文 献

[1] Muramatsu M, Irie T, Nagatani T. Jamming transition in pedestrian counter flow[J]. Physica A: Statistical Mechanics and Its Applications, 1999, 267(3): 487-498.

[2] Song W, Xu X, Wang B, et al. Simulation of evacuation processes using a multi-grid model for pedestrian dynamics[J]. Physica A: Statistical Mechanics and Its Applications, 2006, 363(2): 492-500.

[3] Guo R, Huang H, Wong S. Route choice in pedestrian evacuation under conditions of good and zero visibility: Experimental and simulation results[J]. Transportation Research Part B: Methodological, 2012, 46(6): 669-686.

[4] Henderson L F. On the fluid mechanics of human crowd motion[J]. Transportation Research, 1974, 8(6): 509-515.

[5] Cao S, Song W, Lv W, et al. A multi-grid model for pedestrian evacuation in a room without visibility[J]. Physica A: Statistical Mechanics and Its Applications, 2015, 436: 45-61.

[6] Cao S, Wang P, Yao M, et al. Dynamic analysis of pedestrian movement in single-file experiment under limited visibility[J]. Communications in Nonlinear Science and Numerical Simulation, 2019, 69: 329-342.

[7] Seike M, Kawabata N, Hasegawa M. Walking speed in completely darkened full-scale tunnel experiments[J]. Tunnelling and Underground Space Technology, 2020, 106: 103621.

[8] Shen Y, Wang Q, Yan W, et al. Evacuation processes of different genders in different visibility conditions - An experimental study[J]. Procedia Engineering, 2014, 71: 65-74.

[9] Lu T, Zhao Y, Wu P, et al. Pedestrian ascent and descent behavior characteristics during staircase evacuation under invisible conditions[J]. Safety Science, 2021, 143: 105441.

[10] Hughes R L. The Flow of Human crowds[J]. Annual Review of Fluid Mechanics, 2003, 35(1): 169-182.

[11] Cao S, Wang Z, Li Y, et al. Walking performance of pedestrians in corridors under different visibility conditions[J]. Travel Behaviour and Society, 2023, 33: 100609.

[12] Chraibi M, Ezaki T, Tordeux A, et al. Jamming transitions in force-based models for pedestrian dynamics[J].

Physical Review E,2015,92(4):042809.

[13] Isobe M,Helbing D,Nagatani T. Experiment,theory,and simulation of the evacuation of a room without visibility[J]. Physical Review E,2004,69(6):066132.

[14] Yu W,Chen R,Dong L,et al. Centrifugal force model for pedestrian dynamics[J]. Physical Review E, 2005,72(2):026112.

[15] Cao S, Seyfried A, Zhang J, et al. Fundamental diagrams for multidirectional pedestrian flows [J]. Journal of Statistical Mechanics:Theory and Experiment,2017(3):033404.

[16] Kirchner A, Schadschneider A. Simulation of evacuation processes using a bionics - inspired cellular automaton model for pedestrian dynamics[J]. Physica A: Statistical Mechanics and its Applications, 2002,312(1):260-276.

[17] Fu L,Liu Y,Yang P,et al. Dynamic analysis of stepping behavior of pedestrian social groups on stairs[J]. Journal of Statistical Mechanics:Theory and Experiment,2020(6):063403.

[18] Lian L,Mai X,Song W,et al. An experimental study on four-directional intersecting pedestrian flows[J]. Journal of Statistical Mechanics:Theory and Experiment,2015(8):P08024.

[19] Yang L,Rao P,Zhu K,et al. Observation study of pedestrian flow on staircases with different dimensions under normal and emergency conditions[J]. Safety Science,2012,50(5):1173-1179.

[20] McPhillips J B,Pellettera K M,Barrett-Connor E,et al. Exercise patterns in a population of older adults[J]. American Journal of Preventive Medicine,1989,5(2):65-72.

[21] Fang Z,Jiang L,Li X,et al. Experimental study on the movement characteristics of 5-6 years old Chinese children when egressing from a pre-school building[J]. Safety Science,2019,113:264-275.

[22] Cuesta A,Gwynne S. The collection and compilation of school evacuation data for model use[J]. Safety Science,2016,84:24-36.

[23] Furukawa Y,Tsuchiya S,Inahara S,et al. Reproducibility of the group evacuation behavior of the elderly by subjects wearing elderly simulator[J]. Journal of Environmental Engineering,2004,581:9-14.

[24] Zhang J, Klingsch W, Schadschneider A, et al. Ordering in bidirectional pedestrian flows and its influence on the fundamental diagram [J]. Journal of Statistical Mechanics: Theory and Experiment, 2012,2012(2):P02002.

[25] Helbing D,Johansson A,Al-Abideen H Z. Dynamics of crowd disasters:An empirical study[J]. Physical Review E,2007,75(4):046109.

[26] 胥旋.人员疏散多格子模型的理论与实验研究[D].合肥:中国科学技术大学,2009.

[27] 苑盛成.基于多智能体的大规模紧急疏散仿真系统研究[D].北京:清华大学,2012.

[28] 曹淑超.视野受限条件下的行人运动实验与模型研究[D].合肥:中国科学技术大学,2017.

[29] 蒋嘉嘉.多支道汇流人群运动特征可控实验研究[D].合肥:中国科学技术大学,2022.

[30] 曾益萍.建筑楼梯间行人疏散实验与模拟研究[D].合肥:中国科学技术大学,2018.

[31] 任祥霞.典型场景内老年人多模式疏散特性实验和模型研究[D].合肥:中国科学技术大学,2022.

[32] 李红柳.学龄前儿童的典型瓶颈疏散运动特性研究[D].合肥:中国科学技术大学,2022.

[33] 姜克淳.携带行李箱人群汇流过程的基本图与危险性分析[D].合肥:中国科学技术大学,2022.

[34] 郑营.典型危险场景下行人疏散建模与仿真研究[D].北京:北京交通大学,2021.

[35] 方苗苗.基于Multi-agent的地铁车站应急疏散仿真研究[D].北京:北京交通大学,2019.

[36] 李阳.基于视野定量可控的多场景中行人运动特性研究[D].镇江:江苏大学,2023.

第7章　建筑火灾人群疏散模拟

采用计算机模拟的方法研究人员疏散过程具有其独特的优势,例如,节省财力、危险性小等。利用计算机模型,研究者们重现了人员疏散中的复杂行为现象,这些现象是人员疏散动力学的基本现象,也是造成人员伤亡的重要原因。通过行人和交通疏散仿真软件可以快速模拟疏散过程,验证和优化疏散方案,是目前解决行人和交通疏散组织问题的主要手段。系统研究已有行人和交通疏散仿真软件的功能、技术和发展趋势,对提高我国自主研发软件技术及应用水平具有重要意义。在模型的基础上,研究者们目前开发了多种人员疏散软件,主要有:

(1) EVACNET4。该软件用网络形式描述建筑物的结构布局,是一种具有代表性的基于排队网络模型的安全疏散分析软件。网络包含节点和路径,对建筑物而言,节点指行人可以占据及通过的空间,节点内的人员沿着路径标明的方向在节点及路径之间运动。

(2) BuildingExodus。英国格林威治大学团队开发了一系列针对不同环境(如飞机、轮船、建筑等)的疏散分析软件,其中,BuildingExodus是专门针对建筑内的人员疏散软件,该软件可以模拟人与人之间、人与结构之间和人与环境之间的互相作用。

(3) Simulex。由苏格兰集成环境解决有限公司开发,用来模拟大量人员在多层建筑物中的疏散过程。

(4) SafeGo。由中国科学技术大学宋卫国课题组开发,已经获得国家计算机软件著作权的一款安全疏散分析软件。软件核心为自主开发的多作用力元胞自动机模型(CAFE),可以模拟疏散过程中典型的人群心理和行为。

对于火灾环境下的人员疏散过程,只考虑人员运动的基本现象是不够的,还需要考虑火灾产物对人员运动的影响。有研究表明:低能见度、眼睛受伤害、高温等条件或者以上条件的组合会导致人员停止运动或改变运动方向,暴露在有毒烟气和高温条件下,会危害人员生命健康。所以,在模拟火灾环境下的人员疏散过程时,有必要考虑火灾产物对人员的影响。在火灾动力学模拟软件FDS以及社会力模型的基础上,VTT芬兰国家技术研究中心开发了能够考虑火灾影响的人员疏散模型FDS+Evac。本章将在多格子人员疏散模型和现有仿真软件的基础上,建立突发火灾情况下的人群疏散模型。

7.1　视野受限条件下人员疏散建模

当外界环境发生变化,如发生火灾或者照明系统崩溃等紧急情况时,会导致人员视野受限,此时人群如果缺乏有效的管理和控制,没有及时安全疏散,将会造成惨重的人员伤亡。基于事故分析可以发现,视野受限环境中的人群具有较高伤亡风险,其疏散问题具有高度的复杂性和特殊性。因此,本节针对视野受限条件下的行人疏散模型展开研究,基于仿真结果分析,探究视野受限环境中安全高效的疏散诱导策略。

7.1.1 火灾情境下的人群疏散模型

1. 疏散模型构建

火灾情境下的人员疏散,不仅要考虑火灾的动态蔓延过程,还要考虑火灾对人员运动的影响。因此,整个疏散模型可以分为四个子模型:① 火灾仿真模型;② 火灾危害模型;③ 出口选择模型;④ 行人运动模型。这些子模型之间的相互作用如图7-1所示,首先,从火灾仿真模型中实时获取环境温度、能见度、CO浓度等火灾数据;其次,建立考虑火灾影响的出口选择模型;最后,行人基于运动模型规则向目标出口疏散。在整个疏散过程中,人员的健康状况和运动能力由火灾危险模型决定。

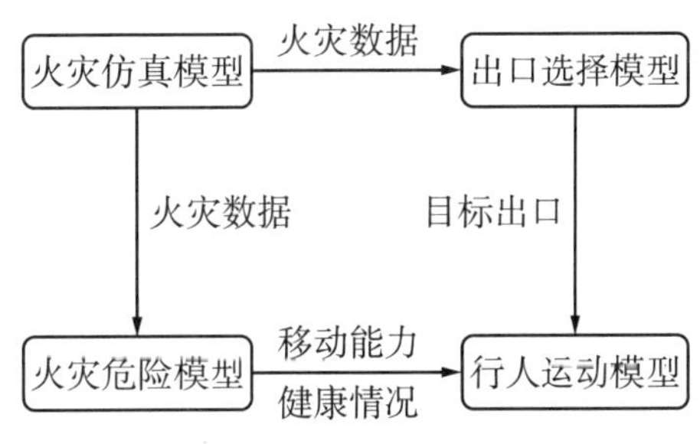

图7-1 子模型之间的交互关系

(1) 火灾仿真模型

选择美国国家标准与技术研究院(NIST)开发的火灾动态模拟器(fire dynamic simulator, FDS)模拟火灾的蔓延。设置火灾发展模型为"t平方火",计算公式如下:

$$Q = \beta t_0^2 \tag{7-1}$$

式中,Q为火源释放速率(kW);β为生长因子,t_0为有效生长时间(s),热释放速率在t_0后达到最大值并保持不变。火灾数据每0.5 s更新一次。

(2) 火灾危险模型

火灾对行人疏散的影响可以从两个方面进行分析。一方面,由于高温、能见度差和有毒的CO气体,火灾产物会影响行人的移动速度。另一方面,高温和CO气体会危害行人的健康。

行人移动速度计算如下:

$$v = v_0 \cdot f \tag{7-2}$$

$$f = f_1(\mathrm{vis}) \cdot f_2(C_{\mathrm{co}}) \cdot f_3(T) \tag{7-3}$$

$$f_1(\mathrm{vis}) = \begin{cases} 1, & \mathrm{vis} \geqslant 7.5\ \mathrm{m} \\ 1.375 - 0.9375 \times \dfrac{3}{\mathrm{vis}}, & 2.5\ \mathrm{m} \leqslant \mathrm{vis} < 7.5\ \mathrm{m} \\ 0.25, & \mathrm{vis} < 2.5\ \mathrm{m} \end{cases} \tag{7-4}$$

$$f_2(C_{\mathrm{co}}) = \begin{cases} 1, & C_{\mathrm{co}} < 0.1 \\ 1 - (0.2125 + 1.788 C_{\mathrm{co}}) C_{\mathrm{co}} t_{\mathrm{cep}}, & 0.1 \leqslant C_{\mathrm{co}} < 0.25 \\ 0, & C_{\mathrm{co}} \geqslant 0.25 \end{cases} \tag{7-5}$$

$$f_3(T) = \begin{cases} 1, & 20\ ℃ < T \leqslant 30\ ℃ \\ \dfrac{(v_{\max} - v_0)\left(\dfrac{T-30}{60-30}\right)^2}{v_0}, & 30\ ℃ < T \leqslant 60\ ℃ \\ \dfrac{v_{\max}}{v_0}\left[1 - \left(\dfrac{T-60}{120-60}\right)^2\right], & 60\ ℃ < T \leqslant 120\ ℃ \end{cases} \tag{7-6}$$

式中，f为速度影响因子，$f_1(\text{vis})$、$f_2(C_{co})$、$f_3(T)$分别为能见度距离(m)、CO浓度(%)、温度(℃)对行人速度的影响因子；t_{exp}(min)表示行人暴露在烟雾中的时间；v_0和v_{max}分别为行人的初始速度和最大速度。

行人健康水平计算如下：

$$H_{t+\Delta t} = H_t - \left(\frac{C_{co}}{W_{co}} + \frac{1}{5 \times 10^7 T^{-3.4}} \right) \Delta t \tag{7-7}$$

式中，H_t为行人在t时刻的健康状况，初始值为1；C_{CO}(ppm)为行人所在位置的CO浓度；W_{CO}代表行人可以承受的CO剂量，其值取为27 000 ppm/min；Δt(min)为时间间隔。当行人的健康值小于等于0时，行人死亡并在模型中成为障碍物。

(3) 出口选择模型

影响出口选择的因素可以分为主观因素、客观因素和随机因素。主观因素包括行人的性别、年龄、机动性、耐心水平、心理状态等，由个体特征决定。在整个疏散过程中，行人所处位置、所处环境、各出口情况等客观因素都是动态变化的。随机因素是由不同人的理解偏差和一些不可观察因素造成的。这些因素的组合会对行人疏散时的出口选择产生影响。出口选择模型基于随机效用理论，决策者n对m个备选方案的效用由下式表示：

$$U_{mn} = V_{mn} + \varepsilon_{mn} \tag{7-8}$$

式中，右边第一项V_{mn}表示行人感知效用的期望值；第二项ε_{mn}为随机残差，表示期望效用与实际值的偏差，所有使决策模型偏离理性的因素都可以嵌入到随机残差中。假设随机残差项符合均值为0、参数为λ的Gumbel随机分布，那么行人n在k个出口中选择出口m的概率为

$$p_{mn} = \frac{\exp(\lambda V_{mn})}{\sum_{j=1}^{k} \exp\left(\lambda V_{jn}\right)} \tag{7-9}$$

在主观因素中，根据行人的特征，模型将人员分为积极者、保守者和跟随者三类：积极者主动观察周围环境，寻找最快的疏散路线，因此积极者会选择所有可见出口；而保守者只选择所有可见出口中较为熟悉的出口；跟随者不熟悉疏散场景和所有出口，他们更喜欢跟随影响半径R_{inf}中的邻居，如果影响半径内没有行人，则选择随机行走。在客观因素中，考虑行人当前位置到出口的距离、火灾地点到出口的距离、出口周围的密度、能见度和对出口的熟悉程度。因此V_{mn}可表示为

$$\begin{aligned} V_{mn} = C_{mn}(& k_{dis1}(1 - \text{pdis}_{mn}) + k_{dis2} \cdot \text{pdis}_{mf} + k_{den}(1 - \text{pden}_{mn}) \\ & + k_{fam} \cdot \text{pfam}_{mn} + k_{vis} \cdot \text{pvis}_{m} + k_{fow} \cdot \text{pfow}_{mn}) \end{aligned} \tag{7-10}$$

$$\text{pdis}_{mn} = \frac{\text{dis}_{mn}}{\max(\text{dis}_{1n}, \cdots, \text{dis}_{mn}, \cdots, \text{dis}_{kn})} \tag{7-11}$$

$$\text{pdis}_{mf} = \frac{\text{dis}_{mf}}{\max\left(\text{dis}_{1f}, \cdots, \text{dis}_{mf}, \cdots, \text{dis}_{kf}\right)} \tag{7-12}$$

$$\text{pden}_{mn} = \frac{\text{den}_{mn}}{\max(\text{den}_{1n}, \cdots, \text{den}_{mn}, \cdots, \text{den}_{kn})} \tag{7-13}$$

$$\text{pvis}_{m} = \frac{\text{vis}_{m}}{\max(\text{vis}_{1}, \cdots, \text{vis}_{m}, \cdots, \text{vis}_{k})} \tag{7-14}$$

$$\mathrm{pfam}_{mn} = \frac{\mathrm{fan}_{mn}}{\max(\mathrm{fam}_{1n},\cdots,\mathrm{fam}_{mn},\cdots,\mathrm{fam}_{kn})} \tag{7-15}$$

$$\mathrm{pfow}_{mn} = \frac{\mathrm{fow}_{mn}}{\max(\mathrm{fow}_{1n},\cdots,\mathrm{fow}_{mn},\cdots,\mathrm{fow}_{kn})} \tag{7-16}$$

式中，C_{mn}表示行人n是否能看到出口m，如果能见度大于行人n到出口m的距离，则值为1，否则值为0；dis_{mn}表示行人n到出口m的距离；dis_{mf}为火灾位置到出口m的距离；den_{mn}为选择出口m的行人数量，且到出口m的距离比行人n近；vis_{m}表示出口m的能见度；fam_{mn}为行人n对出口m的熟悉程度；fow_{mn}为以行人n为中心、以R_{inf}为半径的圆形区域中的行人数量；pdis_{mn}、pdis_{mf}、pden_{mn}、pvis_{m}、pfam_{mn}、pfow_{mnw}分别是dis_{mn}、dis_{mf}、den_{mn}、vis_{m}、fam_{mn}和fow_{mn}与其最大值的比值；k_{dis1}、k_{dis2}、k_{den}、k_{fam}、k_{vis}和k_{fow}代表不同影响因素的权重系数。

对于积极者，设置$k_{\mathrm{fam}} = k_{\mathrm{fow}} = 0$，$k_{\mathrm{dis2}} = 0.2$，$k_{\mathrm{vis}} = 0.1$且$k_{\mathrm{dis1}} + k_{\mathrm{den}} = 1$。行人在每个时间步长都必须决定是否要改变当前的目标出口，因此通过引入效用阈值U_{th}来反映行人改变目标出口的频繁程度。出口之间的效用差ΔU计算如下：

$$\Delta U = \exp(V_t) - \exp(\max(V_k)) \tag{7-17}$$

其中V_t和V_k分别表示目标出口和其他出口的效用。如果其他出口的最大效用大于行人目标出口的效用，且两者之差超过阈值U_{th}，则行人将改变原来的目标出口，选择效用最大的出口，否则行人将继续选择原目标出口。

对于保守者来说，他们倾向于选择最熟悉的出口，故设$k_{\mathrm{dis1}} = k_{\mathrm{dis2}} = k_{\mathrm{den}} = k_{\mathrm{fow}} = k_{\mathrm{vis}} = 0$且$k_{\mathrm{fam}} = 1$。跟随者只选择跟随影响半径内的其他行人，设$k_{\mathrm{dis1}} = k_{\mathrm{dis2}} = k_{\mathrm{den}} = k_{\mathrm{fam}} = k_{\mathrm{vis}} = 0$且$k_{\mathrm{fow}} = 1$。

（4）行人运动模型

采用扩展的多格子模型来模拟火灾情况下行人的运动。如图7-2所示，每个元胞大小为0.1 m × 0.1 m，每个行人占用25个单元格。

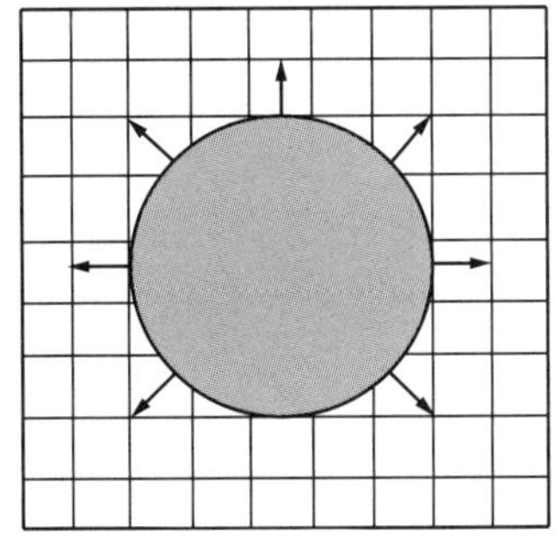

$P_{-1,-1}$	$P_{-1,0}$	$P_{-1,1}$
$P_{0,-1}$	$P_{0,0}$	$P_{0,1}$
$P_{1,-1}$	$P_{1,0}$	$P_{1,1}$

图7-2 可能的转移位置和相应的转移概率

一旦行人选定目标出口，根据转移概率P_{ij}的计算公式，行人在每个时间步可向周围邻居元胞移动：

$$P_{ij} = N_{\mathrm{nor}} I_{\mathrm{ine}} \exp(k_{\mathrm{S}} S_{ij}^{m} + k_{\mathrm{R}} R_{ij} + k_{\mathrm{F}} F_{ij})(1 - n_{ij})\alpha_{ij} \tag{7-18}$$

式中，N_{nor}为归一化因子；I_{ine}为惯性参数；k_{S}、k_{R}、k_{F}为场域的权重参数；N_{ij}表示元胞(i,j)是否被占用，如果被占则值为1，否则值为0；α_{ij}与元胞中是否是障碍物或火有关，如果元胞被障碍物或火占据，其值为0，否则值为1。静态场S_{ij}^{m}与元胞(i,j)到出口m的距离成反比。排斥场R_{ij}与火灾位置到元胞(i,j)的距离成反比。火灾场F_{ij}反映火灾对行人运动的影响。假设行人

倾向于向温度低、能见度好的位置移动，计算表达式为

$$F_{ij} = k_{\mathrm{T}} \frac{T_{ij} - T_0}{T_0} + k_{\mathrm{V}} \frac{\mathrm{vis}_{\max} - \mathrm{vis}_{ij}}{\mathrm{vis}_{\max}} \tag{7-19}$$

式中，T_{ij}为元胞(i,j)的温度，T_0为环境温度，vis_{ij}和$\mathrm{vis}_{\max}$分别表示元胞(i,j)的能见度和最大能见度，k_{T}和k_{V}是温度和能见度影响的权重系数。

模型中设置时间步长$\Delta t = 0.1$ s；当行人选择上一时间步的运动方向时，$I_{\mathrm{ine}} = 1.2$，否则$I_{\mathrm{ine}} = 1$；行人位置到火场距离小于1 m时，设$k_{\mathrm{S}} = 0.8$，$k_{\mathrm{R}} = -0.3$；大于1 m且小于3 m时，设$k_{\mathrm{R}} = -0.1$；大于3 m时，设$k_{\mathrm{R}} = 0$。$k_{\mathrm{F}} = -2$，$k_{\mathrm{T}} = 1$，$k_{\mathrm{V}} = 5$，$T_0 = 20$ ℃，$\mathrm{vis}_{\max} = 30$ m。人员初始速度$v_0 = 2$ m/s，行人的影响半径$R_{\mathrm{inf}} = 5$ m。

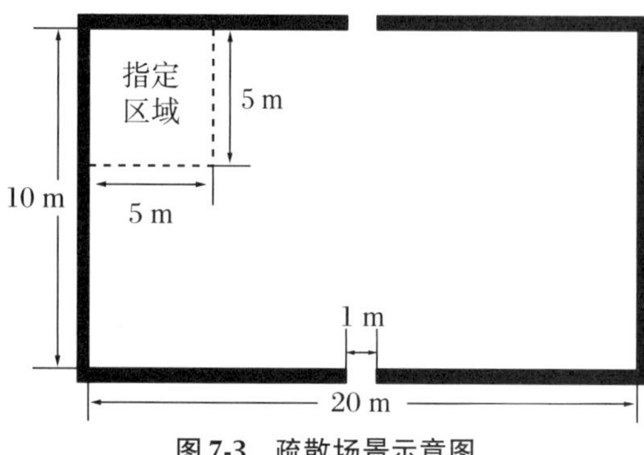

图 7-3　疏散场景示意图

2. 模拟结果分析

仿真场景如图7-3所示。房间的大小为20 m×10 m，离散成200×100个元胞。两个出口分别位于两侧墙的中心，且宽度均为1 m。模型中积极者、保守者和跟随者人数分别为N_{a}、N_{c}和N_{h}，总疏散人数

$$N = N_{\mathrm{a}} + N_{\mathrm{c}} + N_{\mathrm{h}} \tag{7-20}$$

(1) 无火灾场景

① 距离权重对疏散的影响

积极者($N_{\mathrm{a}} = 100$)分布在房间的指定区域。如图7-4(a)所示，疏散时间先减小后增大。当$k_{\mathrm{dis1}} = 1$时，行人只会考虑距离因素，选择最近的出口，因此在仿真中行人选择顶部出口的比例为100%。如图7-4(b)所示，当$k_{\mathrm{dis1}} = 0$时，出口周围的密度是唯一影响出口选择的因素，此时疏散时间仍然很长。当$k_{\mathrm{dis1}} = 0.4$时，整体疏散时间最短，这说明综合考虑距离和拥堵的复合因素更有利于疏散。因此，在接下来的模拟中积极者的k_{dis1}设为0.4。

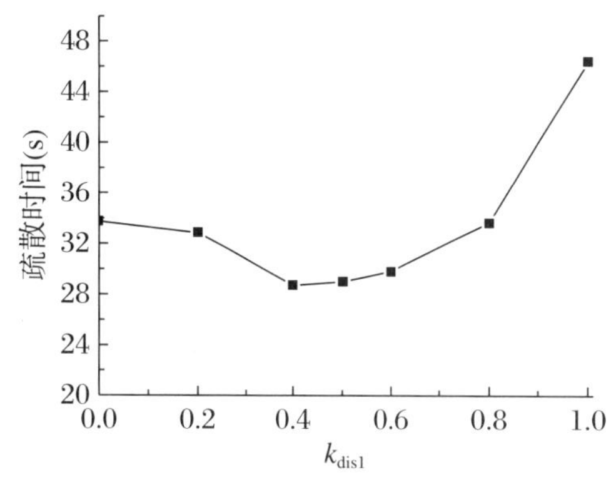

(a) 不同距离权重下的疏散时间(在$k_{\mathrm{dis1}} = 0.4$时疏散时间最短)

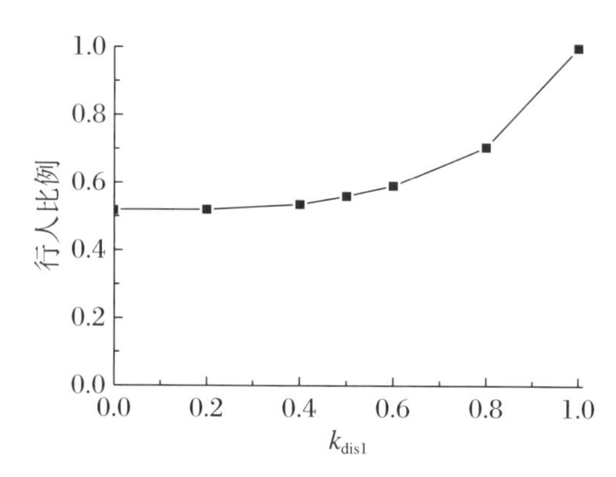

(b) 不同k_{dis1}下行人选择顶部出口的比例

图 7-4　距离权重k_{dis1}对疏散的影响

② 效用阈值对疏散的影响

效用阈值可以反映行人改变目标出口的意愿。在图7-5(a)中，疏散时间随着效用阈值的增加先减小后增大。实际上，效用阈值过低或过高都不利于疏散。原因是U_{th}较小

时行人有较大概率更换目标出口,导致大量时间都花在了通往目标出口的路上。如图7-5(b)所示,当 $U_{th}=0$ 时,改变目标出口的行人比例为65%。然而,当 U_{th} 过大时,即使其他出口的情况比当前目标出口好得多,行人也很难改变目标出口。在这种情况下,目标出口附近可能出现拥堵,此时行人对出口的利用不均衡。在图7-5(b)中,当 $U_{th}=1$ 时,几乎没有人改变目标出口。当 $U_{th}=0.5$ 时,疏散时间最短。所以接下来的模拟中设置 $U_{th}=0.5$。

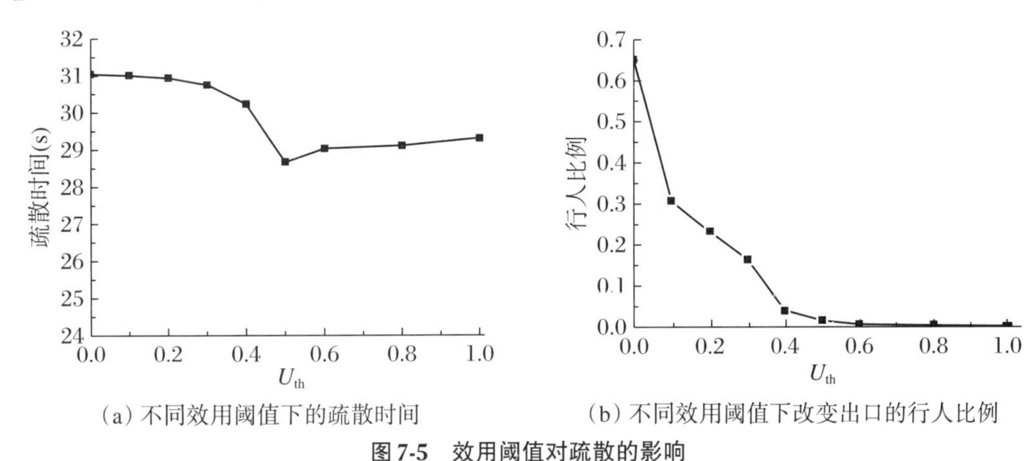

(a) 不同效用阈值下的疏散时间　　(b) 不同效用阈值下改变出口的行人比例

图7-5　效用阈值对疏散的影响

③ 积极者对疏散的影响

150名行人随机分布在房间里。由图7-6可知,人群疏散时间随着积极者数量的增加而减少,说明积极者的存在有利于整个疏散过程。跟随者无法自己找到出口,只能跟随他人找到出口,而积极者的存在有助于跟随者找到目标出口,从而加快了疏散过程,缩短了疏散时间。

④ 保守者对疏散的影响

在保守者中,p_{top} 表示熟悉顶部出口的行人比例。如图7-7所示,随着 p_{top} 的增加,选择顶部出口的行人数量增加,疏散时间先下降后上升,在 $p_{top}=0.5$ 时人群整体疏散时间最短。在疏散过程中,从众行人受到保守者的影响,保守者只选择最熟悉的出口,如果大多数保守者都选择同一出口,这时就会出现拥堵,导致疏散效率降低。因此,保守者使用出口越均衡,人群整体所需的疏散时间就越少。

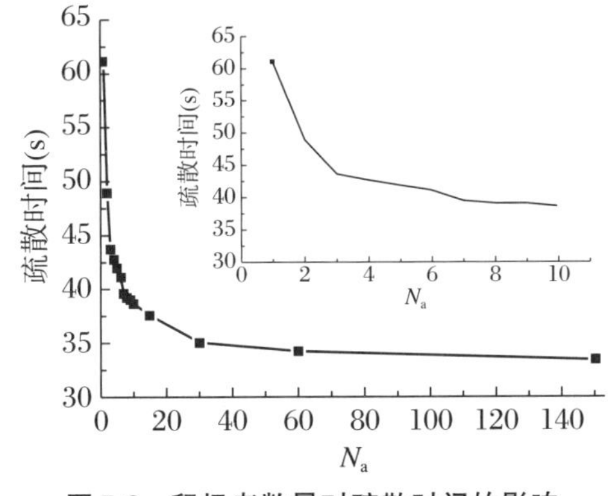

图7-6　积极者数量对疏散时间的影响

内部图显示了 $N_a<10$ 时的疏散时间

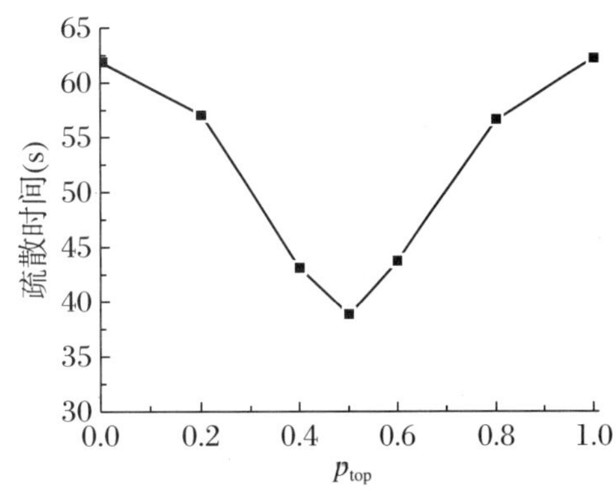

图7-7　保守者比例对疏散时间的影响

$N_c=50, N_h=100$

(2) 火灾场景

与不发生火灾的情况相比,由于能见度差、高温和一氧化碳对行人运动和健康的影响,使得火灾情况下的疏散变得更加困难。下面将探究燃烧物质、热释放速率、预动作时间对人员疏散的影响。

① 燃烧物质对疏散的影响

不同的燃烧材料具有不同的物理和化学性质。木材是家具的主要原料,而聚苯乙烯是室内泡沫保温板材的主要原料,所以在模拟中选择了这两种典型的燃烧材料:① 木材,烟灰产率 y_s = 100.015 g/g,一氧化碳产率 y_{co} = 0.004 g/g;② 聚苯乙烯泡沫,烟灰产率 y_s = 0.18 g/g,一氧化碳产率 y_{co} = 0.004 g/g。模拟中热释放速率HRR设为131 000 kW/m²。

如图7-8所示,对于相同数量的行人,燃烧材料不同导致人员疏散时间和疏散过程有较大不同。木材火灾场景下的疏散情况与无火灾场景下的疏散情况相似,说明木材火灾对疏散的影响较小,而聚苯乙烯火灾对疏散的影响较大。由于聚苯乙烯燃烧时烟灰产率较高,导致疏散中后期外界能见度下降明显,而相比之下,木材燃烧的烟灰产量小,外界能见度状况相对较好。此外,聚苯乙烯的一氧化碳产率是木材的10倍,而一氧化碳会损害行人的健康和行动能力,疏散后期当人员吸入的一氧化碳足够多时,会造成致命伤害。

② 热释放率对疏散的影响

100名积极者随机分布在房间内,燃烧材料为聚苯乙烯。如图7-9所示,随着热释放速率的增大,疏散时间先减小后增大。当HRR较小时(如HRR = 500 kW/m²),房间内温度多数时间低于30 ℃,行人感觉舒适并保持初始速度。当HRR增大时(如HRR = 1 000 kW/m²),疏散时温度大多在30~60 ℃之间,行人在高温的威胁下会加速撤离房间。然而当HRR继续增加时,温度迅速超过60 ℃,由于高温对人的健康和行动产生了负面影响,此时行人运动速度降低,导致疏散时间增加。

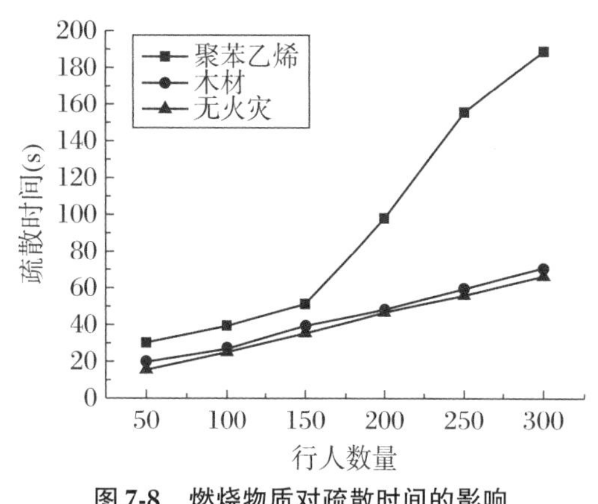

图7-8 燃烧物质对疏散时间的影响

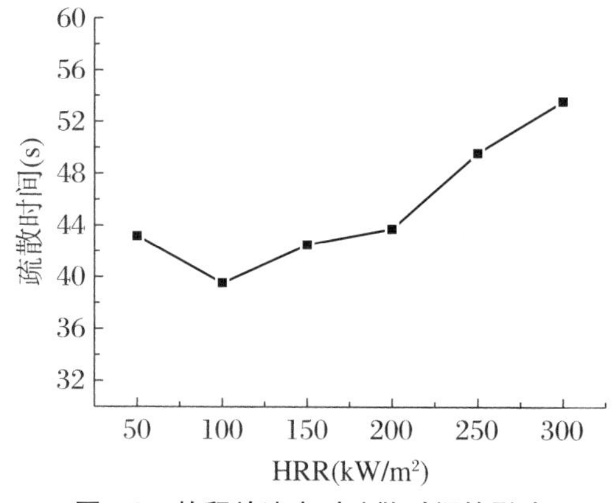

图7-9 热释放速率对疏散时间的影响

③ 预动作时间对疏散的影响

预动作时间是指疏散人员听到报警到开始向目标位置移动所需的时间。它是建筑物疏散时间的重要组成部分,特别是在火灾等紧急情况下。在本节中,将人员疏散时间定义为预动作时间与移动时间之和。预动作时间对疏散的影响如图7-10所示。在表7-1中,$\Delta T_E/\Delta T_{Pre}$的值总是大于1,这表明随着预动作时间的增加,火灾产生的负面影响会愈发严重。当火灾持续一段时间后,行人很难疏散。在图7-11中,行人暴露于有毒气体的时间越长,其健康状况越差。预动作时间越长,产生的火灾产物越多,疏散就越危险。因此,人们在发现火灾线索或听到报警时应立即疏散。

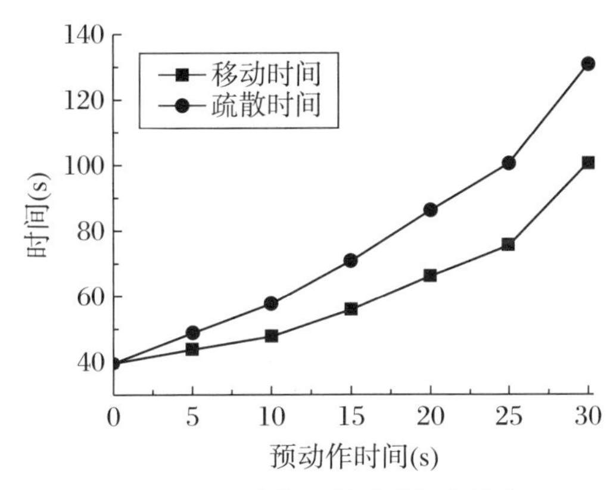

图7-10 预动作时间对疏散的影响

表7-1 预动作时间及相应的移动时间和疏散时间

预动作时间(s)	移动时间(s)	疏散时间(s)	$\Delta T_E/\Delta T_{Pre}$
0	39.52	39.52	×
5	43.76	48.76	1.85
10	47.7	57.7	1.79
15	55.85	70.85	2.63
20	66.16	86.16	3.06
25	75.42	100.42	2.85
30	100.78	130.78	6.07

注:ΔT_E和ΔT_{Pre}分别表示预动作时间的增加和对应的疏散时间的增加。

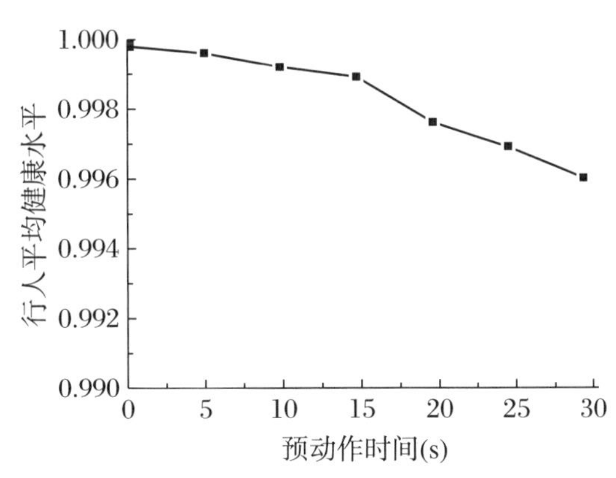

图7-11 预动作时间对行人健康状况的影响

7.1.2 无能见度下的人群疏散模型

1. 疏散模型构建

基于前期开展的无能见度下的人员疏散实验,得到了行人的运动轨迹,获得了行人在黑暗情况下的疏散模式、运动速度及冲突解决方式。分析实验发现:(1)行人首先向自己的朝向运动，当碰到墙后，选择沿着墙的方向运动，直至最后找到出口逃出。(2) 行人倾向跟随周围其他行人。虽然行人看不到周围的人员，但由于他们之间会有身体接触，彼此会感知到对方的大致运动方向，此时行人的运动方向会受到周围行人的影响。(3) 当行人找到墙后，倾向于选择左手侧方向运动。(4) 在沿墙运动过程中，行人会采取不同策略来解决与前方行人的冲突。基于上述实验结果，本节构建了适用于无能见度下的行人疏散模型。模型中每个行人占据的空间大小为0.5 m × 0.5 m，即3 × 3个元胞。整个房间的大小为7 m × 8 m，即42 × 48个元胞。

(1) 模型规则

行人在每个时间步内按照概率转移式(式(7-21))向图7-12所示的八个方向运动。

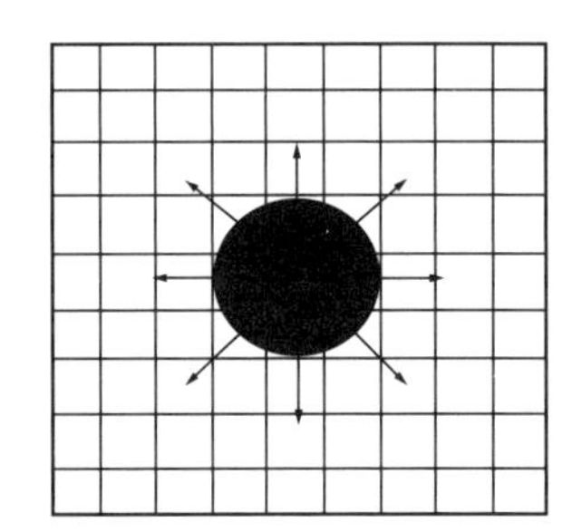

$P_{-1,-1}$	$P_{-1,0}$	$P_{-1,1}$
$P_{0,-1}$	$P_{0,0}$	$P_{0,1}$
$P_{1,-1}$	$P_{1,0}$	$P_{1,1}$

图7-12 行人占据的元胞及其向邻居元胞的转移概率

运动转移概率计算如下：

$$P_{ij}=\begin{cases}0, & \sum\delta_{ij}=0\\ N\delta_{ij}\left(\dfrac{1-D}{\sum\delta_{ij}}+D_{ij}\right), & \sum\delta_{ij}\neq 0\end{cases}\tag{7-21}$$

其中，N为归一化因子；D是行人的运动偏向强度；D_{ij}是D在距离行人最近的期望方向上的投影；δ_{ij}代表行人向方向(i,j)运动的可行性，如果可以则值为1，否则值为0，如果八个方向都为0，则行人下一时间步待在原位置不动。

(2) 期望方向

当行人还未找到墙时，可以感知到周围邻居的运动方向。在这里引入感知半径R，行人下一步的运动方向由当前自己的运动方向和距离自己R范围内的周围行人的运动方向决定：

$$\vec{e}_{\text{des}}=\frac{(1-f)\vec{e}_{\text{own}}+f\vec{e}_{\text{neig}}}{\left\|(1-f)\vec{e}_{\text{own}}+f\vec{e}_{\text{neig}}\right\|}\tag{7-22}$$

其中，$\vec{e}_{\text{des}}$是行人下一步的期望方向，$\vec{e}_{\text{own}}$是行人当前的运动方向，$\vec{e}_{\text{neig}}$是周围行人运动方向的矢量和，f是跟随系数。

当行人碰到墙时，行人选择左手侧方向概率为P_1，右手侧方向概率为P_r。当行人开始沿着墙运动后，他的期望方向始终为自己当前的运动方向。

(3) 冲突解决

在模型中，如果有两个人或者更多人选择了同一个目标元胞，就会发生冲突。在正常能见度情况下，元胞被行人选择的概率由选择该元胞的收益决定。在完全不可见情况下，行人解决冲突的方式跟正常视野条件下有很大不同。在未找到墙之前，行人按照转移概率运动。

当行人找到墙后，沿墙运动过程中会与对向行人产生冲突。设P_{insf}代表前方行人坚持自己方向的概率，P_{insb}是后方行人坚持自己方向的概率，ΔP表示每次冲突结束后行人坚持自我方向的概率变化。基于实验统计分析，发现行人解决冲突的方式有以下三种：

① 两个行人都坚持自己的运动方向，最终他们会通过交换位置来解决冲突，如图7-13(a)所示。

$$P_1 = P_{insf}(t)\cdot P_{insb}(t) \tag{7-23}$$

$$P_{insf}(t+1) = P_{insf}(t) - \Delta P \tag{7-24}$$

$$P_{insb}(t+1) = P_{insb}(t) - \Delta P \tag{7-25}$$

② 其中一人"屈服"，选择跟随对方的方向，如图7-13(b)所示。

$$P_2 = (1 - P_{insf}(t))\cdot P_{insb}(t) \quad 或 \quad P_2 = (1 - P_{insb}(t))\cdot P_{insf}(t) \tag{7-26}$$

$$P_{insf}(t+1) = P_{insf}(t) \quad 或 \quad P_{insf}(t+1) = P_{insf}(t) + \Delta P \tag{7-27}$$

$$P_{insb}(t+1) = P_{insb}(t) + \Delta P \quad 或 \quad P_{insb}(t+1) = P_{insb}(t) \tag{7-28}$$

③ 两人都"屈服"，选择跟随对方的方向，如图7-13(c)所示。

$$P_3 = (1 - P_{insf}(t))\cdot(1 - P_{insb}(t)) \tag{7-29}$$

$$P_{insf}(t+1) = P_{insf}(t) \tag{7-30}$$

$$P_{insb}(t+1) = P_{insb} \tag{7-31}$$

当前方行人与自身运动方向相同时，此时不会发生冲突。但行人坚持自我方向的概率会发生变化：

$$P_{insf}(t+1) = P_{insf}(t) + \Delta P \tag{7-32}$$

$$P_{insb}(t+1) = P_{insb}(t) + \Delta P \tag{7-33}$$

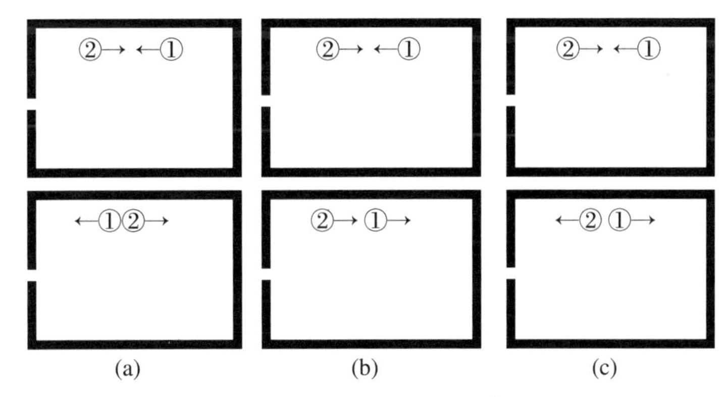

图7-13　冲突类型及解决策略

(4) 参数设置

在正常能见度下，偏向强度D取0.99，这表明行人会尽可能地朝自己的期望方向运动。在无能见度下，行人也会向自己当前的朝向运动，直至找到墙，但这种偏向不如正常能见度下大，所以在这里设置D为0.8。行人找到墙后，选择左手侧方向和右手侧方向的概率分别为0.62和0.38(数据来源于实验中的统计值)；行人坚持自己方向的概率为0.78，ΔP=0.1；感知半径R要确保该范围内的行人能够接触到对方，所以取0.5 m；当行人未找到墙时，跟随系数为0.2，而当行人找到墙时，跟随系数设为0.8；行人在无能见度下的平均运动速度为0.52 m/s，故模型中设置时间步Δt = 0.32 s。

2. 疏散模型验证

(1) 疏散时间和疏散过程

① 单个人的疏散时间

如表7-2所示,模型中单个人的疏散时间与实验值非常接近。图7-14为单个人的疏散时间分布图。

表7-2 单个人的疏散时间对比(s)

场景	实验结果	模拟结果	置信区间(99%水平)
A1	34	37.7	(34.5,40.9)
A2	22	22.3	(19.1,25.5)
A3	34	33.8	(30.2,37.5)
A4	52	58.3	(50.8,65.8)
A5	33	33.3	(29.4,37.2)

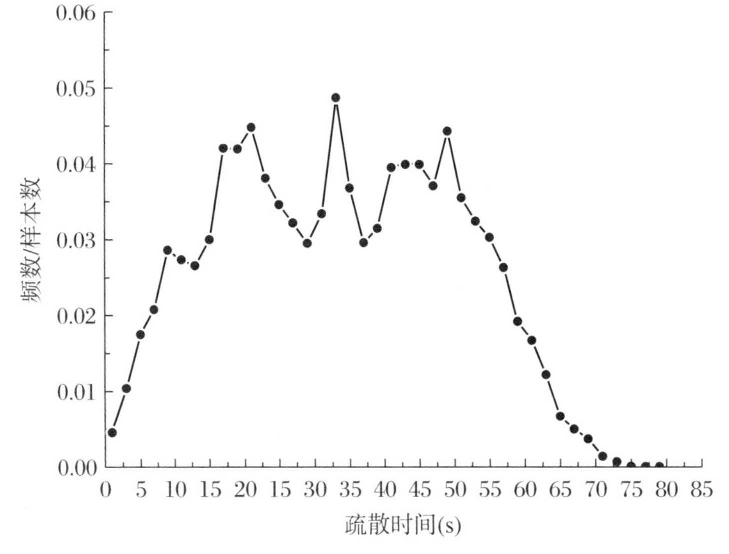

图7-14 单个人的疏散时间分布

② 30人的疏散时间

由表7-3可以看出,实验中的疏散时间与模拟结果基本一致。进一步比较实验与模拟的疏散过程,如图7-15和图7-16所示,发现模型中的每个阶段都与实验结果吻合较好。首先行人向当前的朝向运动;当找到墙后,开始沿墙运动;最终找到出口,疏散完成。如图7-17所示,通过1 000次模拟得到了30个人整体疏散时间的分布图。

表7-3 30个人的疏散时间对比(s)

场景	实验结果	模拟结果	置信区间(95%水平)
B1	74	74.2	(46.2,102.2)
B2	86	78.3	(37.3,119.3)

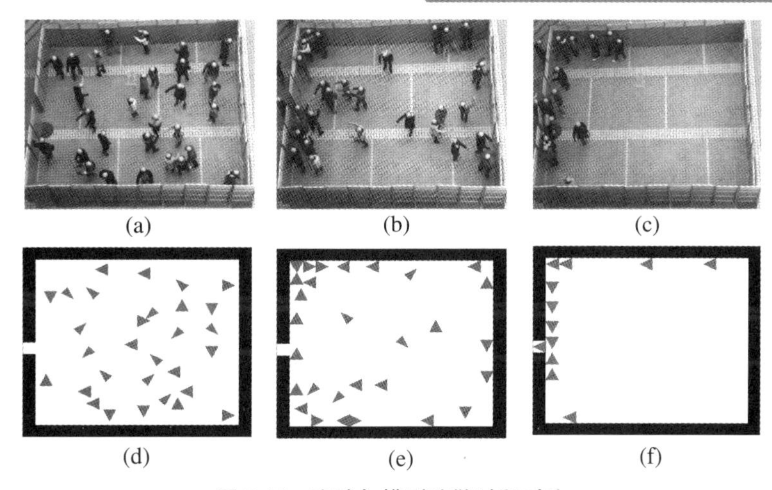

图7-15　实验与模型疏散过程对比

(a)、(b)、(c)分别为0 s、10 s和40 s时的实验场景,(d)、(e)、(f)分别为对应时刻的模拟场景

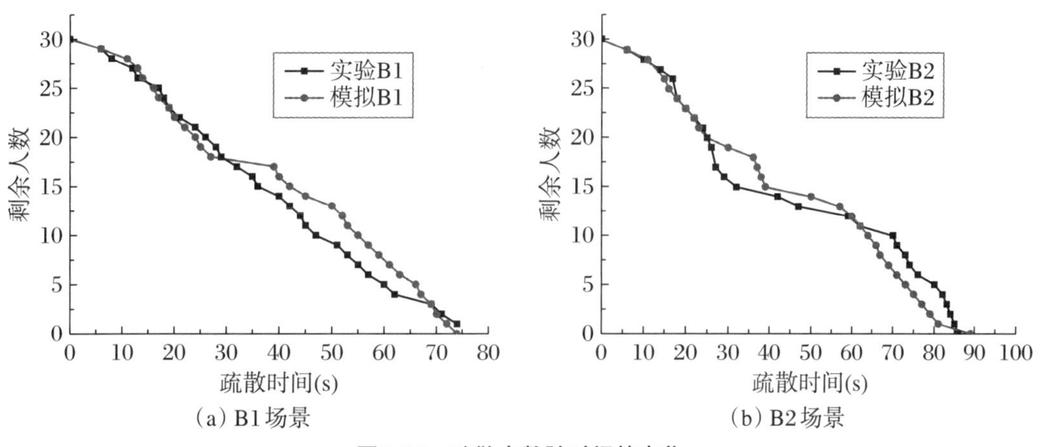

图7-16　疏散人数随时间的变化

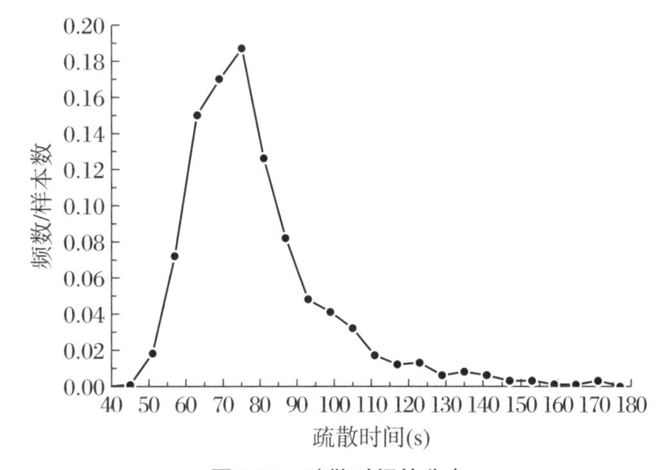

图7-17　疏散时间的分布

(2) 轨迹分析

在之前的研究中,实验和模型中的轨迹仅仅是定性比较,这不足以用来验证模型的准确性。在本节中,提出采用分形维数定量方法来分析轨迹。分形维数可以反映复杂形体占有

空间的有效性，它是复杂形体不规则性的量度，可以用来度量运动的曲直性。

本节中，采用盒计数法来计算分形维数，计算公式如下：

$$L = k \cdot s^{1-d} \tag{7-34}$$

$$L = C \cdot s \tag{7-35}$$

式中，L是轨迹长度，k是定值，s代表所用的盒子尺寸，d是分形维数，c是覆盖整条轨迹所需要的最少盒子数。进一步变换可以得到

$$\lg c = \lg k - d \cdot \log s \tag{7-36}$$

表7-4和表7-5是实验和模型中轨迹分形维数的计算结果。通过对比可以看出，模型与实验吻合较好，从而进一步验证了模拟结果的准确性。

表7-4　单人场景下的轨迹分形维数

场景	实验	模型	差别
A1	1.18	1.14	−0.04
A2	1.14	1.07	−0.07
A3	1.37	1.34	−0.03
A4	1.19	1.22	0.03
A5	1.12	1.24	0.12
A6	1.13	1.02	−0.11

表7-5　30人场景下的轨迹分形维数

场景	实验	模拟	差别
B1	1.04	1.06	0.02
B2	1.04	1.03	0.01

进一步分析发现：① 在完全不可见的情况下，人员运动轨迹相对比较平直，这说明此时行人不会漫无目的地随机运动。② 单人疏散场景中的轨迹分形维数大于多人场景，这是因为单个个体在疏散过程中不用担心会跟其他人发生肢体冲突，所以运动会更随意一些，反映到轨迹中就是侧向移动明显增多，导致轨迹分形维数变大。

3. 模拟结果分析

设置正常情况下人员的运动偏向强度$D = 0.99$，运动速度$v = 1.3$ m/s。模拟人数为n，出口宽为w，出口数量为c，每个场景模拟500次。本节将探究不同影响因素在无能见度和正常能见度下对人员疏散的影响。

(1) 人员位置的影响

如图7-18所示，模型中设置了三种不同的人员位置分布，即均匀分布、随机分布和集中分布，分析人员初始位置对疏散时间的影响。

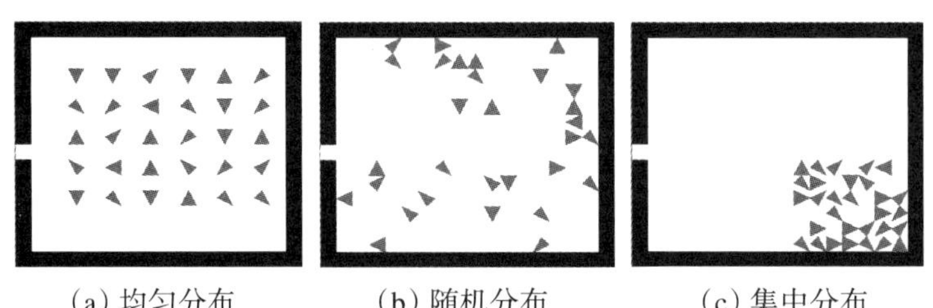

(a) 均匀分布　(b) 随机分布　(c) 集中分布

图7-18　位置分布

从图7-19可以看出,不论在哪种分布下,正常能见度下的疏散明显比无能见度下的疏散要快。在正常能见度下,均匀分布和随机分布的疏散时间非常接近,集中分布下的疏散时间最长,因为此时行人到出口的平均距离最大。在无能见度条件下,人员随机分布时疏散时间最短;当行人均匀分布在房间内时,他们需要更多的时间来寻找墙,此时疏散时间最长;而当行人集中分布时,拥挤状态会让人员产生较多冲突,从而影响整体疏散效率。

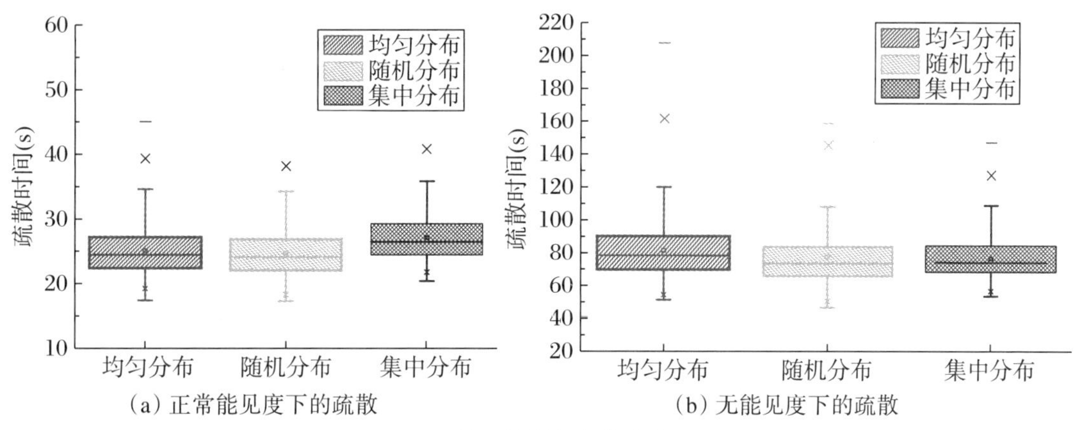

(a) 正常能见度下的疏散　　(b) 无能见度下的疏散

图7-19　位置分布的影响

(2) 人员密度的影响

由图7-20可以看出:① 初始人员密度越大,人员间就越容易发生冲突,疏散时间越长。② 在无能见度情况下,随着密度的增大,行人流率先增大后降低。原因是由于人员密度较低时出口未被完全利用,而随着密度增大,出口得到充分利用;但当密度继续增大时,出口的通行能力趋于饱和,此时在出口区域发生拥挤,从而导致疏散时间增大。③ 在正常能见度情况下,流率随着密度增大一直增大。④ 不同分布对疏散时间和流率影响不大,故在后面的模拟中,设置初始人员随机分布在房间内。

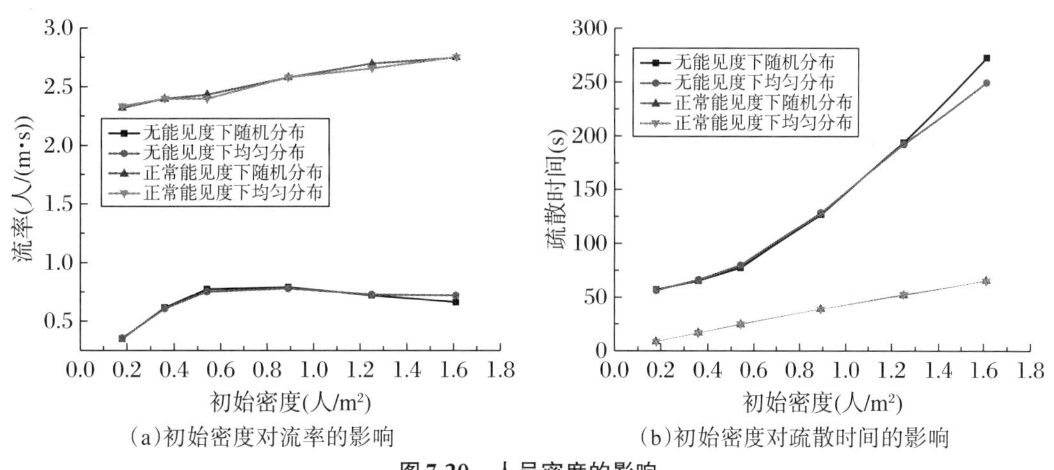

(a)初始密度对流率的影响　　(b)初始密度对疏散时间的影响

图7-20　人员密度的影响

(3) 出口数量的影响

图7-21展示了四种不同的出口布局。从图7-22可以看出,随着出口数量的增加,疏散时间快速下降。但与正常能见度下相比,无能见度下人员疏散时间下降更快,表明此时增加出口数量能大幅提高疏散效率。

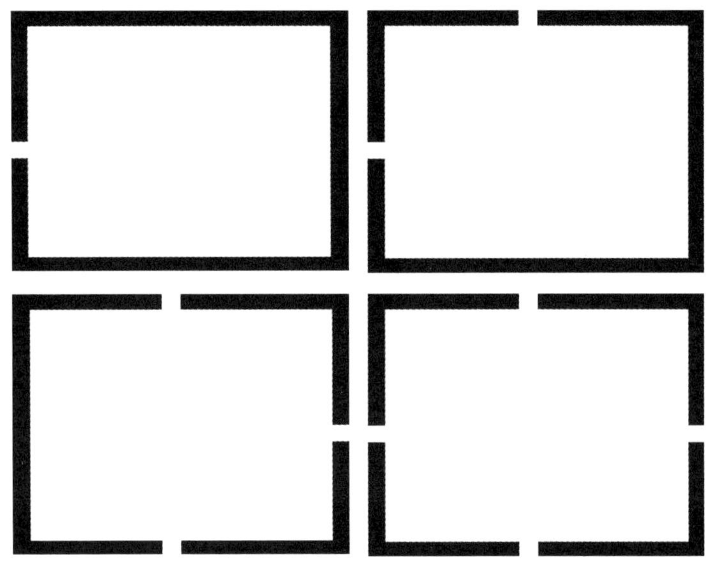

图7-21 四种出口布局

（4）出口宽度的影响

在正常能见度下，疏散时间随着出口宽度增加而减少。但当出口宽度超过2 m后，如图7-23所示，疏散时间不再变化，此时制约疏散时间的是行人与出口的距离。在无能见度情况下，疏散时间随出口宽度的增加变化较小。这是因为在黑暗情况下，行人的运动模式跟正常能见度下截然不同。由于行人看不到出口，所以增加出口宽度对疏散并无太大益处。

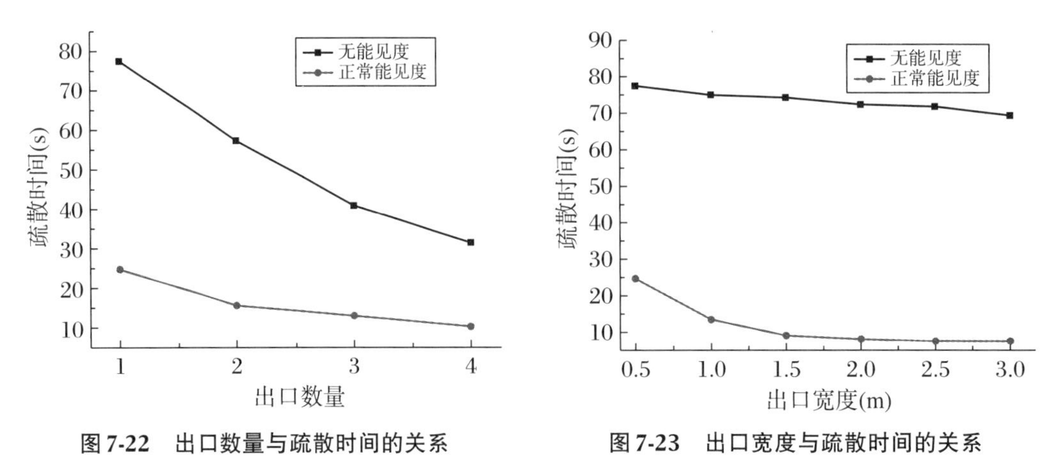

图7-22 出口数量与疏散时间的关系

图7-23 出口宽度与疏散时间的关系

7.2 考虑群组行为的人员疏散建模

7.2.1 基于Pathfinder的校园食堂疏散模型

近年来，我国城市人口增长迅速，在学校、车站、商场等公共场所时常会出现大规模人群聚集，这为人员安全问题埋下了隐患。解决这类问题需要从疏散引导以及建筑结构优化等角度出发，了解行人运动特性，并在人员运动规律的基础上进行疏散研究。在现实生活中，由于某些社会因素的影响，人员通常会自发形成一个团体（即群组）进行运动。群组运动时不但要考虑到自身情况，同时会考虑到群组其他成员的情况，从而保证群组在运动过程中的完整性和一致性。然而，当前大多数研究并未充分考虑行人成组运动这一普遍现象。人员疏散过程不仅包括个体的单独逃生，也包括其他社会关系等形成的集群运动。因此，对群组的行为特征及运动特征开展研究，可以为设计人员疏散策略提供一定的理论支撑。

1. 疏散模拟软件

行人疏散模拟软件可以用于对公共场所管理及设计的科学性进行评估，分析不同设计和管理方法产生的影响，以及通过合理优化来保证疏散的安全性并提高疏散效率等。行人运动复杂多变且人群聚集场所设计布局愈加复杂，为了准确分析人群疏散过程，研究各种运动环境并输出相关数据，软件仿真是一种科学、便捷的研究方法。其中，Pathfinder软件具有模拟结果准确、功能全面以及操作步骤便捷等一系列优点，因而被越来越多的学者应用于疏散模拟研究中。本节将应用观测实验数据作为模型输入参数，基于Pathfinder软件对群组运动特性及其疏散过程展开一系列研究。

2. 疏散场景介绍

仿真模拟场景为高校内的学生食堂，该食堂在建筑的二楼，楼层高度为5.4 m。模拟环境主体主要包括食堂打饭区、桌椅、出口、大厅、室外长廊和长廊两端的两段式楼梯等。根据实际场景对食堂部分进行了1∶1建模，模拟场景如图7-24所示。其中，食堂大厅长50 m，宽25 m；出口的等待区面积33 m²（长11 m，宽3 m），出口等待区的四扇门宽均为3 m，其中入口的两扇门中间均被门框隔开；室外长廊及楼梯规格均按实际测量数据给出。就餐时间段食堂大厅内人数约为400人，开始疏散后，人群将从初始位置经过出口等待区及室外长廊，分别从两边楼梯到达一楼空地完成整个疏散（其中室外长廊及两边楼梯相互对称）。

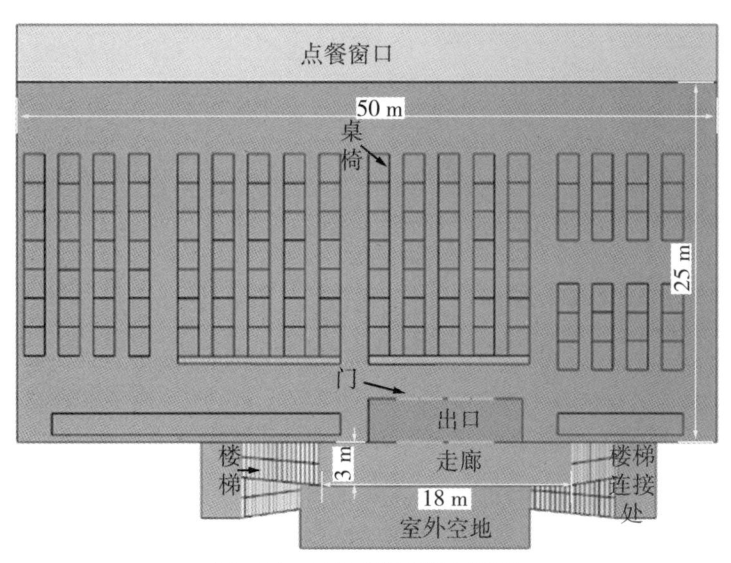

图7-24 疏散模拟场景示意图

一般行人所穿着衣物的厚度范围为5～40 mm，根据《中国成年人人体尺寸》，年龄在18～25岁的中国人平均肩宽为37.5 cm，因此本次模拟设置行人肩宽为40 cm。

为了体现群组的运动及行为特征，本节主要从疏散速度和群组凝聚力两个角度进行考虑。行人在单独行进和结伴运动时速度是不同的，根据观测实验结果，设定疏散模型中行人速度参数：食堂大厅及走廊上单人速度1.44 m/s，两人组速度1.27 m/s，三人组速度1.21 m/s；通过换算，楼梯上行人下楼梯时运动速度约为平地的63.2%。在凝聚力方面，将群组运动的行人编号加入到"运动群组"中，并根据每次模拟的需求设定不同的最大减速距离和减速等待时间。此外，模拟中采用Steering模式，行人在运动过程中会根据不同状况综合考量碰撞、目标距离以及行人间的间距等因素来选择运动路径。

3. 模拟结果分析

(1) 群组比例

人群中不同比例的群组数量会影响整体疏散时间。这里以最常见的两人群组人数占比为例，研究群组比例分别为0%、20%、40%、60%、80%和100%时的疏散时间。如图7-25所示，可以发现疏散时间随着群组比例的增大而增加，群组比例每提高20%，疏散时间会相应延长约8 s。主要原因如下：① 群组成员疏散时速度低于单人，群组成员在运动中往往会牺牲一部分运动速度以保证群组的一致性与完整性，此外在行进过程中组内成员会互相协调，人数更多的群组协调更为困难。② 群组内部会出现停滞等候的现象。当群组中某个成员与其他成员之间的距离超过特定值时，此时群组其他成员会等待该成员赶上。③ 当行人密度较大时，群组成员间的停滞等候影响了周围其他人群的行进。此外，当群组比例较大时，模拟得到的疏散时间波动较大，这是因为群组比例较高时人群疏散过程不稳定，主要体现在群组较多时，会对人群产生频繁的干扰，致使模拟结果差异较大。

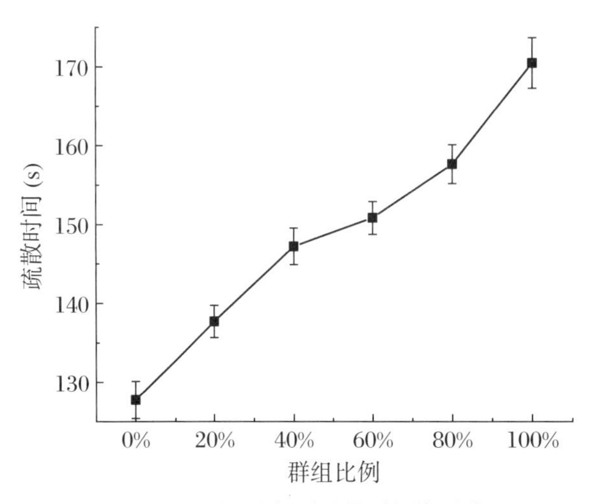

图7-25 群组比例对疏散时间的影响

(2) 群组凝聚力

有研究表明，当群组同伴落后于自己时，76%的行人会选择停止或减速来等待同伴。据此确定群组凝聚力主要通过最大减速距离和减速等待时间两个参数体现：

① 最大减速距离：此参数用于确定群组的状态(连接或断开)。群组的任何成员远离其他成员并且间距超过最大减速距离时，则判定该群组处于断开状态。

② 减速等待时间：假设群组处于断开状态，则群组领导者将在停止前减速等待一定的时间。

如图7-26所示，如果一个群组处于断开状态，则群组成员将向领导者移动；如果一个群组处于连接状态，则群组成员会朝着他们的目标前进；如果一个成员和其他成员距离太远，则该群组的其他成员就会断开连接并且将减速等待断开连接的成员赶上。

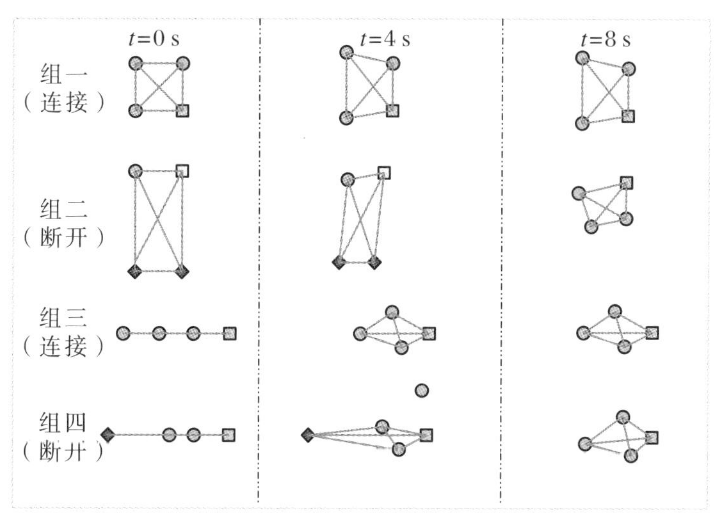

图7-26　凝聚力示意图

群组凝聚力对疏散时间的影响如图7-27所示，在相同的最大减速距离情况下，减速等待时间越长疏散效率越高。即当群组断开连接时，较长的减速等待时间一方面可以降低群组成员在原地停止等待的概率，并减少了其对周围行人运动的影响；另一方面，耗费更长的时间减速，不会破坏行人流的稳定性。在最大减速距离为1 m时，其对疏散效率的负面影响尤其显著。随着最大减速距离增大，不同减速等待时间之间的疏散效率提高幅度减小。这是因为较小的最大减速距离会更频繁地触发群组减速等待行为，而较大的最大减速距离则与之相反，例如，当最大减速距离为6 m时，不同的减速等待时间对疏散效率的影响极小。最大减速距离越大，其疏散效率越高，此时群组减速等待的次数较少。随着减速等待时间增大，不同最大减速距离间的疏散效率差异变化并不明显。

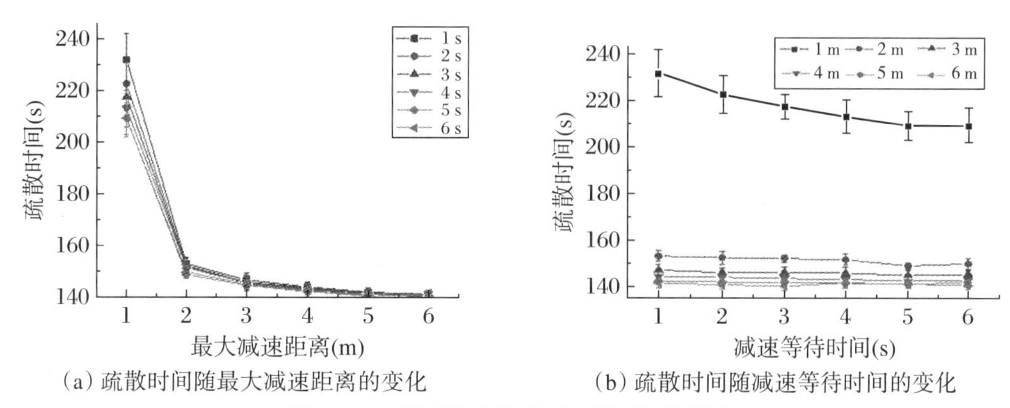

（a）疏散时间随最大减速距离的变化　　（b）疏散时间随减速等待时间的变化

图7-27　不同群组凝聚力对疏散时间的影响

由此可见，群组成员间较弱的凝聚力（更大的最大减速距离，更长的减速等待时间）可以削弱群组行为对整体疏散效率的影响，而较强的凝聚力则会延长疏散时间。正常情况下为了提高疏散效率，群组成员间的最大减速距离应大于1 m，同时减速等待时间也不能过小。

7.2.2 基于AnyLogic的楼梯瓶颈疏散模型

近年来,人群大量聚集所造成的伤亡事故屡有发生,特别是对于一些大型的公共场所,如体育场、商场和地铁站等,在发生突发事件时,如果人群无法及时疏散,可能会造成惨重的人员伤亡和恶劣的社会影响。而楼梯作为各种场所中的主要通行环节,是重要的疏散通道。行人在楼梯场景下通行速度、走行高度、通行时间以及行人之间的相互影响等与平地场景下均有不同,且极易在通行过程中发生跌倒、踩空,造成踩踏事件。因此,研究楼梯瓶颈位置行人的运动规律具有重要的现实意义。

1. 疏散模型构建

(1) 模型参数

本节在AnyLogic仿真平台上,基于社会力模型构建了楼梯上群组运动模型。模型中群组运动速度采用了前期在通道和楼梯上开展的观测实验结果,如表7-5所示,水平通道内单人、二人组及三人组平均运动速度分别为1.44 m/s、1.27 m/s和1.21 m/s;楼梯上行人运动速度约为走廊上的63.2%。模型中模拟人数记为N(50、100、200、300)人,群组规模为S(1、2、3、4),群组的运动构型设为并排。

表7-5 不同场景中群组运动速度(m/s)

场景	单人	两人组	三人组
上楼梯	0.83±0.21	0.75±0.14	0.73±0.12
下楼梯	0.91±0.19	0.80±0.15	0.75±0.08
通道	1.44±0.19	1.27±0.18	1.21±0.18

(2) 模型验证

为了验证上述群组模型的可靠性,将模拟结果与德国开展的群组疏散实验结果进行对比。实验与仿真场景如图7-28所示,以其中的二人群组为例,46名行人从边长为5 m的正方形房间疏散,出口宽度为0.8 m。图7-29展示了实验和模型中疏散人数随时间的变化,发现两条曲线趋势一致,吻合较好,说明该模型可用于群组的疏散模拟研究。

(a) 实验场景

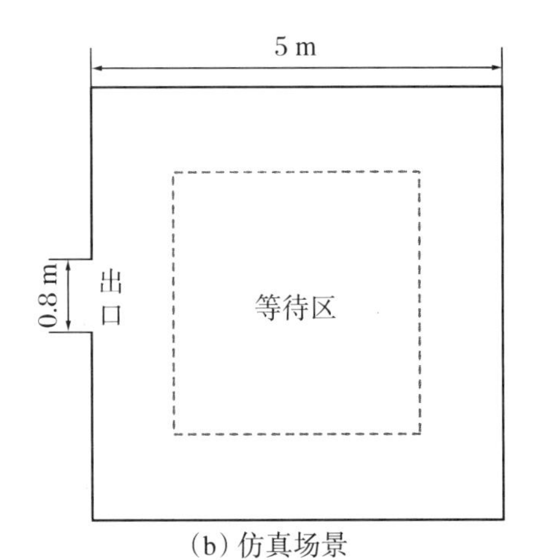

(b) 仿真场景

图7-28 实验与仿真场景图

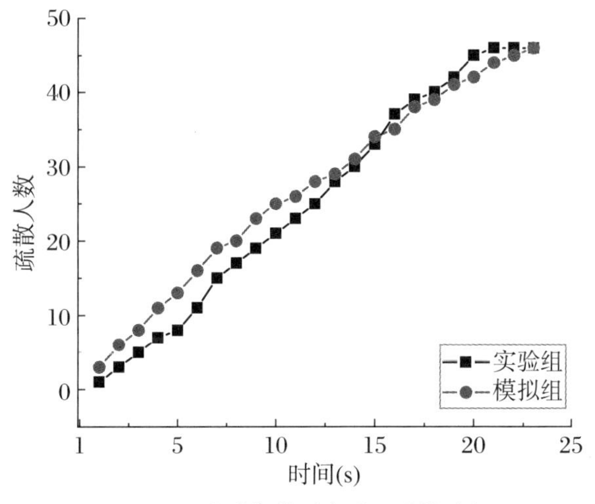

图7-29 实验与模型中群组疏散过程

(3) 模拟场景

建筑场所中常使用的楼梯类型包括单跑有平台、单跑无平台、双分及双跑。通过实际测量江苏大学某一教学楼的楼梯尺寸来设置楼梯的相关参数,建立的仿真场景如图7-30所示。该楼梯类型为单跑无平台:不同平台间只有1个楼梯,梯段由上而下。每段楼梯竖直高度为5.8 m,包含20个台阶,每个台阶高0.29 m、宽3 m,坡度为30°。一层平台和二层平台是边长为17 m的正方形区域,其中A区(3 m×3 m)主要用于楼梯口处的密度研究。D_W为楼梯一侧距离墙壁的距离(D_W =7 m),D_L为楼梯的长度(D_L = 10 m)。人员最初在一层平台内随机分布,经过楼梯最终到达二层平台完成通行过程。

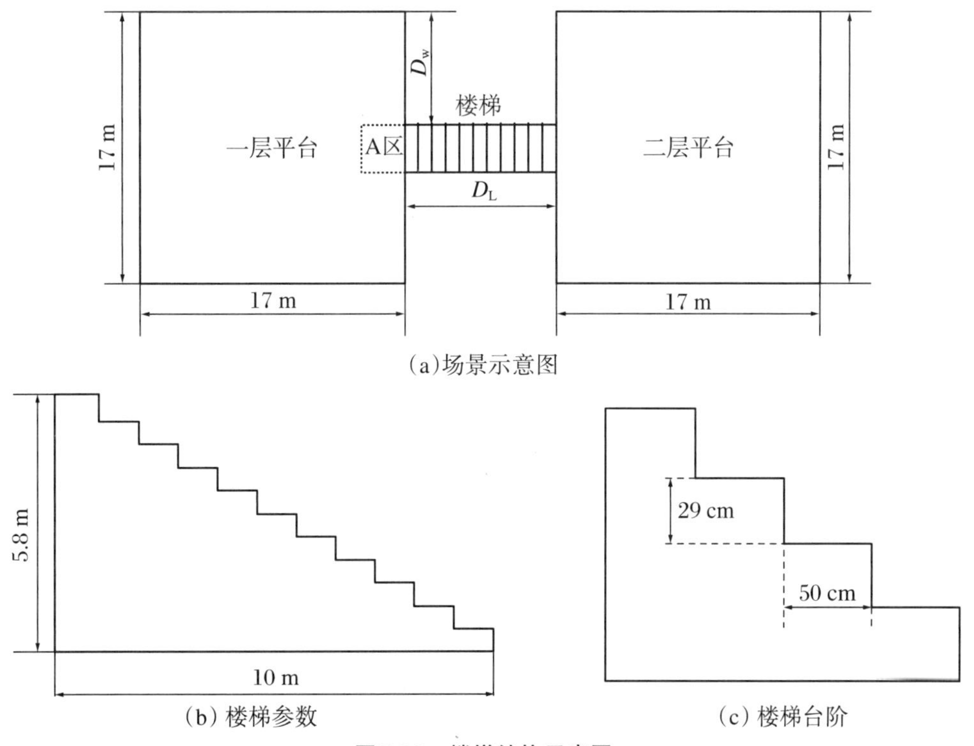

图7-30 楼梯结构示意图

2. 模拟结果分析

(1) 群组比例与群组规模

以人群中常出现的单人、两人和三人群组为研究对象,研究在不同群组比例下人群的通行时间。由图7-31可知,随着群组比例的增加,两人和三人群组的通行时间近似线性增加。在三种不同大小的群组中,单个个体的通行时间最短,三人群组的通行时间最长。如在群组比例为60%时,三人群组的通行时间为266 s,双人群组的通行时间为240 s,而单个个体的通行时间仅为183 s,通行时间最大相差83 s;而在群组比例为100%时,三者的差距继续扩大,三人群组的通行时间为310 s,双人群组的通行时间为274 s,与单个个体相比,通行时间最大相差127 s。

对于两人与三人群组,通行时间随着群组比例的增加而增加,这说明行人成组运动对通行效率有负面影响,且随着群组占比的增加,不同大小群组通行时间之间的差异逐渐增大。这是因为:① 不同群组存在速度差异,群组规模越大,平均运动速度越小。② 在行人流密度较大时,群组行为会影响其他人员运动。由于群组成员在运动过程中会保持较近距离,这阻碍了其他行人的正常通行,所以在到达楼梯口前,会产生局部拥挤。

图7-32是在大学校园内观测所获得的不同大小群组的比例,发现以群组形式运动的学生人数约占总人数的54.5%。其中,两人群组的比例为36.9%,三人群组的比例为13.4%,三人以上群组的比例为4.2%。在校园内,学生更愿意结成两人组同行,而大群组在运动过程中通常会分为多个小群组。接下来群组模拟将采用该群组比例。

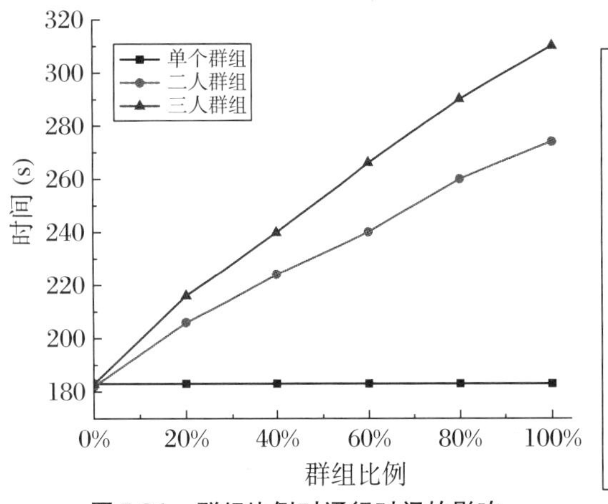

图7-31 群组比例对通行时间的影响

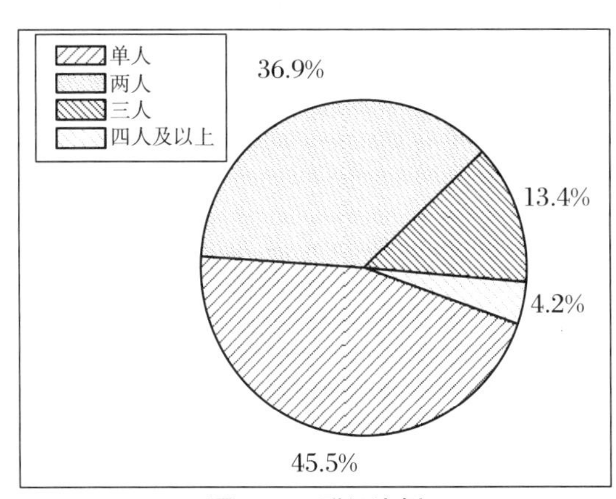

图7-32 群组比例

(2) 群组运动构型

因群组成员之间的关系特点及协调作用,群组在运动时会产生多种构型,如图7-33所示,常见的有并排型、三角型和链状型。在AnyLogic软件中,允许设定不同的群组构型,并支持通过多段线来自定义群组构型,而折线上的点为群组成员的期望位置。首先每个群组都有一个领导者,当群组构型和领导者位置确定后,群组其他成员的期望位置就确定了,接下来群组成员按照社会力模型运动规则朝期望方向运动。图7-34展示了三种群组构型的形成过程。当群组的领导者朝着前进方向运动时,理想状态下(周围无行人和障碍物),群组其他成员会向自己的期望位置方向运动,最终形成稳定的群组构型。而当群组经过障碍物时,若当前的群组构型无法维持,则群组会断开连接,通过障碍物后,再重新聚合形成群组。

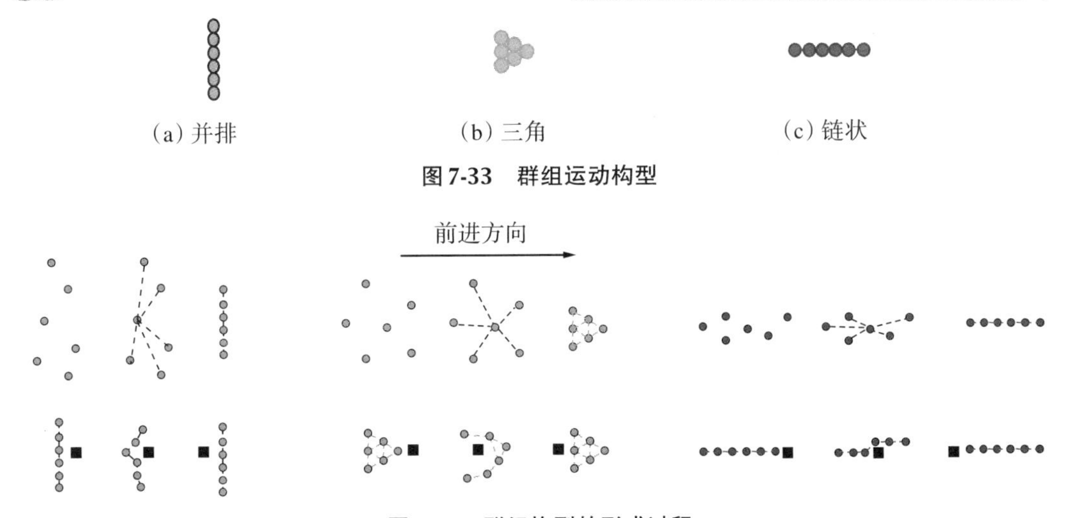

图 7-33　群组运动构型

图 7-34　群组构型的形成过程

图 7-35 为三种不同运动构型下群组的通行时间。当初始人数为 100 人时，链状结构平均通行时间为 191 s，三角结构为 201 s，并排结构为 226 s；而当初始人数为 300 人时，链状结构平均通行时间为 422 s，三角结构为 450 s，并排结构为 520 s。可以看出三角结构和链状结构在通行时间上接近，而并排结构的通行时间明显高于其他两种构型，最大时间差为 98 s，最小时间差为 31 s。这说明并排构型会对人员通行造成延误，而链状和三角结构更有利于群组快速通过。

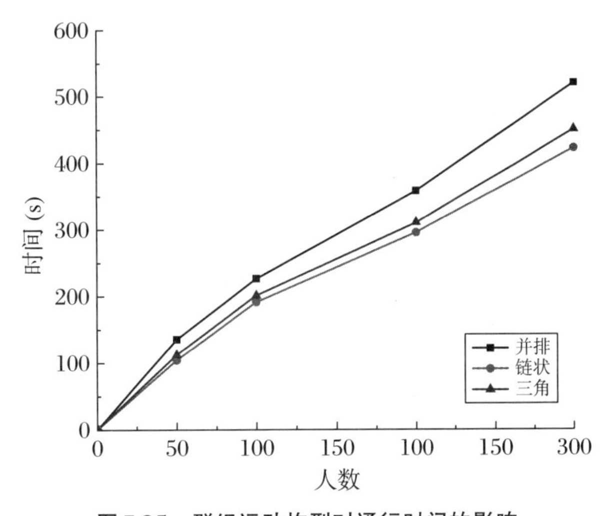

图 7-35　群组运动构型对通行时间的影响

虽然在相同人数下，链状和三角构型的通行时间差异不大，但两者的行人密度分布存在较大差异。如图 7-36(a)所示，在 17 s 时，链状结构的人员密度为 3.1 人/m²，三角结构的密度为 3.6 人/m²。这是因为三角构型让群组紧靠在一起，容易引起局部密度快速升高。在图 7-36(b)中，通行时间 30 s 时链状结构通过 32 人，三角结构通过 27 人。相比三角结构，链状群组之间的相互影响小，而并排结构相对另外两种结构，会产生持续的高密度和较低的通行量，特别是当并排群组位于单个个体前方，此时个体需要从侧面绕开并排群组。综上可知，链状结构对人群产生的影响最小，其通行效率最高。

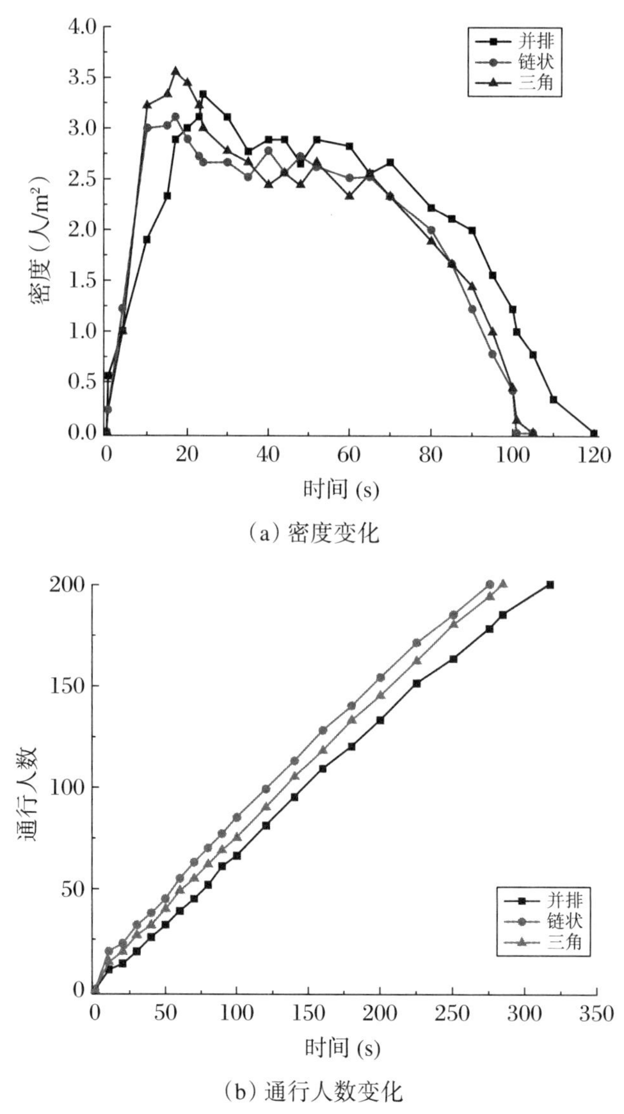

(a) 密度变化

(b) 通行人数变化

图7-36　群组运动构型对密度和通行人数的影响

(3) 楼梯长度与位置

图7-37展示了楼梯距墙距离D_w的变化对人员通行时间的影响。随着楼梯长度的增加,通行时间相应增加,特别是在0~3 m范围内影响较大,而随着楼梯长度进一步增大,通行时间的增长幅度逐渐减小。

如图7-37(a)所示,在楼梯长度为9 m时,楼梯距墙距离为0 m、4 m和7 m时的通行时间分别为243 s、233 s和227 s,说明在有群组情况下,楼梯在中间时的通行效果相比其他两种楼梯布局要好。而在无群组的情况下,图7-37(b)展示的趋势却相反,在相同条件下,楼梯距墙距离为0 m、4 m和7 m时的通行时间分别为201 s、207 s和216 s。

有群组时不同的楼梯布局也会对疏散结果产生影响。当楼梯处在中间时(图7-37(a)和(b)),有、无群组下的人员密度分布相似,而当楼梯靠墙时(图7-38(c)和(d)),有群组情况下人群的高密度区域除了出现在楼梯口前,还出现在通向楼梯的路径上。尤其是在楼梯入口,如果群组位于人群的前端,则极易阻碍周围单个行人通过楼梯口。

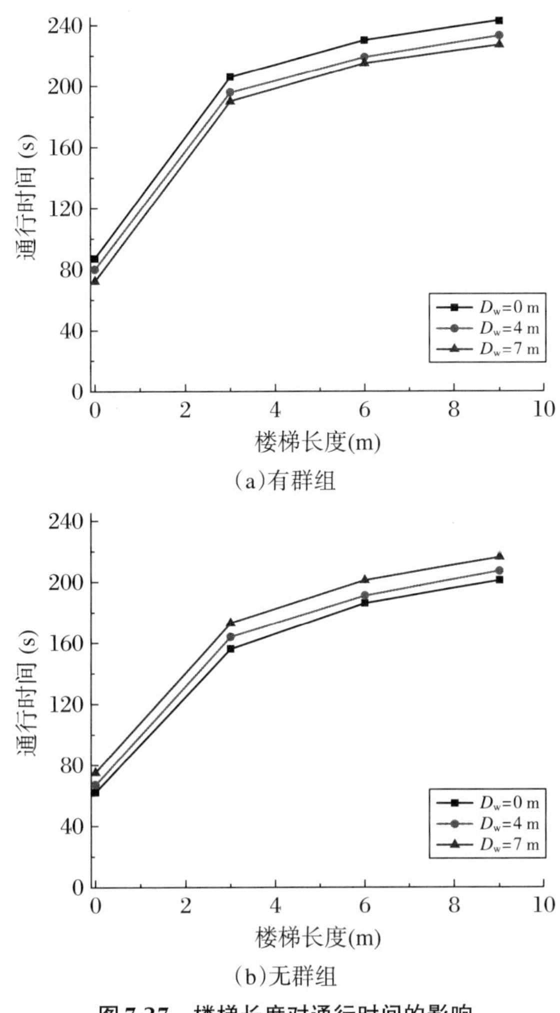

(a)有群组

(b)无群组

图7-37　楼梯长度对通行时间的影响

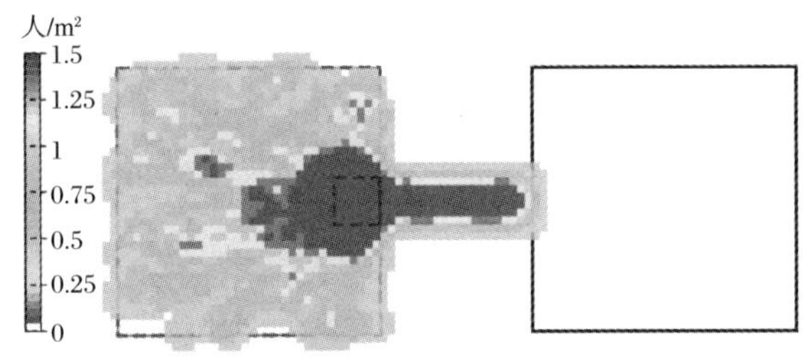

(a) D_W = 7 m,有群组

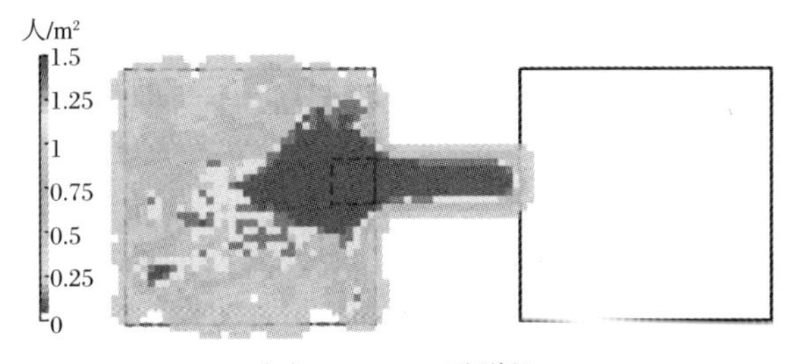

(b) D_W =7 m,无群组

图7-38　不同楼梯位置下行人密度分布

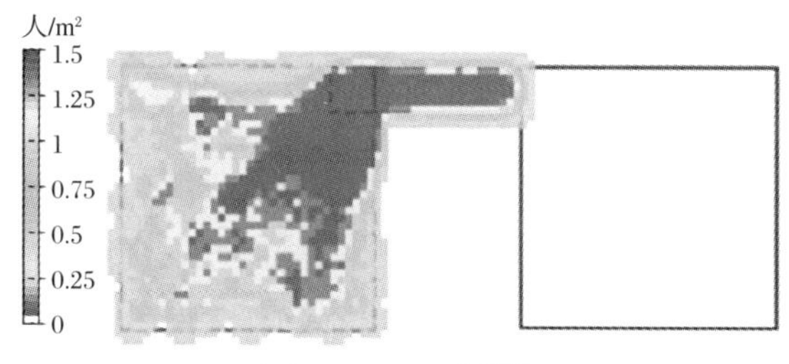

(c) D_W =0 m，有群组

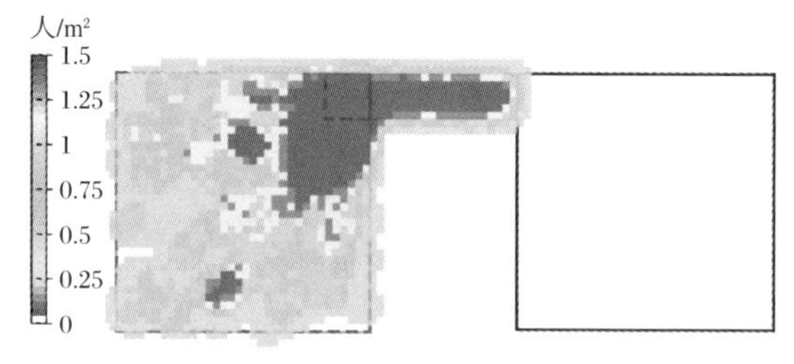

(d) D_W =0 m，无群组

续图 7-38

(4) 设置障碍物

结合目前对障碍物类型和安放位置的研究，设计两种障碍物布局形式，如图 7-39 所示：(a) 两个长为 1.4 m 斜置 45°的障碍物；(b) 4 个长为 1 m 等距平行放置的障碍物。表 7-6 给出了不同人数下的通行时间，对比无障碍物情况，发现当障碍物斜置时人群通行时间减少了 1～4 s，而障碍物等距平行放置时通行时间减少了 5～13 s。

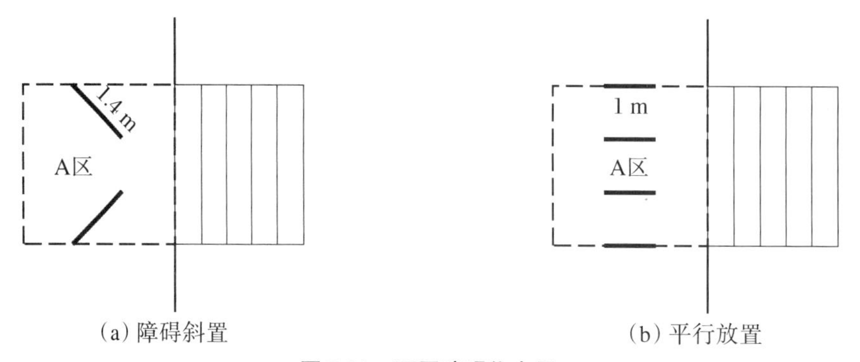

(a) 障碍斜置　　(b) 平行放置

图 7-39　不同障碍物布局

表 7-6　不同人数下的通行时间(s)

群组人数(人)	50	100	200	300
无障碍	157.4	246.7	419.8	598.7
障碍斜置	156.3	243.7	416.8	594.5
平行放置	152.8	238.0	412.6	586.0

在对疏散进行效能评估时，通行时间并不是唯一的评价指标，还应该考虑区域里的密度分布，避免出现长时间的高密度情景。如图 7-40 所示，当障碍物斜置时，人群密度在 35 s 达到峰值 2.8 人/m²，持续时间为 62 s，在 97 s 时人群密度开始下降。对比无障碍物情况，密度峰

值降低了3.7%，且持续时间减少了15 s；当障碍物平行放置时，人群密度在23 s达到峰值2.2 人/m²，持续时间为45 s，在68 s后人群密度逐步下降，对比无障碍物情况，密度峰值降低了约25.9%，高密度持续时间减少了约32 s。

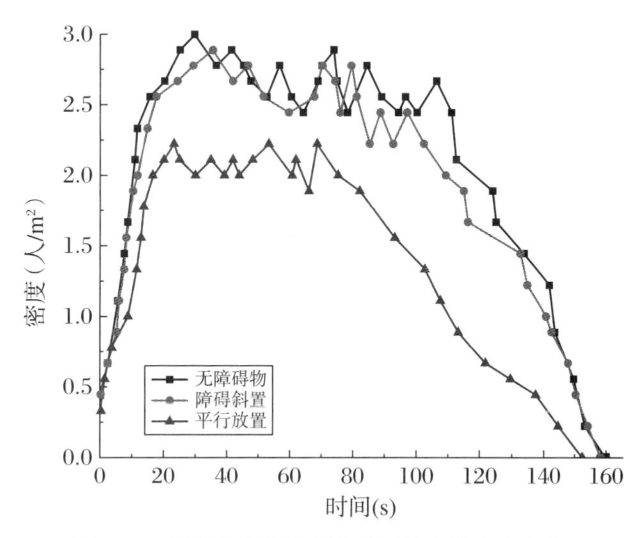

图7-40 不同障碍物设置方式下的人群密度变化

当障碍物斜置时，在一定程度上可以减缓楼梯入口处的拥堵，但由于障碍物呈瓶颈状，人群依然会在障碍物附近发生拥挤；当障碍物等距平行设置时，密度变化相对稳定且高密度持续时间也大幅减少，这是因为障碍物不仅起到了良好的区域分隔作用，而且对人群形成导向作用，减少了人员之间的相互影响，使人群可以长时间维持有序状态。虽然这种方式在减少通行时间上的效果并不显著，但却有效降低了人群密度，缓解了人群拥挤。综上所述，障碍物平行放置在提高通行效率的同时也保证了人群安全。此外，该布置方式在现实生活中容易操作实施，可以应用于公共场所密集人群的安全疏散。

参考文献

[1] Cao S, Song W, Lv W, et al. A multi-grid model for pedestrian evacuation in a room without visibility[J]. Physica A: Statistical Mechanics and its Applications, 2015, 436: 45-61.

[2] Isobe M, Helbing D, Nagatani T. Experiment, theory, and simulation of the evacuation of a room without visibility[J]. Physical Review E, 2004, 69(6): 066132.

[3] Helbing D, Farkas I, Vicsek T. Simulating dynamical features of escape panic[J]. Nature, 2000, 407(6803): 487-490.

[4] Cao S, Fu L, Song W. Exit selection and pedestrian movement in a room with two exits under fire emergency[J]. Applied Mathematics and Computation, 2018, 332: 136-147.

[5] Fang Z, Song W, Zhang J, et al. A multi-grid model for evacuation coupling with the effects of fire products[J]. Fire Technology, 2012, 48: 91-104.

[6] Cao S, Liu X, Chraibi M, et al. Characteristics of Pedestrian's evacuation in a room under invisible conditions[J]. International Journal of Disaster Risk Reduction, 2019, 41: 101295.

[7] Nams V O. The VFractal: a new estimator for fractal dimension of animal movement paths [J]. Landscape Ecology, 1996, 11(5): 289-297.

[8] Jeon G, Kim J Y, Hong W, et al. Evacuation performance of individuals in different visibility conditions[J]. Building and Environment, 2011, 46(5): 1094-1103.

[9] Zhang J, Song W, Xu X. Experiment and multi-grid modeling of evacuation from a classroom[J]. Physica A: Statistical Mechanics and its Applications, 2008, 387(23): 5901-5909.

[10] Thurstone L. A law of comparative judgment[J]. Psychological Review, 1994, 101(2): 266.

[11] Wang J, Jin B, Li J, et al. Method for guiding crowd evacuation at exit: The buffer zone[J]. Safety Science, 2019, 118: 88-95.

[12] Torrens P M, Nara A, Li X, et al. An extensible simulation environment and movement metrics for testing walking behavior in agent-based models[J]. Computers, Environment and Urban Systems, 2012, 36(1): 1-17.

[13] Nams V. Using animal movement paths to measure response to spatial scale[J]. Oecologia, 2005, 143: 179-188.

[14] Mandelbrot B. How long is the coast of Britain? Statistical self-similarity and fractional dimension[J]. Science, 1967, 156(3775): 636-638.

[15] Zheng X, Cheng Y. Modeling cooperative and competitive behaviors in emergency evacuation: A game-theoretical approach[J]. Computers & Mathematics with Applications, 2011, 62(12): 4627-4634.

[16] Bouzat S, Kuperman M N. Game theory in models of pedestrian room evacuation[J]. Physical Review E, 2014, 89(3): 032806.

[17] Wang H, Chen D, Pan W, et al. Evacuation of pedestrians from a hall by game strategy update[J]. Chinese Physics B, 2014, 23(8): 080505.

[18] Hao Q, Jiang R, Hu M, et al. Pedestrian flow dynamics in a lattice gas model coupled with an evolutionary game[J]. Physical Review E, 2011, 84(3): 036107.

[19] Yu Y, Song W. Effect of traffic rule breaking behavior on pedestrian counterflow in a channel with a partition line[J]. Physical Review E, 2007, 76(2): 026102.

[20] Yang L, Li J, Liu S. Simulation of pedestrian counter-flow with right-moving preference[J]. Physica A: Statistical Mechanics and its Applications, 2008, 387(13): 3281-3289.

[21] Wei X, Song W, Lv W, et al. Defining static floor field of evacuation model in large exit scenario[J]. Simulation Modelling Practice and Theory, 2014, 40: 122-131.

[22] Huang H, Guo R. Static floor field and exit choice for pedestrian evacuation in rooms with internal obstacles and multiple exits[J]. Physical Review E, 2008, 78(2): 021131.

[23] Nishinari K, Kirchner A, Namazi A, et al. Extended floor field CA model for evacuation dynamics[J]. IEICE Transactions on Information and Systems, 2004, 87(3): 726-732.

[24] Nguyen M H, Ho T V, Zucker J D. Integration of smoke effect and blind evacuation strategy (SEBES) within fire evacuation simulation[J]. Simulation Modelling Practice and Theory, 2013, 36: 44-59.

[25] 温鹏景. 考虑群组行为的大学校园内人员疏散特性及优化方案研究[D]. 镇江: 江苏大学, 2020.